DIANWANG QIYE YINGJI JIUYUAN WENDA

电网企业应急救援问答

李洪战　主编

田迎祥　关　猛　张　斌　副主编

中国电力出版社
CHINA ELECTRIC POWER PRESS

内 容 提 要

本书作为电网企业应急技能人员培训教材《电力生产现场自救急救》及《电网企业应急救援》的配套学习教材，全书分 3 个单元共 15 个课题，涵盖电网企业应急救援实施过程中应急救援专业人员必备的应急救援基础知识、应急救援技术、电网常见突发事件应急处置与救援等主要内容。每一课题均精心设计了单选题、多选题、判断题、问答题及案例分析等多种题型，并结合实际，采用一问一答的方式，给出了详尽的答案供读者学习和参考。

本书立足电网企业实际，充分考虑社会需求，内容新颖实用，题目难易适中，适用于电网企业应急救援专业人员进行应急技能学习和培训，也可作为相关行业、企业应急救援人员和其他人员学习参考用书。

图书在版编目（CIP）数据

电网企业应急救援问答 / 李洪战主编. —北京：中国电力出版社，2020.11（2022.3重印）
ISBN 978-7-5198-4915-3

Ⅰ. ①电… Ⅱ. ①李… Ⅲ. ①电力工业–突发事件–救援–问题解答 Ⅳ. ①TM08-44

中国版本图书馆 CIP 数据核字（2020）第 163275 号

出版发行：中国电力出版社
地　　址：北京市东城区北京站西街 19 号（邮政编码 100005）
网　　址：http://www.cepp.sgcc.com.cn
责任编辑：周秋慧（010-63412627，qiuhui-zhou@sgcc.com.cn）
责任校对：黄　蓓　于　维
装帧设计：赵姗姗
责任印制：石　雷

印　　刷：北京天宇星印刷厂
版　　次：2020 年 11 月第一版
印　　次：2022 年 3 月北京第二次印刷
开　　本：710 毫米×980 毫米　16 开本
印　　张：21.75
字　　数：386 千字
印　　数：2001—3000 册
定　　价：86.00 元

编　委　会

主　　编　李洪战

副　主　编　田迎祥　关　猛　张　斌

编写人员　杜　彬　聂洪涛　王丽娜　武同宝

　　　　　　田　静　张新磊

主　　审　赵义术

审核人员　王志宏　许永刚　魏　峰　陶苏东

　　　　　　李文进　杜祖坤　沈　冰　高　原

前　言

　　人类社会发展到今天，由于社会化进程加快、资源开发利用加深、网络通信迅猛发展、多个领域互联互通快速增长等诸多因素的影响，经济、社会和自然界都进入了一个各类突发事件发生概率增多、破坏力更大、影响力更广的特殊发展阶段。越来越多的危机及突发事件，对人类的生命财产安全、生态安全、社会稳定，甚至国家安全造成越来越大的威胁。因此，如何科学有效地预防和应对突发事件，如何在突发事件发生后迅速组织实施科学有效的应急救援，最大限度降低影响和减少损失，是全社会的共同责任。

　　电力工业是国民经济和社会发展的重要基础产业，在国民经济和人民生活中扮演着举足轻重的角色。而电力系统存在于复杂自然环境和社会环境中，难免受到极端自然条件的挑战和来自社会环境的有意或无意的损坏或破坏，切实保障电网运行安全、提高电网防御能力、提高突发事件应对能力、提高电网应急管理水平，是电网企业肩负的重要政治责任、经济责任和社会责任。因此，建立健全现代电网应急管理体系，加强电网安全管理和风险控制，加强应急队伍建设，强化应急准备，提升应急能力，提高电网事故的应急处置能力和救援水平，最大限度地减少人身伤害和事故损失，是摆在各级电网企业面前十分迫切的任务。

　　为帮助电网企业安全应急管理人员、专业应急救援人员及全体员工系统学习和掌握现代应急管理理念和现代应急救援技术，提高突发事件科学救援水平，我们组织编写了可供电网企业应急技能人员培训和学习的《电力生产现场自救急救》和《电网企业应急救援》，并编写《电网企业应急救援问答》作为配套学习资料。全书内容分 3 个单元 15 个课题，每一课题采用单选题、多选题、判断题、问答题及案例分析的形式，涵盖电网应急救援专业人员必备的应急救援基础知识、电网应急救援技术、电网常见突发事件应急处置与救援等主要内容，包括应急救援体系建设及应急救援现场管理、灾害现场卫生防疫；应急救援个体防护、灾害避险、现场自救急救、应急物资保障、应急交通保障、应急电源与应急供电、应急通信保障、废墟搜救与狭小空间救援；电网常见自然灾害、事故灾难、公共卫生事件及社会安全事件等威胁电网稳定和安全生产的突发事件应急救援等。系统梳理归纳了电网应急救援人员及应急管理相关人员应该掌握的核心知识和技能，为提升应急救援队伍技能素质和提高电网企业整体战斗力提供帮助和有益参考。

本书由国网技术学院（国家电网有限公司泰安应急培训基地）李洪战主编并统稿，由田迎祥、关猛、张斌担任副主编。其中前言及单元一之课题二、单元二之课题六由李洪战编写；单元一之课题一、课题三，单元二之课题七，单元三之课题四由田迎祥编写；单元二之课题一、课题四由张斌编写；单元二之课题二由聂洪涛编写；单元二之课题三由田迎祥、王丽娜编写；单元二之课题五由杜彬编写；单元二之课题八由关猛编写；单元三之课题一由李洪战、张新磊编写；单元三之课题二由关猛、田迎祥编写；单元三之课题三由李洪战、田迎祥、武同宝、田静、关猛编写。全书由赵义术主审，王志宏、许永刚、魏峰、陶苏东、李文进、杜祖坤、沈冰、高原参与审稿。

本书的编写得到了国网山东省电力公司、国网湖北省电力有限公司、国网河南省电力公司等相关领导和专家的大力支持和帮助，钟贵森、杨忠华、霍宪峰为本书编写提出了很多宝贵建议，同时本书也参考了众多国内外应急专家的应急救援专著，并借鉴和引用了一些应急救援专家的资料和数据，谨此一并表示感谢！

由于编者学识水平有限，本书错误及疏漏之处在所难免。在此，恳请读者海涵，并赐教指正。

编　者

2020 年 8 月

目　录

单元一
应急救援基础知识

课题一

应急救援体系

一、单选题

【010101001】突发事件按照社会危害程度、影响范围等因素，划分为一般、较大、重大、（　　）四级。

（A）特大；　　（B）很大；　　（C）极大；　　（D）严重。

答案：A

【010101002】下列不属于自然灾害的是（　　）。

（A）台风；　　（B）龙卷风；　　（C）环境污染；　　（D）山洪。

答案：C

【010101003】突发事件按照社会危害程度、影响范围等因素划分为四级。其中，Ⅱ级为重大突发事件，其预警信息用（　　）表示。

（A）蓝色；　　（B）橙色；　　（C）黄色；　　（D）红色。

答案：B

【010101004】下列属于缓发性自然灾害的是（　　）。

（A）水土流失；　　（B）暴雨；　　（C）地震；　　（D）火山爆发。

答案：A

【010101005】我国冬季季风活动强烈，易带来的灾害性天气是（　　）。

（A）台风；　　（B）洪涝；　　（C）干旱；　　（D）寒潮。

答案：D

【010101006】我国沙尘暴、扬沙和浮尘天气居多的季节是（　　）。

（A）春季；　　（B）夏季；　　（C）秋季；　　（D）冬季。

答案：A

【010101007】对长江中下游地区威胁最大的自然灾害是（　　）。

（A）台风；　　（B）干旱；　　（C）洪涝；　　（D）泥石流。

答案：C

【010101008】许多等级高、强度大的自然灾害发生以后，常常诱发出一连串的其他灾害，这种现象叫（　　）。

（A）次生灾害；　（B）原生灾害；　（C）灾害链；　（D）衍生灾害。

答案：C

【010101009】事故和事故后果互为（　　）关系。

（A）递进；　（B）先后；　（C）因果；　（D）制约。

答案：C

【010101010】应急救援的人本性就是应急救援要"以人为本"，把（　　）作为首要任务。

（A）保障公众生命安全和健康；

（B）恢复生活、生产秩序；

（C）降低或减少突发事件带来的影响和损失；

（D）应急处置与救援。

答案：A

【010101011】应急管理的客体（对象）是（　　）。

（A）政府或其他公共机构（单位、企业）；　（B）社会力量；

（C）应急救援组织；　　　　　　　　　　　（D）突发事件。

答案：D

【010101012】应急管理是政府的职责，只有政府主导，才能保证依靠（　　）使应急管理有力、有序、高效进行。

（A）公权力；　（B）社会力量；　（C）重点行业；　（D）组织机构。

答案：A

【010101013】应急管理的目标是（　　）。

（A）降低或减少突发事件带来的影响；

（B）降低或减少突发事件带来的影响和损失；

（C）降低或减少突发事件带来的损失；

（D）尽快恢复生产、生活秩序。

答案：B

【010101014】我国突发事件应急管理体系的核心是"一案三制"。"一案三制"中的"一案"是指（　　）。

（A）应急处置方案；　　　　　　　（B）应急预案；

（C）应急救援方案；　　　　　　　（D）专项应急救援方案。

答案：B

【010101015】我国突发事件应急管理体系的"一案三制"中，应急管理体制是（　　）。

（A）基础；　（B）前提；　（C）关键；　（D）保障。

答案：A

【010101016】我国突发事件应急管理体系的"一案三制"中，应急预案是（　　）。

（A）基础；　（B）前提；　（C）关键；　（D）保障。

答案：B

【010101017】我国突发事件应急管理体系的"一案三制"中，应急管理法制是（　　）。

（A）基础；　（B）前提；　（C）关键；　（D）保障。

答案：D

【010101018】《中华人民共和国突发事件应对法》由中华人民共和国第十届（　　）第二十九次会议通过。

（A）中央委员会；　　　　　　　　（B）全国人民代表大会；

（C）全国人民代表大会常务委员会；　（D）国务院常务委员会。

答案：C

【010101019】《中华人民共和国突发事件应对法》自2007年（　　）起施行。

（A）10月1日；　（B）11月1日；　（C）12月1日；　（D）9月1日。

答案：B

【010101020】中华人民共和国应急管理部于2018年3月，根据（　　）批准的国务院机构改革方案设立。

（A）第十三届全国人民代表大会第一次会议；

（B）第十三届全国人民代表大会第二次会议；

（C）第十三届全国人民代表大会第三次会议；

（D）国务院第159次常务会议。

答案：A

【010101021】我国第一部应急管理的专门法律是（　　）。

（A）《中华人民共和国消防法》；

（B）《中华人民共和国突发事件应对法》；

（C）《中华人民共和国防震减灾法》；

（D）《中华人民共和国安全生产法》。

答案：B

【010101022】《中华人民共和国安全生产法》规定，"国家加强生产安全事故应急能力建设，在重点行业、领域建立应急救援基地和（　　），鼓励生产经营单位和其他社会力量建立应急救援队伍，配备相应的应急救援装备和物资，提高应急救援的专业化水平"。

（A）应急救援基干分队（应急救援队）；

（B）应急救援队伍；

（C）应急抢修队伍；

（D）应急专家队伍。

答案：B

【010101023】应急救援是针对突发事件采取预防、预备、响应和恢复的计划与行动，是各级应急救援运行管理机构针对突发事件的性质、特点和危害程度，立即组织有关部门，调动应急救援队伍和社会力量，依照有关法律、法规、规章规定采取的（　　）。

（A）应急救援方案；　　　　（B）应急培训活动；

（C）应急处置措施；　　　　（D）应急管理过程。

答案：C

【010101024】电网企业是以建设和运营（　　）为核心业务的企业。

（A）电网；　　（B）电源；　　（C）输电；　　（D）售电。

答案：A

【010101025】电网企业应急救援基干分队（应急救援队）成员平时在本单位参加日常生产经营活动，挂靠单位应保证（　　）以上队员在辖区内工作，并随时接受调遣参加应急救援。应急救援基干分队（应急救援队）成员应保持24h通信联络畅通。

（A）二分之一；　　　　　　（B）三分之一；

（C）三分之二；　　　　　　（D）全部。

答案：C

【010101026】下列不属于电网企业应急救援先期处置工作的是（　　）。

（A）应急照明与应急供电　　（B）搭建前方指挥部；

（C）配电网抢修；　　　　　（D）人员救护。

答案：C

二、多选题

【010102001】我们常把突发公共事件简称为突发事件，是指突然发生，造成或者可能造成严重社会危害，需要采取应急处置措施予以应对的（　　）和社会安全事件。

(A) 自然灾害；　　　　　　　　(B) 事故灾难；
(C) 公共卫生事件；　　　　　　(D) 传染病疫情事件。

答案：ABC

【010102002】突发事件的构成要素包括突然爆发、（　　）、需紧急处理等。
(A) 必然原因；　　(B) 难以预料；　　(C) 情况复杂；　　(D) 严重后果。

答案：ABCD

【010102003】根据突发事件的发生过程、性质和机理，下列属于突发事件的是（　　）。

(A) 台风；　　　　　　　　　　(B) 干旱；
(C) 传染病疫情；　　　　　　　(D) 重大刑事案件。

答案：ABCD

【010102004】下列属于突发性自然灾害的是（　　）。
(A) 水土流失；　　(B) 暴雨；　　(C) 地震；　　(D) 火山爆发。

答案：BCD

【010102005】下列属于自然灾害的是（　　）。
(A) 动物疫情；　　(B) 气象灾害；　　(C) 地震灾害；　　(D) 海洋灾害。

答案：BCD

【010102006】自然灾害形成必须具备的条件是（　　）。
(A) 要有一定的时间积累；
(B) 要有自然异变作为诱因；
(C) 要有受到损害的人、财产、资源作为承受灾害的客体；
(D) 要有一定的社会危害性。

答案：BC

【010102007】自然灾害是人与自然矛盾的一种表现形式，具有（　　）属性。
(A) 严重；　　(B) 自然；　　(C) 社会；　　(D) 人文。

答案：BC

【010102008】自然灾害的不确定性主要包括（　　）。
(A) 发生时间；　　(B) 发生地点；　　(C) 发生规模；　　(D) 发生条件。

答案：ABC

【010102009】自然灾害的联系性主要表现在（　　）等方面。

（A）时间之间；　　（B）规模之间；　　（C）区域之间；　　（D）灾害之间。

答案：CD

【010102010】自然灾害的不重复性主要是指（　　）的不可重复性。

（A）灾害过程；　　（B）损害结果；　　（C）灾害地点；　　（D）灾害规模。

答案：AB

【010102011】事故灾难按损失程度分为（　　）事故。

（A）一般；　　（B）较大；　　（C）重大；　　（D）特别重大。

答案：ABCD

【010102012】从我国目前事故灾难发生的情况来看，造成事故而引发事故灾难的主要原因是（　　）和管理缺陷。

（A）人的不安全行为；　　　　（B）机械、电气设备带"病"作业；

（C）物的不安全状态；　　　　（D）环境的不安全因素。

答案：ACD

【010102013】下列属于事故灾难的是（　　）。

（A）消防事故；　　　　　　　（B）森林火灾；

（C）危化品事故；　　　　　　（D）公共设施和设备事故。

答案：ACD

【010102014】下列属于公共卫生事件的是（　　）。

（A）传染病疫情；　　　　　　（B）群体性不明原因疾病；

（C）食品安全和职业危害；　　（D）公共设施和设备事故。

答案：ABC

【010102015】下列属于社会安全事件的是（　　）。

（A）重大刑事案件；　　　　　（B）重特大火灾事件；

（C）恐怖袭击事件；　　　　　（D）群体性不明原因疾病。

答案：ABC

【010102016】应急处置的时效性就是要求（　　），这是应急管理的首要特征。

（A）急；　　（B）快；　　（C）以人为本；　　（D）迅速反应。

答案：ABD

【010102017】应急管理体系是有关突发事件应急管理工作的组织指挥体系与

职责，突发事件的预防与预警机制、（　　　），以及应对突发事件的有关法律、制度的总称。

(A) 处置程序；　　　　　　　　　　(B) 应急保障措施；

(C) 事后恢复与重建措施；　　　　　(D) 应急队伍建设。

答案：ABC

【010102018】我国突发事件应急管理体系的核心是"一案三制"。"一案三制"中的"三制"是指（　　　）。

(A) 应急管理制度；　　　　　　　　(B) 应急管理体制；

(C) 应急管理机制；　　　　　　　　(D) 应急管理法制。

答案：BCD

【010102019】按照适用对象，应急预案分为（　　　）。

(A) 总体应急预案；　　　　　　　　(B) 专项应急预案；

(C) 现场处置方案；　　　　　　　　(D) 现场处置卡。

答案：ABC

【010102020】中国特色应急管理体制是"（　　　）、上下联动、平战结合"。

(A) 统一指挥；　　(B) 专常兼备；　　(C) 反应灵敏；　　(D) 机动灵活。

答案：ABC

【010102021】（　　　）划归中华人民共和国应急管理部管理。

(A) 中国地震局；

(B) 国家煤矿安全监察局；

(C) 公安消防部队、武警森林部队转制后；

(D) 国家安全生产监督管理总局。

答案：ABCD

【010102022】电网企业要构建"（　　　）、运转高效、反应灵敏、资源共享、保障有力"的应急体系。

(A) 统一指挥；　　(B) 协调联动；　　(C) 功能实用；　　(D) 结构合理。

答案：ACD

【010102023】电网企业应急救援基干分队（应急救援队）内部一般分为（　　　）等，各组根据人员数量设组长 1～2 人。

(A) 综合救援组；　　　　　　　　　(B) 应急供电组；

(C) 信息通信组；　　　　　　　　　(D) 后勤保障组。

答案：ABCD

三、判断题

【010103001】应急救援人员经培训合格后，方可参加应急救援工作。（　　）

答案：√

【010103002】自然灾害是指由于自然界发生异常变化造成的人员伤亡、财产损失、社会失稳、资源破坏等现象或一系列事件。（　　）

答案：√

【010103003】灾害链中最早发生的起作用的灾害称为原生灾害；而由原生灾害所诱导出来的灾害则称为衍生灾害。（　　）

答案：×

【010103004】自然灾害发生之后，破坏了人类生存的和谐条件，由此还可以引发一系列其他灾害，这些灾害泛称为次生灾害。（　　）

答案：×

【010103005】事故灾难是指造成大量人员伤亡、经济损失或环境污染的，具有灾难性后果的事故。（　　）

答案：√

【010103006】事故是一种动态事件，它开始于危险的激化，并以一系列原因事件按一定的逻辑顺序造成损失，当事故的发生导致某种程度的灾难性后果时，事故就变成了事故灾难。（　　）

答案：√

【010103007】社会安全事件是指突然发生，造成或者可能造成社会公众健康严重损害的重大传染病疫情、群体性不明原因疾病、重大食物和职业中毒及其他严重影响公众健康的事件。（　　）

答案：×

【010103008】公共卫生事件是指突然发生，造成或者可能造成重大人员伤亡、重大财产损失和对我区或部分地区的经济社会稳定、政治安定构成重大威胁或损害，有重大社会影响的涉及社会安全的紧急事件。（　　）

答案：×

【010103009】应急救援体系既是突发事件应急处理的基础，又是迅速控制突发事件的关键。（　　）

答案：√

【010101010】应急救援队伍建立单位或者兼职应急救援人员所在单位应当按照国家有关规定对应急救援人员进行培训。（　　）

　　答案：√

　　【010101011】事故灾难的发生是人类在征服自然和改造自然的过程中人与自然相互作用的结果。　　　　　　　　　　　　　　　　　　（　　）

　　答案：√

　　【010101012】有些突发事件很难分清是自然灾害还是人为事故，不同类型的突发事件是可以相互影响、相互交叉、相互转化的。　　　　　　　　（　　）

　　答案：√

　　四、问答题

　　【010104001】《中华人民共和国突发事件应对法》要求，自然灾害、事故灾难或者公共卫生事件发生后，履行统一领导职责的人民政府应采取哪些应急处置措施？

　　答案：《中华人民共和国突发事件应对法》要求，自然灾害、事故灾难或者公共卫生事件发生后，履行统一领导职责的人民政府可以采取下列一项或者多项应急处置措施：

　　（1）组织营救和救治受害人员，疏散、撤离并妥善安置受到威胁的人员并采取其他救助措施。

　　（2）迅速控制危险源，标明危险区域，封锁危险场所，划定警戒区，实行交通管制及其他控制措施。

　　（3）立即抢修被损坏的交通、通信、供水、排水、供电、供气、供热等公共设施，向受到危害的人员提供避难场所和生活必需品，实施医疗救护和卫生防疫及其他保障措施。

　　（4）禁止或者限制使用有关设备、设施，关闭或者限制使用有关场所，中止人员密集的活动或者可能导致危害扩大的生产经营活动及采取其他保护措施。

　　（5）启用本级人民政府设置的财政预备费和储备的应急救援物资，必要时调用其他急需物资、设备、设施、工具。

　　（6）组织公民参加应急救援和处置工作，要求具有特定专长的人员提供服务。

　　（7）保障食品、饮用水、燃料等基本生活必需品的供应。

　　（8）依法从严惩处囤积居奇、哄抬物价、制假售假等扰乱市场秩序的行为，稳定市场价格，维护市场秩序。

　　（9）依法从严惩处哄抢财物、干扰破坏应急处置工作等扰乱社会秩序的行为，维护社会治安。

（10）采取防止发生次生、衍生事件的必要措施。

【010104002】《生产安全事故应急条例》规定，有关地方人民政府及其部门接到生产安全事故报告后，按照应急救援预案的规定，应采取哪些应急救援措施？

答案：《生产安全事故应急条例》规定，有关地方人民政府及其部门接到生产安全事故报告后，应当按照国家有关规定上报事故情况，启动相应的生产安全事故应急救援响应程序，并按照应急救援预案的规定采取下列一项或者多项应急救援措施：

（1）组织抢救遇险人员，救治受伤人员，研判事故发展趋势及可能造成的危害。

（2）通知可能受到事故影响的单位和人员，隔离事故现场，划定警戒区域，疏散受到威胁的人员，实施交通管制。

（3）采取必要措施，防止事故危害扩大和次生、衍生灾害发生，避免或者减少事故对环境造成的危害。

（4）依法发布调用和征用应急资源的决定。

（5）依法向应急救援队伍下达救援命令。

（6）维护事故现场秩序，组织安抚遇险人员和遇险遇难人员亲属。

（7）依法发布有关事故情况和应急救援工作的信息。

（8）法律、法规规定的其他应急救援措施。

【010104003】自然灾害主要有哪些特点？

答案：（1）广泛性与区域性。自然灾害的分布范围很广，不管是海洋还是陆地、地上还是地下、城市还是农村、平原丘陵还是山地高原，只要有人类活动，自然灾害就有可能发生。自然地理环境的区域性又决定了自然灾害的区域性。如我国冬季季风活动强烈，易带来寒潮等灾害性天气，春季多有沙尘暴、扬沙和浮尘等天气；我国长江中下游地区易发生洪涝灾害等。

（2）频繁性和不确定性。全世界每年发生的大大小小的自然灾害非常多，近几十年来，自然灾害的发生次数呈现出增加的趋势，而自然灾害的发生时间、地点和规模等的不确定性，又在很大程度上增加了人们抵御自然灾害的难度。

（3）一定的周期性和不重复性。主要自然灾害中，无论是地震还是干旱、洪水，它们的发生都呈现出一定的周期性。人们常说的某种自然灾害"十年一遇、百年一遇"，实际上就是对自然灾害周期性的一种通俗描述。自然灾害的不重复性主要是指灾害过程、损害结果的不可重复性。

（4）联系性。① 区域之间具有联系性，如南美洲西海岸发生"厄尔尼诺"现象，有可能导致全球气象紊乱，美国排放的工业废气常常在加拿大境内形成酸雨；② 灾害之间具有联系性，也就是说，某些自然灾害可以互为条件，形成灾害群或灾害链，如火山活动就是一个灾害群或灾害链，火山活动可以导致火山爆发、冰雪融化、泥石流、大气污染等一系列灾害。

（5）危害的严重性。例如，全球每年发生可记录的地震约 500 万次，其中有感地震约 5 万次，造成破坏的近千次，而里氏 7 级以上足以造成惨重损失的强烈地震，每年约发生 15 次；干旱、洪涝两种灾害造成的经济损失也十分严重，全球每年可达数百亿美元。

（6）不可避免性和可减轻性。由于人与自然之间始终充满着矛盾，只要地球在运动、物质在变化，只要有人类存在，自然灾害就不可能消失，从这一点看，自然灾害是不可避免的。然而，充满智慧的人类，可以在越来越广阔的范围内进行防灾减灾，通过采取避害趋利、除害兴利、化害为利、害中求利等措施，最大限度地减轻灾害损失，从这一点看，自然灾害又是可以减轻的。

【010104004】事故灾难的主要特点有哪些？

答案：（1）必然性。人类的生产、生活过程总是伴随着危险，发生事故灾难的可能性也就普遍存在。人们在生产、生活过程中必然会发生事故，只不过事故发生的概率大小、人员伤亡的多少和财产损失的严重程度不同而已，其中造成伤亡和财产损失较严重的就是事故灾难，采取措施预防事故，只能延长事故发生的时间间隔，降低事故发生的概率，不能完全杜绝事故。

（2）随机性。事故发生的时间、地点、形式、规模和事故后果的严重程度都是不确定的，这种不确定性给事故的预防带来一定困难。但在一定的范围内，事故的随机性遵循数理统计规律，也就是说在大量事故统计资料的基础上，可以找出事故发生的规律，预测事故发生概率的大小。因此，事故统计分析对制定正确的预防措施具有重要作用。

（3）因果性。事故是由系统中相互联系、相互制约的多种因素共同作用的结果。导致事故发生的原因很多，从总体上可分为人的不安全行为、物的不安全状态和环境的不良刺激作用；从逻辑上又可分为直接原因和间接原因等。这些原因在系统中相互作用、相互影响，在一定的条件下发生突变并酿成事故。通过对事故进行调查分析，探求事故发生的因果关系，搞清事故发生的直接原因和间接原因，找出事故发生的主要原因，对预防事故发生具有积极作用。

（4）潜伏性。事故往往造成一定的财产损失或人员伤亡，严重者会给社会发展和人们生活带来重大的不良影响。事故发生前存在一个量变过程，即系统内部相关参数的渐变过程，所以事故具有潜伏性。一个系统，可能长时间没有发生事故，但这并不意味着该系统是安全的，因为它可能潜伏着事故隐患。这种系统在事故发生前所处的状态是不稳定的，为了达到系统的稳定状态，系统要素在不断地发生变化，当某一触发因素出现时，就可能导致事故。事故的潜伏性往往会引起人们的麻痹思想，从而酿成重大恶性事故，造成事故灾难。

【010104005】事故灾难的主要原因是什么？

答案：（1）人的不安全行为。人的不安全行为是指在职业活动中，员工违反劳动纪律、操作程序和方法等具有危险性的做法。常见的人的不安全行为主要有：麻痹侥幸心理；不正确佩戴或使用安全防护用品；机器在运转时进行检修、调整、清扫、加油等作业；在有可能发生坠落物、吊装物的地方下冒险通过、停留；在作业和危险场所随意走、攀、坐、靠的不规范行为；违反安全规章制度和安全操作规程，未制订相应的安全防护措施；违规擅自进入消防重地；违规使用非专用工具、设备或用手代替工具作业；精神疲惫、酒后上班、睡岗、擅自离岗、干与本职工作无关的事；工作时注意力不集中，思想麻痹等。

（2）物的不安全状态。物的不安全状态是指事故发生的物质条件。常见的物的不安全状态主要有：机械、电气等设备带"病"作业；机械、电气等设备在设计上不科学，形成安全隐患；防护、保险、警示等装置缺乏或有缺陷；物体的固有性质和建造设计使其存在不安全状态；设备安装不规范、维修保养不当、使用超期、老化；个人防护用品缺乏或不符合安全要求；操作工序设计存在缺陷或配置不安全等。

（3）环境的不安全因素。环境的不安全因素是指作业现场的周围环境不符合安全要求的情况。常见的环境的不安全因素主要有：生产（施工）场地照明光线不良；作业现场通风不良；作业场所狭窄；作业场地杂乱，物品乱摆乱放；作业场地地面有油污、积水、冰雪等湿滑物；环境温度、湿度不符合要求等。

（4）管理上的缺陷。管理上的缺陷是指组织在组织机构、管理制度、教育培训等方面的不足。常见的管理上的缺陷主要有：组织结构不合理，组织机构不健全，机构职责不明晰；管理者在思想上对安全工作的重要性认识不足，安全法律责任意识淡薄；安全规章制度、操作规程、安全技术措施、岗位责任制等制度未建立健全或不完善，贯彻学习不到位；员工安全教育、培训不到位。

【010104006】简述公共卫生事件的特点有哪些?

答案：① 成因的多样性；② 分布的差异性；③ 传播的广泛性；④ 危害的复杂性和严重性；⑤ 种类的多样性；⑥ 新发的事件不断产生；⑦ 食源性疾病和食物中毒的问题比较严重；⑧ 公共卫生事件频繁发生。

【010104007】突发事件应急管理的特点有哪些?

答案：应急管理既具有一般管理的属性，又具有特殊性。其特点主要有：

（1）应急处置的时效性。时效性就是要求急、快、迅速反应，这是应急管理的首要特征。

（2）应急救援的人本性。人本性就是应急救援要以人为本，把保障公众生命安全和健康作为首要任务。

（3）应急主体的政府主导性。应急管理是政府的职责，政府主导才能依靠公权力使应急管理有力、有序、高效进行，真正实现"统一领导、分工协作"的应急管理机制。

（4）应急技术的专业性。面对错综复杂的突发事件，应急处置时必须强调运用专家的力量，以科学的知识和专门技术为武器，讲求应急技术的专业性和科学性，在最短的时间内将突发事件的危害程度降到最低限度。

（5）应急力量的社会参与性。面对重大的自然和社会危机，没有全社会的积极参与和大力支持，仅仅依靠政府的力量，想圆满解决危机是不可能的。

【010104008】应急救援体系的应急处置和救援过程有哪些?

答案：（1）接警与响应级别的确定。接到突发事件预警后，按照工作程序分析研判，初步确定相应的响应级别。若突发事件不足以启动应急救援体系的最低响应级别，则响应关闭。

（2）应急启动。应急响应级别确定后，相应的应急组织机构按所确定的响应级别启动相应的应急应对系统，如通知应急中心有关人员到位、开通信息与通信网络，通知调配救援所需的应急资源（包括应急队伍和物资、装备等）、成立现场指挥部等。在突发事件超出自身管辖权范围时，应迅速向上级机关报告。在突发事件处置过程中，根据事件的发展及时调整应急响应级别。

（3）应急疏散。根据应急预案要求，制订不同突发事件的应急疏散方案，确定疏散路线、疏散方式、安置地点、后勤保障等，明确应急疏散的职责分工并经常组织疏散培训和演练，当发生突发事件时，应急管理人员应按照"先疏散，再抢险"的原则，按照疏散方案要求组织安全受到威胁的人员紧急疏散到安全区域，在确保公众安全的前提下，再开展相应的应急救援。

（4）应急救援。有关应急队伍进入突发事件现场后，迅速开展现场勘测、警戒、人员救助、工程抢险等应急救援工作，专家组为救援决策提供建议和技术支持。当事态超出响应级别，无法得到有效控制时，应向上级应急指挥机构请求实施更高级别的应急响应。

（5）应急控制。应急指挥人员或现场处置人员第一时间在突发事件现场采取一系列紧急措施，争取在最短的时间内，用最少的资源，花最小的代价，有效控制事态发展。

（6）应急恢复。救援行动结束后，进入临时应急恢复阶段，该阶段主要包括现场清理、人员清点和撤离、受灾区域的持续监测、警戒解除、善后处理和事故调查等。

（7）应急结束。当突发事件的威胁和危害得到控制或消除后，执行应急关闭程序，由应急救援指挥部门宣布应急救援结束。

【010104009】电网企业应急救援工作流程包含哪些内容？

答案：（1）信息报告。突发事件发生后，事发单位应及时向上一级单位行政值班机构和专业部门报告，情况紧急时可越级上报。根据突发事件影响程度，依据相关要求报告当地政府有关部门。事发单位各专业部门或单位将突发事件及应急处置工作信息汇总后，上报应急领导小组或专项事件应急处置领导机构，由其决策后再进行相关信息处置。

（2）应急响应。根据应急领导小组或专项事件应急处置领导机构发布的突发事件应急响应命令，及时启动或调整应急响应。

（3）先期处置。发生突发事件，事发单位首先要在事发单位应急领导小组或现场应急救援指挥部的统一指挥、协调下，派出应急救援基干分队（应急救援队），开展现场勘查、险情排除、信息收集、应急照明、人员救援等做好前期处置工作，采取必要措施防止危害扩大，并根据相关规定，及时向上级和所在地人民政府及有关部门报告。对因本单位问题引发的或主体是本单位人员的社会安全事件，要迅速派出负责人赶赴现场开展劝解、疏导工作。

（4）应急救援。事发单位应急救援基干分队（应急救援队）和应急抢修队伍根据应急救援指挥部的统一安排和各自的职责分工，开展应急处置和救援工作。事发单位不能消除或有效控制突发事件引起的严重危害，应在采取处置措施的同时，启动应急救援协调联动机制，及时报告上级单位协调支援，根据需要，请求国家和地方政府启动社会应急机制，组织开展应急救援与处置工作。在应急救援过程中，发现可能直接危及应急救援人员生命安全的紧急情况时，应当立即采取

15

相应措施消除隐患，降低或者化解风险，必要时可以暂时撤离应急救援人员。电网企业各单位应切实履行社会责任，服从政府统一指挥，积极参加国家各类突发事件应急救援，提供抢险和应急救援所需电力支持，优先为政府抢险救援及指挥、受灾群众安置、医疗救助等重要场所提供电力保障。应急救援基干分队（应急救援队）应及时向应急领导小组或专项事件应急处置领导机构汇报前期处置情况，为其指挥、协调应急抢修队伍进行抢修提供决策依据。应急领导小组需要及时深入现场，提供有关救援方案、抢修方案、原因分析等现场支持。事发单位应积极开展突发事件舆情分析和引导工作，按照有关要求，及时披露突发事件事态发展、应急处置和救援工作的信息，维护企业品牌形象。

（5）应急恢复。应急救援行动结束后，进入应急恢复阶段，包括现场清理、人员清点和撤离、设备清理和回收、受灾区域的持续监测等。

（6）应急结束。应急救援工作完成后，应急领导小组或专项事件应急处置领导机构根据事态发展变化情况调整突发事件响应级别。突发事件得到有效控制、危害消除后，解除应急指令，宣布结束应急状态。解除应急响应后，汇总相关信息后向各级单位通报。突发事件应急处置工作结束后，各单位要积极组织受损设施、场所和生产经营秩序的恢复重建工作。对于重点部位和特殊区域，要认真分析研究，提出解决建议和意见，按有关规定报批实施。各相关单位要对突发事件的起因、性质、影响、经验教训和恢复重建等问题进行调查评估，同时，要及时收集各类数据，按照国家有关规定成立的生产安全事故调查组应当对应急救援工作进行评估，并在事故调查报告中作出评估结论，提出防范和改进措施。

【010104010】电网企业应急救援基干分队（应急救援队）的主要特点是什么？

答案：（1）快速反应，送去光明。当经营区域内发生重特大灾害或电网突发事件时，应急救援基干分队（应急救援队）能够携带装备快速到达灾区，并为灾区电点亮"第一盏灯"，为受灾群众和其他应急救援队伍送去光明。

（2）先期处置，战斗力强。应急救援基干分队（应急救援队）到达灾害现场后，能够有效地对突发事件开展以搭建前方指挥部、现场勘探、应急照明、人员救护、应急供电、特殊环境抢修保障和通信保障为主的先期处置工作，为后续应急队伍的大规模进驻做好前期准备。

（3）训练有素，一专多能。要求应急救援基干分队（应急救援队）队员熟练掌握应急供电、应急电源与照明、应急通信、消防、灾害灾难救援、现场紧急医疗救护、营地搭建、现场测绘、信息采集、高处作业、野外生存、安全防护、团队管理与现场指挥等专业技能，熟练掌握所配车辆、舟艇、机具、绳索等应急装备和工器具的使用方法，并结合所处地域自然环境、社会环境、产业结构等实际情况，根据应急救援基干分队（应急救援队）内部的专业分工（一般分为综合救援、应急供电、信息通信、后勤保障四个专业组），按照"分工协作、一专多能"的要求，各有所侧重。所以，应急救援基干分队（应急救援队）不仅能够及时抢救人员生命，提供应急电源和供电保障，还能协助政府开展应急救援工作，避免或控制事态的进一步发展，树立电网企业的良好形象。能在应急培训、应急演练、应急保电等活动中，发挥骨干作用，配合做好相关工作。

（4）装备精良，分工协作。应急救援基干分队（应急救援队）配备有运输、通信、电源及照明、安全防护、单兵、生活等各类专业化装备，能够利用这些装备，分工协作、相互配合，及时收集、掌握并反馈受灾地区电网受损情况及社会损失、地理环境、道路交通、天气气候、灾害预报等信息，收集影像资料；能够根据灾害现场的实际情况提出应急抢险救援的建议及措施，为应急指挥和决策提供可靠依据。

【010104011】电网企业应急救援基干分队（应急救援队）日常管理主要内容包括哪些？

答案：（1）队员保持24h联络畅通。为保证应急救援工作的及时性和有效性，要求队员保持24h通信畅通。通过建立队员个人身份信息卡，定期报告队员状况，确保任何时段均有2/3以上队员在辖区内工作，并随时接受调遣参加应急救援。

（2）建立评估机制。针对综合性应急救援的实战要求，建立应急救援基干分队（应急救援队）队员评估机制，每年对队员的体能、技能、年龄结构、专业分布等是否符合队伍要求进行一次客观评价，及时调整人员结构，充实队伍力量。每个队员服役时间一般不少于3年。

（3）队员按要求按时参加本单位或上级单位组织的专项应急技能培训、应急演练和拉练。通过开展形式多样的应急理论学习及专项应急技能培训、演练和拉练，使队员不断提高技艺和能力，具备在恶劣气候和复杂地理环境下的工作、生存能力，达到较高的应急救援水平，以满足突发事件下应急处置工作要求，为开展电网应急处置和电网应急救援体系的顺利建立提供有力保障。

五、案例分析题

【010105001】某年7月29日8时40分，肆虐的洪水沿炉沟河暴涨，造成位于河床中心的A铝业公司废弃的铝土矿坑塌陷，洪水通过矿井上部老巷泄入B

县支建矿业有限公司东风井，造成淹井事件，69名矿工被困井下。

事故发生后，现场救援指挥部制订了"一堵、二排、三送风"的抢救方案。300名武警官兵冒着大雨在河床透水的地段奋战一整夜，堵实了泄漏通道，为井下及时开展抢救工作创造了安全条件。指挥部整建制调度某煤矿集团救灾队伍，整批量调动救灾设备，坚持轨道运输巷和皮带运输巷两个施工地点同时施工、同时抢险。三台风机轮流送风，使井下矿工能够呼吸到正常空气。

7月30日，指挥部成功通过通风管，将400kg牛奶送到井下，为被困矿工保存体力、等待获救赢得了时间。

7月31日，巷道清淤进度明显加快，通过抽水，井下水位不断下降。保持畅通的井下固定电线联系，有效稳定了被困矿工的情绪。矿工在救援队员的搀扶下陆续走出井口后，现场等候的20多辆救护车和100多名医护人员立即对其进行简单检查，并将他们紧急送往医院。12时30分，首名获救的矿工送至某市中心医院，接受全面的检查和治疗。

8月1日12时54分，随着最后一名矿工曹××的安全升井，发生透水事故的煤矿69名矿工，在井下被困76h后全部生还。

请根据《中华人民共和国突发事件应对法》的规定，回答下列问题。

（1）此次事件属于哪一类突发事件？

（2）此次矿难发生后，履行统一领导职责或者组织处置突发事件的人民政府开展的工作是否符合相关的法律规定？

参考答案

（1）属于事故灾难。

（2）《中华人民共和国突发事件应对法》规定，突发事件发生后，履行统一领导职责或者组织处置突发事件的人民政府应当针对其性质、特点和危害程度，立即组织有关部门，调动应急救援队伍和社会力量，依照该法的规定和有关法律、法规、规章的规定采取应急处置措施；突发事件发生后，履行统一领导职责的人民政府可以采取组织营救和救治受害人员，疏散、撤离并妥善安置受到威胁的人员以及采取其他救助措施。该事故发生后，当地政府立即组织应急救援队伍，采取了正确的"一堵二排三通风"的处置方案和五项具体措施符合该法的规定。

【010105002】近年来，因盲目施救导致事故扩大造成人员伤亡的事故时有发生，这些事故大都集中在狭小空间作业、中毒窒息、触电等，其发生的直接原因，都是由于施救措施不当而引起的救援失败。请根据这段描述，谈谈如何进行突发事件的科学施救。

参考答案

（1）多起突发事件集中反映了突发事件参与者（遇险者、施救者、管理者、公众等）风险意识淡薄、防范意识不强、自救互救能力低、应急处置能力差、安全管理欠缺等。健全机制、完善预案、加强培训、依靠科技、以人为本，方可实现突发事件的科学施救。

（2）应急救援的第一要务是第一时间抢救伤员，但在某些时候控制危险源比抢救伤员更重要。因为所有事故的发生几乎都是由于危险源的数量超过了临界量而导致的，只有迅速控制危险源，才可能从根本上遏制事故的发展。

（3）普及危险源辨识的常识，开展危险识别的培训和演练，增强自我保护意识，才能在确保安全的前提下进行应急处置和救援。

【010105003】央视《新闻联播》报道，芦山地震发生后，国家新闻出版广电总局迅速启动国家应急广播，为灾区提供信息服务。2013 年 4 月 22 日 16 时 40 分，中央人民广播电台首次以"国家应急广播"为呼号，以普通话和雅安方言对灾区群众定向播出，每天播出几十次应急和实用信息。"国家应急广播·芦山应急电台"首次以"国家应急广播"为呼号，在突发事件中以应急频率对灾区民众定向播出。芦山应急电台在震中芦山县设立直播间，以政府公告、救援信息、听众热线、专家访谈、记者连线、灾害互动热线等形式，针对身处地震灾区的民众、救援人员等群体，提供定制化、点对点、全方位的实用信息实时播发。

请根据以上新闻背景，谈谈突发事件中应急广播和信息保障的重要性。

参考答案

（1）建立统一联动、安全可靠的国家应急广播体系，是国家"十二五"发展规划的重要内容，该体系将统筹全国从中央到地方各级电台，建立与各种应急信息渠道的联通机制，实现在突发公共事件中第一时间发布民众所需应急信息的目标。

（2）应急广播可以为完善应急信息发布机制、第一时间发布权威信息、实现正确的舆论引导、维护灾区秩序和社会稳定、保障人民群众生命财产安全发挥重要作用，并为及时有效应对突发事件，提高灾害应急救援的科学、高效、有序提供重要的信息保障。

（3）及时有效的应急通信和应急信息保障是突发事件情况下迅速应对危机、减少损失、稳定局势的重要基础。

课题二

应急救援现场安全管理

一、单选题

【010201001】可能造成人员死亡、伤害、职业病、财产损失或其他损失的意外事件称为（　　　）。

（A）不安全；　　（B）事故；　　（C）危险源；　　（D）事故隐患。

答案：C

【010201002】预防事故最根本的做法是（　　　）。

（A）责任到人；　　　　　　　　（B）有应急措施；

（C）辨识和控制危险源；　　　　（D）管理到位。

答案：C

【010201003】重大危险源辨识的依据是物质的（　　　）及其（　　　）。

（A）形态、数量；　　　　　　　（B）生产方式、储存类型；

（C）协调性、干扰性；　　　　　（D）危险特性、数量。

答案：D

【010201004】突发事件预警信息的内容包括突发事件名称、（　　　）、预警区域或场所、预警期起始时间、影响估计及应对措施、发布单位和时间等。

（A）事件经过；　　（B）救援措施；　　（C）预警级别；　　（D）公共信息。

答案：C

【010201005】（　　　）是可能导致事故发生的物的危险状态、人的不安全行为、环境和管理上的缺陷。

（A）危险；　　（B）隐患；　　（C）事故；　　（D）缺陷。

答案：B

【010201006】现场作业人员在生产过程中，违反保证安全的各项规定、制度及措施的一切不安全行为属于（　　　）。

（A）行为违章；　　（B）管理违章；　　（C）装置违章；　　（D）操作违章。

答案：A

【010201007】现场道路或通道照明不符合要求属于（　　）。

（A）行为违章；　　（B）管理违章；　　（C）装置违章；　　（D）操作违章。

答案：C

【010201008】（　　）是指设备、设施或生产系统内在含有的，能够从根本上防止事故发生的功能。

（A）安全；　　（B）安全生产；　　（C）安全理念；　　（D）本质安全。

答案：D

【010201009】关于我国安全生产工作方针的表述，最准确的是（　　）。

（A）安全第一、预防为主、政府监管；

（B）以人为本、安全第一、预防为主；

（C）安全第一、预防为主、综合治理；

（D）安全第一、预防为主、群防群治。

答案：C

【010201010】《生产安全事故应急条例》经国务院第 33 次常务会议通过，自（　　）起施行。

（A）2020 年 1 月 1 日；　　　　（B）2019 年 2 月 1 日；

（C）2020 年 3 月 1 日；　　　　（D）2019 年 4 月 1 日。

答案：D

【010201011】生产经营单位应当加强生产安全事故应急工作，建立、健全生产安全事故应急工作责任制，其（　　）对本单位的生产安全事故应急工作全面负责。

（A）主要负责人；　　　　　　（B）分管安全负责人；

（C）行政负责人；　　　　　　（D）党政负责人。

答案：A

【010201012】生产经营单位可以通过生产安全事故应急救援信息系统办理生产安全事故应急救援预案备案手续，报送应急救援预案演练情况和（　　）建设情况，但依法需要保密的除外。

（A）应急救援队伍；　　　　　（B）应急抢修队伍；

（C）应急专家队伍；　　　　　（D）应急体系。

答案：A

【010201013】发生生产安全事故后，生产经营单位应当立即启动生产安全

事故（　　），采取一项或者多项应急救援措施，并按照国家有关规定报告事故情况。

（A）应急预案；　　　　　　　（B）应急抢修预案；

（C）应急救援预案；　　　　　（D）应急响应。

答案：D

【010201014】发生生产安全事故后，有关人民政府认为有必要的，可以设立由本级人民政府及其有关部门负责人、应急救援专家、应急救援队伍负责人、事故发生单位负责人等人员组成的（　　）。

（A）应急抢修现场指挥部；　　（B）应急救援现场指挥部；

（C）应急响应现场指挥部；　　（D）应急救援指挥部。

答案：B

【010201015】在生产安全事故应急救援过程中，发现（　　）紧急情况时，现场指挥部或者统一指挥应急救援的人民政府应当立即采取相应措施消除隐患，降低或者化解风险，必要时可以暂时撤离应急救援人员。

（A）可能危及应急救援人员生命安全的；

（B）应急救援人员不足，难以控制隐患，消除风险的；

（C）应急救援人员受伤需要救治的；

（D）可能直接危及应急救援人员生命安全的。

答案：D

【010201016】应急救援队伍的应急救援人员应当具备必要的（　　）。

（A）专业背景及工作经验；

（B）知识和技能；

（C）专业知识、技能、身体素质和心理素质；

（D）身体素质和心理素质

答案：C

【010201017】以下不属于物理性危险、有害因素的是（　　）。

（A）作业环境不良；　　　　　（B）防护缺陷；

（C）负荷超限；　　　　　　　（D）标志缺陷。

答案：C

【010201018】"安全第一"就是要始终把安全放在首要位置，优先考虑从业人员和其他人员的安全，实行（　　）的原则。

（A）安全第一；　　（B）安全优先；　　（C）预防为主；　　（D）以人为本。

答案：D

【010201019】危险是指系统中存在导致发生不期望后果的可能性超过了（　　　）。

（A）可预防的范围；　　　　　（B）人们的承受程度；

（C）制定的规章制度；　　　　（D）安全性。

答案：B

【010201020】依据系统安全理论,下列关于安全概念的描述错误的是（　　　）。

（A）没有发生伤亡事故就是安全；

（B）安全是一个相对的概念；

（C）当危险度低于可接受水平时即为安全；

（D）安全性与危险性互为补数。

答案：A

【010201021】下列对"本质安全"理解不正确的是（　　　）。

（A）包括设备和设施等本身固有的失误安全和故障安全功能；

（B）是安全生产管理预防为主的根本体现；

（C）可以是事后采取完善措施而补偿的；

（D）设备或设施含有内在的防止发生事故的功能。

答案：C

【010201022】风险管理的主要内容包括危险源辨识、风险评价、危险预警与监测管理、事故预防、风险控制管理及（　　　）。

（A）环境改善；　　（B）事故调查；　　（C）应急管理；　　（D）持续改进。

答案：D

【010201023】下列不属于事故应急救援的基本任务的是（　　　）。

（A）营救人员；　　　　　　　（B）控制事态发展；

（C）应急能力评估；　　　　　（D）评估事故的危害程度。

答案：C

【010201024】从防止触电的角度来说,绝缘、屏护和间距是防止（　　　）的安全措施。

（A）电磁场伤害；　　　　　　（B）间接接触电击；

（C）静电电击；　　　　　　　（D）直接接触电击。

答案：D

【010201025】现场有多个标志在一起设置时,应按照（　　　）类型的顺序,

先左后右、先上后下地排列，且应避免出现相互矛盾、重复的现象。

（A）禁止、警告、指令、提示；　　　（B）警告、禁止、指令、提示；

（C）警告、禁止、提示、指令；　　　（D）禁止、警告、提示、指令。

答案：B

【010201026】现场安全标志中，禁止标志是（　　　）。

（A）长方形衬底色为白色，正三角形边框底色为黄色，边框及标志符号为黑色；

（B）长方形衬底色为白色，圆形边框底色为蓝色，标志符号为白色；

（C）长方形衬底色为白色，带斜杠的圆边框为红色，标志符号为黑色；

（D）衬底色为绿色，标志符号为白色，文字为黑色（白色）黑体字。

答案：C

【010201027】安全标志中带正三角形边框的是（　　　）。

（A）禁止标志；　　（B）警告标志；　　（C）指令标志；　　（D）指示标志。

答案：B

【010201028】"高压危险"属于（　　　）标志，设置于带电设备固定遮栏上，室外带电设备构架上，高压试验地点安全围栏上，因高压危险禁止通行的过道上，工作地点临近室外带电设备的安全围栏上，工作地点临近带电设备的横梁上等处。

（A）禁止；　　（B）警告；　　（C）命令；　　（D）提示。

答：B

【010201029】关于有效实施舆情管理措施描述不正确的是（　　　）。

（A）坚持正确的舆论导向；

（B）建立网络舆情应急联动机制；

（C）有效控制舆情散播途径；

（D）整合信息资源，充分发挥互联网等现代信息传播媒介作用。

答案：C

【010201030】发生触电、高处坠落、物体打击、机械伤害等人员伤害事故风险属于（　　　）。

（A）管理类风险；　　　　　　　（B）装置类风险；

（C）环境类风险；　　　　　　　（D）行为类风险。

答案：D

【010201031】下列不属于人的不安全行为的是（　　　）。

（A）麻痹侥幸心理； （B）不正确佩戴或使用安全防护用品；

（C）安全帽超过使用期限； （D）吊装物下方冒险通过。

答案：C

【010201032】下列不属于物的不安全状态的是（　　）。

（A）机械、电气设备带"病"作业；

（B）不正确佩戴或使用安全防护用品；

（C）机械、电气等设备在设计上不科学；

（D）安全帽超过使用期限。

答案：B

【010201033】下列不属于环境的不安全因素的是（　　）。

（A）机械、电气设备带"病"作业；

（B）生产（施工）场地照明光线不良；

（C）作业现场通风不良；

（D）作业场所狭窄。

答案：A

【010201034】下列不属于管理上的缺陷的是（　　）。

（A）组织结构不合理； （B）组织机构不健全；

（C）机构职责不明晰； （D）佩戴超期限的安全帽。

答案：D

【010201035】事故发生的概率和事故损失严重程度的乘积称为（　　）。

（A）风险率； （B）危险级； （C）损失量； （D）严重度。

答案：A

【010201036】（　　）是公共关系的客体，是公共关系的工作对象。

（A）传播； （B）组织； （C）公众； （D）媒体。

答案：C

【010201037】（　　）是公共关系的中介，是连接组织和公众的桥梁，也是实现公共关系目标的唯一手段。

（A）传播； （B）组织； （C）公众； （D）媒体。

答案：A

【010201038】（　　）是有危险又有机会的时刻。

（A）危险； （B）风险； （C）隐患； （D）危机。

答案：D

【010201039】(　　)是组织为避免或者减轻危机所带来的严重损害和威胁，采取各种可能或可行的方法和方式，预防、限制和消除危机及因危机产生的消极影响，从而使潜在的或现存的危机得以解决，使危机造成的损失最小化的动态过程。

（A）危机公关；　　（B）危机应对；　　（C）危机沟通；　　（D）公共关系。

答案：A

【010201040】(　　)是组织对于已经发生的突发事件，根据事先制订的应急预案，采取应急行动，控制或解决正在发生的突发事件，最大限度地减轻灾害损害。

（A）危机公关；　　（B）危机应对；　　（C）危机沟通；　　（D）公共关系。

答案：B

【010201041】(　　)是指以沟通为手段、以解决危机为目的所进行的与利益相关者之间的信息交流活动。

（A）危机公关；　　（B）危机应对；　　（C）危机沟通；　　（D）公共关系。

答案：C

【010201042】著名的"海恩法则"指出："每一起严重事故的背后，都有(　　)次轻微事故和300起未遂先兆以及1000起事故隐患"。

（A）20；　　（B）10；　　（C）29；　　（D）30。

答案：C

二、多选题

【010202001】突发事件应急救援的基本任务有（　　）。

（A）立即组织营救，撤离或保护其他人员；

（B）迅速控制事态，防止事态扩展；

（C）消除危害后果，做好现场恢复；

（D）查清事故原因，评估危害程度。

答案：ABCD

【010202002】突发事件应急救援体系包含（　　）。

（A）组织体系；　　（B）运作机制；　　（C）法律基础；　　（D）保障系统。

答案：ABCD

【010202003】突发事件应急救援的法律基础包括（　　）。

（A）主体法律及各类突发事件应急法律法规；

（B）应急条例；

（C）政府文件；

（D）标准规范。

答案：ABCD

【010202004】以下属于突发事件预防阶段管理信息系统的是（　　　　）。

（A）地理信息系统；　　　　　　（B）监测监控信息系统；

（C）危险源管理系统；　　　　　　（D）指挥协调系统。

答案：ABC

【010202005】自然灾害事件的现场特点有（　　　　）。

（A）公共设施可能遭到严重损毁；　　（B）可能造成人员伤亡；

（C）生态环境可能遭到破坏；　　　　（D）可能诱发公共卫生事件。

答案：ABCD

【010202006】突发事件发生后，各应急救援单位的安全监督工作人员应及时赶赴现场，并迅速开展以下工作（　　　　）。

（A）建立现场安全监督网络，监督和通报现场安全情况，做好救援抢险安全教育宣传；

（B）认真分析辨识现场危险源、排查现场隐患；

（C）防范抢修和应急处置过程中发生人身、设备、交通等安全事件，制止现场违章作业行为；

（D）确保应急救援现场全员、全面、全方位、全过程安全、平稳、有序。

答案：ABCD

【010202007】有以下哪些情况时，生产安全事故应急救援预案制定单位应当及时修订相关预案。（　　　　）

（A）制定预案所依据的法律、法规、规章、标准发生重大变化；

（B）应急指挥机构及其职责发生调整；

（C）安全生产面临的风险发生重大变化；

（D）重要应急资源发生重大变化。

答案：ABCD

【010202008】为了规范生产安全事故应急工作，保障人民群众生命和财产安全，根据（　　　　），制定《生产安全事故应急条例》。

（A）《中华人民共和国安全生产法》；

（B）《中华人民共和国消防法》；

（C）《中华人民共和国突发事件应对法》；

（D）《中华人民共和国劳动法》。

答案：AC

【010202009】（　　）等人员密集场所经营单位，应当将其制定的生产安全事故应急救援预案按照国家有关规定报送县级以上人民政府负有安全生产监督管理职责的部门备案，并依法向社会公布。

（A）宾馆；　　（B）商场；　　（C）娱乐场所；　　（D）旅游景区。

答案：ABCD

【010202010】发生生产安全事故后，有关人民政府认为有必要的，可以设立由本级人民政府及其（　　）等人员组成的应急救援现场指挥部，并指定现场指挥部总指挥。

（A）部门负责人；　　　　　　　（B）应急救援专家；

（C）应急救援队伍负责人；　　　（D）事故发生单位负责人。

答案：ABCD

【010202011】现场指挥部或者统一指挥生产安全事故应急救援的人民政府及其有关部门应当（　　）地记录应急救援的重要事项，妥善保存相关原始资料和证据。

（A）客观；　　（B）完整；　　（C）准确；　　（D）认真。

答案：BC

【010202012】下列关于事故应急管理过程的说法，正确的有（　　）。

（A）重大事故的应急管理只限于事故发生后的应急救援行动；

（B）事故的应急管理贯穿事故发生前、中、后的各个过程；

（C）事故应急管理是一个动态的过程；

（D）应急管理包括预防、准备、响应和恢复四个阶段。

答案：BCD

【010202013】根据救援作业现场风险形成的主要原因，风险可分为（　　）风险。

（A）管理；　　　　　　　　　　（B）装置；

（C）环境；　　　　　　　　　　（D）行为。

答案：AD

【010202014】救援现场风险管控标准化流程包括（　　）。

（A）风险管控流程；　　　　　　（B）计划检修流程；

（C）临时检修流程；　　　　　　（D）现场实施流程。

答案：ABCD

【010202015】电网企业应从以下哪些方面进行作业风险识别（　　）。

（A）以防控人身触电、高处坠落、物体打击、机械伤害、误操作等典型事故风险为重点，从管理类和作业行为两方面分析和识别生产作业活动动态风险；

（B）防止电网运行方式安排不当，在临时方式、过渡方式、检修方式等特殊方式下由于控制措施不合理，以及外力破坏而造成电网停电的风险；

（C）分析存在的影响电网、设备及人身安全因素、危险源点和其他可能影响安全的薄弱环节；

（D）需提醒有关部门（单位）注意和重视的事项。

答案：ABCD

【010202016】电网抢修或生产作业现场实施主要风险包括（　　）等。

（A）电气误操作；　　（B）触电；　　（C）高处坠落；　　（D）机械伤害。

答案：ABCD

【010202017】作业前应组织工作负责人等关键人、作业人员（含外协人员）、相关管理人员进行交底，明确工作任务、作业范围、（　　）。

（A）安全措施；　　　　　　　　（B）技术措施；

（C）组织措施；　　　　　　　　（D）作业风险及管控措施。

答案：ABCD

【010202018】根据危险源在事故发生、发展中的作用，一般把危险源分为根源危险源和状态危险源，下列属于状态危险源的有（　　）。

（A）高压输电线路的铁塔；　　　（B）进入生产现场不戴安全帽；

（C）职工安全教育不到位；　　　（D）油库。

答案：BC

【010202019】地震灾区应急救援，需防范的危险源有（　　）等。

（A）余震；　　（B）泥石流；　　（C）坍塌；　　（D）爆炸。

答：ABCD

【010202020】现场安全标志应具有的作用是（　　）。

（A）预防危险；　　　　　　　　（B）避免事故；

（C）指导快速逃离；　　　　　　（D）提示正确操作。

答：ABCD

【010202021】危机沟通要坚持主动沟通、全部沟通、及时沟通的原则，与所有利益相关者进行多方沟通。主要利益相关者包括（　　）等。

（A）内部公众；　　　　　　　　（B）受害者；

（C）新闻媒体；　　　　　　　　（D）上级领导（主管部门）。

答：ABCD

【010202022】突发事件信息具有（　　）基本特征。

（A）社会关注性；　　　　　　　（B）动态时效性；

（C）易受扭曲性；　　　　　　　（D）模糊不定性。

答案：ABCD

【010202023】突发事件信息发布的常用方式有（　　　）。

（A）发布政府公报；　　　　　　（B）举行新闻发布会；

（C）政府网站发布；　　　　　　（D）拟写新闻通稿。

答案：ABCD

【010202024】突发事件处置时，电网企业相关事发单位应积极开展突发事件舆情分析和引导工作，按照有关要求，及时披露（　　）的信息，维护企业品牌形象。

（A）突发事件事态发展；　　　　（B）灾后安置工作；

（C）应急处置和救援工作；　　　（D）电网抢修工作。

答案：AC

【010202025】电网作业中的危险点具有（　　）。

（A）客观实在性；　　　　　　　（B）潜在性；

（C）复杂多变性；　　　　　　　（D）可知可防性。

答案：ABCD

【010202026】突发事件尤其是重大自然灾害现场初期往往具有（　　）等特点。

（A）现场秩序混乱；　　　　　　（B）救援力量不足；

（C）救援工作复杂；　　　　　　（D）救援刻不容缓。

答案：ABCD

【010202027】在国家规定的安全标志中，黄色背景代表（　　）。

（A）提示；　（B）指示；　（C）警告；　（D）注意。

答案：CD

【010202028】在国家规定的安全标志中，蓝色背景表示（　　）。

（A）命令；　（B）提示；　（C）指令；　（D）必须遵守的规定。

答案：CD

【010202029】在国家规定的安全标志中，绿色背景表示（　　）。

（A）命令；　（B）提示；　（C）安全状态；　（D）通行。

答案：BCD

【010202030】电网突发事件应急救援工作结束后，应对已修复线路安排全面检查并开展（   ）等工作。

（A）高危线路专项评估分析；

（B）应急队伍能力建设；

（C）输电线路防灾等应急救援专题研究；

（D）应急装备补充。

答案：ABCD

【010202031】公共关系由（   ）等要素构成。

（A）组织；   （B）公众；   （C）沟通；   （D）传播。

答案：ABD

【010202032】电网企业应急救援现场危机公关的一般处理程序包括（   ）。

（A）迅速反应，隔离危机；   （B）全面调查，收集信息；

（C）加强沟通，维护现象；   （D）科学决策，调配资源。

答案：ABD

【010202033】危机沟通要坚持（   ）的原则，与所有利益相关者进行多方沟通。

（A）主动沟通；   （B）全部沟通；   （C）及时沟通；   （D）真诚沟通。

答案：ABCD

三、判断题

【010203001】突发事件应急救援期间的现场安全管理是应急救援工作有序、有效进行的基础和重要保障。   （   ）

答案：√

【010203002】应急抢险或救援过程往往伴随着抢修战线长、抢修力量分散、抢修工期紧、工作人员疲劳等问题，救援作业现场存在极大事故风险和安全隐患。   （   ）

答案：√

【010203003】危机不是突发的，危机是矛盾的积累并最终爆发的结果，危机未爆发前的矛盾状态被称为风险。   （   ）

答案：√

【010203004】危险源就是指事故隐患。   （   ）

答案：×

【010203005】新闻舆情是较多群众关于社会中各种现象、问题所表达的信念、态度、意见和情绪等表现的总和。 （ ）

答案：√

【010203006】电网企业舆情应对能力是指按照企业品牌建设规划推进和国家应急信息披露各项要求，规范信息发布工作，建立舆情分析、应对、引导常态机制，主动宣传和维护电网企业品牌形象的能力。 （ ）

答案：√

【010203007】事故的发生，实质上是对人和物的不安全状态控制的不足，即管理上的缺失，也就是说，事故因果连锁中最关键的因素是安全管理。 （ ）

答案：√

【010203008】通常根源危险源决定事故发生的可能性，状态危险源决定事故发生的后果严重程度。 （ ）

答案：×

【010203009】风险评估是指通过定性或定量的分析与评价，评估风险大小及确定风险是否可容许的全过程。 （ ）

答案：√

【010203010】危险点演变为事故一般经过潜伏、渐进、临界、突变四个阶段。 （ ）

答案：√

【010203011】有效的沟通交流可以降低危机对组织的冲击，并存在化危机为转机甚至商机的可能。 （ ）

答案：√

【010203012】危机发生后，电网企业应该快速反应，争取在危机处理过程中的主动权。 （ ）

答案：√

四、问答题

【010204001】应急救援现场安全监督人员应具备哪些基本条件？

答案：（1）熟悉现场、设备及作业流程。

（2）熟悉现场安全监督相关法律法规及标准，熟悉重大危险源管理、重大事故防范、应急管理和救援组织及事故调查处理的有关规定。

（3）掌握现场急救知识、安全生产管理和安全生产技术。

（4）具备常规通信工具（手机、对讲机等），携带有关通信录。

（5）配齐安全帽、防冻（滑）靴、单兵装备等个人防护用品。

（6）备有安全监察设备（相机、执法记录仪等）、应急照明、急救包及药品等。

（7）根据需要配备充足的保暖物品（或防暑降温物品）及食物等。

【010204002】什么是危险源？什么是危险点？

答案：危险源是可能导致伤害或疾病、财产损失、工作环境破坏，或这些情况组合的根源、状态。危险点是作业中可能发生危险的地点、部位、场所、工器具和行为动作等。工作前经过认真分析，充分认识危险点和危险源之所在，工作中采取隔离、警示、个人防护等有力措施加以防范，达到超前控制和预防事故的目的。

【010204003】危险源辨识的任务是什么？结合工作实际，谈谈地震救援中有哪些方面的危险源？

答案：危险源辨识是识别危险源的存在并确定其特性的过程，其主要任务是识别出存在的危险源的类型、特点、危害性，并且采取有针对性的控制措施，防止危险源演变为事故。应急救援活动的中危险源辨识是应急指挥人员、应急抢险人员及普通公众必须掌握的基本技能，也是遵循事故发展规律、遵循应急救援规律，科学施救，提高救援效率和成功率的必要措施。应急救援活动中，第一时间抢救伤员是第一要务，但在某些时候控制危险源比抢修伤员更重要。因为，所有事故的发生，几乎都是由于危险源的数量超过了临界量而导致的。只有迅速控制危险源，才可能从根本上遏制事故的发展，防止衍生、次生灾害的发生，防止发生更大的事故。

地震发生后，可能引起火灾、毒气污染、细菌污染、放射性污染、滑坡和泥石流、水灾；沿海地区可能遭受海啸的袭击；冬天发生的地震容易引起冻灾；夏天发生的地震，由于人畜尸体来不及处理及环境条件的恶化，可引起环境污染和瘟疫流行；另外，地震时有的人跳楼、公共场所的群众蜂拥外逃可造成因盲目避震的摔、挤、踩等伤亡；大地震后由于人们的恐震心理、地震谣传或误传，还可出现不分时间、不分地区盲目搭建防震棚灾害；随着生产力的发展，一些新的次生灾害也可能出现，如高层建筑玻璃损坏造成的"玻璃雨"灾害，信息储存系统破坏引起的"记忆毁坏"灾害等。

【010204004】如何避免电网作业中的计划编制风险？

答案：电网作业的生产计划编制应贯彻状态检修、综合检修的基本要求，严格计划管理，避免重复停电，减少操作次数，保证抢险检修质量，提高安全可靠水平；及时组织召开运行方式分析会、检修计划协调会和停电计划平衡会，保证工作安排合理有序；下达的计划中应注明主要风险，并制订相应的防范措施和预案。

计划编制风险管控的基本原则包括：

（1）生产抢修与基建、技改、用户工程相结合。

（2）线路抢修与变电检修相结合。

（3）一次系统与二次系统相结合。

（4）主设备与辅助设备相结合。

（5）两个及以上单位维护的线路抢修相结合。

（6）同一停电范围内有关设备抢修相结合。

（7）低电压等级设备与高电压等级设备抢修相结合。

（8）输变电设备与发电设备抢修相结合。

（9）用户与电网抢修相结合。

【010204005】电网企业突发事件信息发布应遵循哪些规定？

答案：（1）预警期内企业应急办公室协助有关部门开展突发事件信息发布和舆论引导工作。

（2）应急响应期间企业专项处置领导小组办公室协助有关部门开展突发事件信息披露和舆情引导工作。

（3）披露信息主要包括突发事件的基本情况、采取的应急措施、取得的进展、存在的困难及下一步工作打算等信息。

（4）信息发布的渠道包括官方网站、官方微博、官方微信、当地主流媒体、新闻发布会、热线服务电话告知、短信群发、电话录音告知和当地政府信息发布平台等形式，视情况采用一种或多种形式。

（5）外联部门组织开展舆论监测，汇集有关信息，跟踪、研判社会舆论，及时确定应对策略，开展舆论引导工作。

（6）信息发布和舆情引导工作应做到实事求是、及时主动、正确引导、严格把关、强化保密。

【010204006】生产经营企业重大危险源普查的内容有哪些？

答案：（1）生产工艺设备及材料情况。工艺布置，设备名称、容积、温度、压力，设备性能，设备本质安全水平，工艺设备的固有缺陷，所使用的材料种类、性质、危害，使用的能量类型及强度等。

（2）作业环境情况。安全通道情况，生产系统的结构、布局，作业空间布置等。

（3）操作情况。操作过程中的危险，工人解除危险的频度等。

（4）事故情况。过去事故及危害状况，事故处理应急方法，故障处理措施。

（5）安全防护。危险场所有无安全防护措施和安全标志等。

【010204007】电网企业安全风险管理的基础是什么？

答案：（1）电网安全风险管理主要是指以防止电网大面积停电为首要任务，系统梳理电网安全隐患和薄弱环节，全面评估电网安全风险，制订落实治理方案和措施，有效提高电网安全风险防范和控制水平。电网安全风险管理的基础是输电网安全性评价、电网调度系统安全性评价、直流输电系统安全性评价、发电厂并网运行安全性评价等。

（2）企业安全风险管理主要指各企业结合工作性质和管理范围，从基础管理、安全管理、人员素质等方面，查找安全隐患和薄弱环节，系统分析企业安全风险，采取措施控制人身伤亡、设备损坏、供电安全等各类事故风险。企业安全风险管理的基础是安全风险评估、供电企业安全性评价、发电厂安全性评价等。

（3）作业安全风险管理主要指工区、班组、个人等结合专业特点和工作实际，辨识作业现场潜在的危险源，有针对性地落实预控措施，控制作业违章、误操作、人身伤害等安全风险，保障作业全过程的安全。作业安全风险管理的基础是危险源辨识和预控。

【010204008】《中华人民共和国安全生产法》对生产安全事故应急救援有哪些规定？

答：（1）国家加强生产安全事故应急能力建设，在重点行业、领域建立应急救援基地和应急救援队伍，鼓励生产经营单位和其他社会力量建立应急救援队伍，配备相应的应急救援装备和物资，提高应急救援的专业化水平。国务院安全生产监督管理部门建立全国统一的生产安全事故应急救援信息系统，国务院有关部门建立健全相关行业、领域的生产安全事故应急救援信息系统。

（2）县级以上地方各级人民政府应当组织有关部门制定本行政区域内生产安全事故应急救援预案，建立应急救援体系。

（3）生产经营单位应当制定本单位生产安全事故应急救援预案，与所在地县级以上地方人民政府组织制定的生产安全事故应急救援预案相衔接，并定期组织演练。

（4）危险物品的生产、经营、储存单位及矿山、金属冶炼、城市轨道交通运

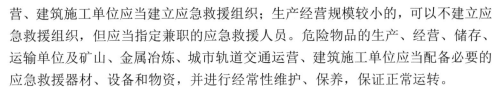

营、建筑施工单位应当建立应急救援组织；生产经营规模较小的，可以不建立应急救援组织，但应当指定兼职的应急救援人员。危险物品的生产、经营、储存、运输单位及矿山、金属冶炼、城市轨道交通运营、建筑施工单位应当配备必要的应急救援器材、设备和物资，并进行经常性维护、保养，保证正常运转。

（5）生产经营单位发生生产安全事故后，事故现场有关人员应当立即报告本单位负责人。单位负责人接到事故报告后，应当迅速采取有效措施，组织抢救，防止事故扩大，减少人员伤亡和财产损失，并按照国家有关规定立即如实报告当地负有安全生产监督管理职责的部门，不得隐瞒不报、谎报或者迟报，不得故意破坏事故现场、毁灭有关证据。

（6）负有安全生产监督管理职责的部门接到事故报告后，应当立即按照国家有关规定上报事故情况。负有安全生产监督管理职责的部门和有关地方人民政府对事故情况不得隐瞒不报、谎报或者拖延不报。

（7）有关地方人民政府和负有安全生产监督管理职责的部门的负责人接到生产安全事故报告后，应当按照生产安全事故应急救援预案的要求立即赶到事故现场，组织事故抢救。

（8）参与事故抢救的部门和单位应当服从统一指挥，加强协同联动，采取有效的应急救援措施，并根据事故救援的需要采取警戒、疏散等措施，防止事故扩大和次生灾害的发生，减少人员伤亡和财产损失。

（9）事故抢救过程中应当采取必要措施，避免或者减少对环境造成的危害。

（10）任何单位和个人都应当支持、配合事故抢救，并提供一切便利条件。

【010204009】作业现场危险源的控制途径有哪些？

答案：作业现场的危险源可通过技术手段、人为手段和加强管理等途径进行控制。

（1）技术途径。消除、控制、防护、隔离、监控、保留和转移等。

（2）人的行为控制。控制人为失误，减少人的不正确行为对危险源的触发作用。加强教育培训，做到人的安全化和操作安全化。

（3）管理控制。① 建立健全危险源管理的规章制度；② 明确责任，定期检查；③ 加强危险源的日常管理；④ 抓好技术反馈，及时整改隐患；⑤ 搞好危险源控制管理的基础性建设工作；⑥ 搞好危险源控制管理的考核评价和奖惩工作。

【010204010】什么是习惯性违章？为什么习惯性违章易引发事故？

答案：习惯性违章是指固守旧有的不良作业传统和工作习惯，违反相关安全工作规程的行为。据统计，电力系统 78%以上的事故是由习惯性违章造成的。就诱发事故的原因来看，习惯性违章与危险点是相随相生的，习惯性违章是导致事故的人为因素，危险点是引发事故的客观因素，习惯性违章与危险点相结合很容易造成事故。习惯性违章往往会人为制造新的危险点，会掩盖危险点的存在，习惯性违章会使危险点进一步扩大，造成更为严重的后果。总之，习惯性违章是生成和引发危险点的人为因素，要有效地控制危险点就必须根除习惯性违章。

【010204011】危机公关的基本策略是什么?

答案：危机公关有两种基本策略：① 防守型策略，即采取措施保护遭到威胁的有形和无形资产；② 进攻型策略，即通过积极地建设性的行动减少或避免资产损失，并在可能的情况下化危为机，甚至创造新的财富。

【010204012】危机调查的主要内容有哪些?

答案：（1）本次危机发生的时间、地点、原因。

（2）本次危机目前的现状、损失情况。

（3）本次危机的可能的发展趋势。

（4）本次危机与电网企业的关系，电网企业应付的责任，是责任事故还是意外事件。

（5）本次危机要应对的公众。

【010204013】危机发生后，电网企业应对媒体的策略有哪些?

答案：（1）快速做出反应，不要沉默不语。危机发生后，企业要在第一时间做出反应，以引导舆论走向，避免出项谣言满天飞。由于危机发生后，社会公众对危机情况一时不明，出现信息真空，这时，谁先说话就会填补这一信息真空，给人以先入为主的第一印象。因此，当危机发生后，在媒体应对上，时间往往是争取胜利的决定性因素，时效是新闻发布的第一要素。

（2）坦诚面对媒体和公众，尊重媒体和公众。媒体是舆论的传播者，要想影响受众，必先争取传播者的理解。真诚的姿态更容易使媒体感觉到尊重，沟通也会更加有效。危机的发生，常常源于媒体、受众对事实的误解和企业的不透明。

（3）不要试图去掩盖事实。企业无论犯错与否，都需要一个正确的心态，增加透明，向公众做坦诚的解释。人们会为"敢于认错，知错就改，勇于负责"叫好，却不能原谅不负责任的遮掩和逃避。

（4）不要站在媒体对立面。不管媒体所报道的东西是对是错，不要争个我是你非。要能够尊重媒体，坦诚向媒体告知事情的原委，承担自己应该承担的责任。企业要传达信息，内容应当以向公众传播信心为主，把企业同公众联系在一起，成为利益相关的共同体。只有这样，信息才会同公众产生共鸣而非为公众所排斥和抵制，信息的传播也才能够顺利进行。

（5）企业对外发布的信息必须一致。当危机发生时，企业就应当成立专门的危机管理小组，必须统一企业对外信息发布的渠道和内容，避免不同声音的出现，造成外界更大的猜疑和混乱。企业不要因为某一个局部的环境发生变化，而随意更改自己的声音。只有声音持续不断地统一宣传，才能产生足够的强度，才不会为噪声所干扰，并在保证信息传播过程中不失真。对于外界来说，企业任何人员的发言都可能被媒体和公众视为是企业的发言。

（6）不要妄自推测。在真相未明之前，企业应更多从公众的角度考虑事情。公众只对涉及自身利益相关的事情感兴趣，企业需要同公众形成一种共识，并与之成为利益相关体。也就是说，企业要向公众传达"我要和你站在一起！"的信息，当公众感觉到企业是在为他们考虑时，他们就比较容易相信企业所说的话。日后企业查明真相，他们也就会仍旧相信。在买方市场时代，企业是一个看似强大但却脆弱的组织，它面对着各种各样的可预见和不可预见的危机。作为企业，永远都不要忘了自己的最终目的是要在市场上生存发展，就必须去忍受一些委屈，去承担一些没有强制规定的义务。企业要努力处理好与相关组织的关系，因为对任何一个组织的忽视都可能导致意想不到的灾难。

【010204014】危机发生后，如何与上级单位（主管部门）进行沟通？

答案：（1）危机发生后，应及时、主动向上级单位（主管部门）进行实事求是的报告，不要文过饰非，更不要歪曲事实真相。

（2）在危机处理过程中，要定期向上级单位（主管部门）汇报处理进度，求得上级单位（主管部门）的指导和帮助。需要外部力量支援时，还需要上级单位（主管部门）的协调。

（3）危机处理结束后，要向上级单位（主管部门）详细汇报危机发生的原因、处理经过、解决办法，并提出今后的预防措施。

课 题 三

灾害现场卫生防疫

一、单选题

【010301001】自然灾害期间及灾后卫生防疫工作的首要任务是采取各种有效措施，积极做好（　　）的预防与控制工作。

（A）各类传染病；　　　　　　　（B）各种次生灾害；

（C）各类自然灾害；　　　　　　（D）环境污染。

答案：A

【010301002】选择临时性水源的总原则是先选用（　　）。

（A）浅层地下水；　　（B）山泉水；　　（C）地面水；　　（D）深层地下水。

答案：D

【010301003】饮用水化学消毒目前以（　　）消毒剂为主。

（A）过氧乙酸；　　（B）新洁尔；　　（C）高锰酸钾；　　（D）含氯。

答案：D

【010301004】灾后应动员社会力量迅速开展以灾后（　　）为重点的爱国卫生运动。

（A）治理环境污染；　　（B）防病；　　（C）消灭蚊子；　　（D）消灭苍蝇。

答案：B

【010301005】（　　）是物理消毒方法的一种，既经济又方便，既简单易行消毒效果又好。

（A）加热消毒；　　　　　　　　（B）过滤消毒；

（C）各种辐射消毒；　　　　　　（D）化学消毒。

答案：A

【010301006】漂白粉的主要成分为（　　）。

（A）次氯酸钠；　　（B）氯酸钙；　　（C）过氧乙酸；　　（D）高锰酸钾。

答案：B

【010301007】食具、奶瓶消毒常用的消毒方法是（　　　）。

（A）焚烧处理；　　　　　　　（B）加热 65℃，30min；

（C）火烧；　　　　　　　　　（D）煮沸 100℃，10min。

答案：D

【010301008】自然灾害后期，对遭受灾害的室内外环境要进行彻底清理消毒，做到（　　　）。

（A）先消毒、后清理、再回迁；　　（B）先清理、后消毒、再回迁；

（C）先回迁、后消毒、再清理；　　（D）先清理、后回迁、再消毒。

答案：B

【010301009】灾区供水的主要安全问题是（　　　）。

（A）垃圾污染；　　　　　　　（B）毒性污染；

（C）微生物污染；　　　　　　（D）环境污染。

答案：C

【010301010】（　　　）的消毒可直接用火烧。

（A）金属等耐热物品；　　　　（B）废弃物；

（C）食具、奶瓶；　　　　　　（D）动物尸体。

答案：A

【010301011】（　　　）的消毒可直接进行焚烧处理。

（A）金属等耐热物品；　　　　（B）废弃物；

（C）食具、奶瓶；　　　　　　（D）动物尸体。

答案：B

【010301012】（　　　）是切断传播途径，防止传染病扩散或蔓延的重要措施之一。

（A）消毒；　　（B）清污；　　（C）灭蝇；　　（D）灭蚊。

答案：A

【010301013】在灾害现场进行传染病调查和卫生防疫工作时，如果现场工作人员要接触到血液、体液、分泌物和排泄物等，需（　　　）。

（A）戴防护面罩；　　（B）穿防护服；　　（C）戴口罩；　　（D）戴手套。

答案：D

【010301014】下列属于直接接触传播的是（　　　）。

（A）为病人进行测量体温；　　　（B）被污染的床单；

（C）被污染的衣物；　　　　　　（D）被污染的器械和敷料。

答案：A

【010301015】通过飞沫、尘埃溅到易感者的结膜、鼻腔黏膜或口腔黏膜而发生感染的传播途径属于（　　）。

（A）空气传播；　　（B）粪口传播；　　（C）虫媒传播；　　（D）母婴传播。

答案：A

【010301016】经水、食物和苍蝇传播感染的传播途径属于（　　）。

（A）空气传播；　　（B）粪口传播；　　（C）虫媒传播；　　（D）母婴传播。

答案：B

【010301017】蚊子传播疟疾、丝虫病等的传播途径属于（　　）。

（A）空气传播；　　（B）粪口传播；　　（C）虫媒传播；　　（D）母婴传播。

答案：C

【010301018】病原体通过胎盘、产道或哺乳由母亲传染给婴儿的传播方式属于（　　）。

（A）空气传播；　　（B）粪口传播；　　（C）虫媒传播；　　（D）母婴传播。

答案：D

【010301019】大灾之后要防大疫。甘肃舟曲泥石流灾害后，救灾人员在灾区喷洒了大量消毒液。从预防传染病的角度分析，此举属于（　　）。

（A）切断传播途径；　　　　　　（B）控制传染源；

（C）杀灭蚊蝇；　　　　　　　　（D）保护易感人群。

答案：A

二、多选题

【010302001】卫生防疫是（　　）传染病措施的统称。

（A）控制；　　（B）防止；　　（C）治疗；　　（D）消灭。

答案：ABD

【010302002】灾害现场预防传染病的一般措施有（　　）。

（A）控制传染源；　　　　　　　（B）切断传播途径；

（C）保护易感人群；　　　　　　（D）保护生态环境。

答案：ABC

【010302003】灾害现场的饮用水水源取水点要划出一定范围，严禁在此区域内排放（　　）。

（A）粪便；　　（B）污水；　　（C）沙土；　　（D）垃圾。

答案：ABD

【010302004】在灾害现场建设应急公共厕所，要求做到（　　　），四周挖排水沟，外围草帘。

（A）坑深；　　（B）窄口；　　（C）加盖；　　（D）加宽。

答案：ABC

【010302005】在自然灾害条件下，除修复的部分自来水外，临时供水措施主要有（　　　）。

（A）用水车送水；　　　　　　　（B）使用消防水龙带输水；

（C）使用未被破坏的水井的水；　　（D）用自备的取水工具分散取水。

答案：ABD

【010302006】传染病传播的必备条件有（　　　）。

（A）传染源；　　（B）传播途径；　　（C）传播速度；　　（D）易感人群。

答案：ABD

【010302007】蚊蝇是（　　　）等传染病的传播者。

（A）流感；　　（B）乙型脑炎；　　（C）痢疾；　　（D）咳嗽。

答案：BC

【010302008】预防肠道传染病的最主要措施是（　　　）。

（A）搞好水源卫生；　　　　　　（B）管理好垃圾、粪便；

（C）搞好食品卫生；　　　　　　（D）搞好个人卫生。

答案：ABC

【010302009】常用的消毒方法有（　　　）消毒。

（A）加热；　　（B）物理；　　（C）化学；　　（D）焚烧。

答案：BC

【010302010】物理消毒法是利用物理因子作用于病原微生物，将其杀灭或清除，通常利用（　　　）等方法处理。

（A）加热；　　（B）过滤；　　（C）辐射；　　（D）喷洒消毒剂。

答案：ABC

【010302011】自然灾害发生后常常会出现的卫生问题有（　　　）等。

（A）水源污染；　　　　　　　　（B）食品污染；

（C）媒介生物滋生；　　　　　　（D）传染病流行。

答案：ABCD

【010302012】灾害现场针对空气传播的防护措施有（　　　）等。

（A）当接触感染源时需戴手套，处理完后必须立即脱去手套，并用抗菌肥皂洗手；

（B）将患者安置在隔离病房或隔离区；

（C）接触患者前后或处理污染物后要洗手；

（D）与患者保持 1m 以上的距离，需近距离（1m 之内）接触患者时，必须佩戴口罩，必要时，要先让患者佩戴好口罩。

答案：BCD

【010302013】下列属于传染病的间接接触传播途径的是（　　）。

（A）为病人进行测量体温；　　　（B）被污染的床单；

（C）被污染的器械和敷料；　　　（D）被污染的衣物。

答案：BCD

【010302014】下列属于传染病的粪口传播途径的是（　　）。

（A）飞沫；　　（B）尘埃；　　（C）食物；　　（D）苍蝇。

答案：CD

【010302015】手巾、毛巾、脸盆、门把手消毒常用（　　）进行消毒。

（A）0.1%高锰酸钾浸泡 30min；

（B）煮沸 15min；

（C）含氯消毒剂 500mg/L 作用 10min；

（D）0.5%过氧乙酸浸泡或擦拭，作用 10min。

答案：BCD

【010302016】衣服、被褥、书报、纸张消毒常用（　　）进行消毒。

（A）耐热、耐湿的纺织品可煮沸消毒 30min，或用流通蒸汽消毒 30min，或用有效氯为 250～500mg/L 的含氯消毒剂浸泡 30min；

（B）不耐热的毛衣、毛毯、被褥、化纤尼龙制品和书报、纸张等，可采取过氧乙酸熏蒸消毒；

（C）用高压灭菌蒸汽；

（D）用 0.5%过氧乙酸浸泡或擦拭，作用 30min。

答案：ABC

三、判断题

【010303001】集中式的饮用水水源取水点应有专用的取水桶并有人看管。

（　　）

答案：×

【010303002】水源是自然灾害现场的重要防疫安全渠道，也是保证灾害现场

人员生命安全的源头所在。   （ ）

答案：√

【010303003】为预防传染病，灾害现场的每个人都要养成公共场合佩戴手套和戴口罩的好习惯。   （ ）

答案：√

【010303004】消毒是指清除或杀灭外环境中的病原体，使其无害化。（ ）

答案：√

【010303005】空气的消毒，一般采用将房屋密闭后，用15%过氧乙酸溶液进行熏蒸消毒。   （ ）

答案：√

【010303006】供水的主要安全问题是微生物污染，可采取过氧乙酸进行消毒。

（ ）

答案：×

四、问答题

【010304001】传染病传播必须具备哪些基本条件？

答案：（1）传染源。指能排出病原体的人或动物，包含患者、隐性感染者（感染了病原微生物却没有得病，体内没有病毒，但有抗体）、病原携带者（感染了病原微生物却没有症状，体内有病毒，病毒在体内持续表达）、受感染的动物。

（2）传播途径。指病原体传染他人的途径，包括空气传播（飞沫、飞沫核及尘埃），如流行性感冒、肺结核、腮腺炎、麻疹等；粪口传播（水、食物、苍蝇传播），如细菌性痢疾、甲型肝炎、霍乱等；接触传播，如急性出血性结膜炎（红眼病）、狂犬病、破伤风、淋病等；虫媒传播，如流行性乙型脑炎、疟疾、血吸虫病、钩端螺旋体病等；血液、体液传播，如乙型肝炎、艾滋病等；医源性传播；土壤传播；母婴传播。

（3）易感人群。对该种传染病无免疫力者称为易感者。

【010304002】如何管理传染源？

答案：（1）对病人要做到"五早"，即早发现、早诊断、早隔离、早报告、早治疗。

（2）对病原携带者要进行登记、管理（医学观察和治疗）。

（3）对密切接触者要留验、医学观察、药物预防、应急接种。

（4）对动物传染源要彻底消灭或隔离。

【010304003】叙述医务人员常用的规范洗手法的步骤。

答案：（1）在流水中使双手充分淋湿。

（2）取适量的肥皂或皂液，均匀涂抹至整个手掌、手背、手指和指缝。

（3）认真揉搓双手至少15min。应注意搓洗双手所有皮肤，包括指背、指尖和指缝，具体揉搓步骤包括以下六步：① 掌心相对，手指并拢，相互揉搓；② 手心对手背沿指缝相互揉搓，交换进行；③ 掌心对掌心，双手交叉指缝相互揉搓；④ 弯曲手指使关节在另一手掌心旋转揉搓，交换进行；⑤ 右手握住左手大拇指旋转揉搓，交换进行；⑥ 将五指指尖并拢放在另一手掌心旋转揉搓，交换进行。

（4）在流水中彻底冲净双手，擦干用适量护手液护肤。

【010304004】肠道传染病的控制要点有哪些？

答案：（1）根据病人活动及排泄物污染情况划定疫点、疫区。

（2）早期发现病人，迅速就地隔离治疗和抢救，转送病人时要注意防止途中污染。

（3）疫点内应做好随时消毒和终末消毒，特别注意病人粪便、呕吐物及所有污染场所的消毒，消毒剂一般用漂白粉。

（4）疫点内密切接触者医学观察，必要时可预防性服药（四环素、强力霉素等）。

（5）加强饮水卫生处理和粪便管理，搞好饮食卫生和灭蝇。主要是加强水源保护，维持饮用水中高游离性余氯水平（0.4～0.5mg/L），防止排泄物污染水源和食物，鼓励肥皂洗手，动物尸体及时掩埋或焚烧。

（6）疫点和疫区管理期间停止大型集会，禁止为婚、丧等举办各种聚餐活动。

【010304005】呼吸道传染病的控制要点有哪些？

答案：（1）隔离治疗病人。尤其是在灾民收治点，如果发生呼吸道暴发疫情，则主张将病人独立隔离。

（2）追踪密切接触者。根据监测信息，确定暴发流行的影响范围和人群，对密切接触者进行有效的观察，及时发现新病例。

（3）带菌者服药。对于细菌性呼吸道传染病的带菌者，在发生疫情时可考虑选择服用其敏感的预防性抗生素。

（4）保护易感人群。灾害发生后，首先要保护小孩和老人等易感者，尽量让他们少受寒和少挨饿，提高抵抗力。

（5）健康教育。开展和加强预防呼吸道传染病的宣传，养成良好的个人卫生习惯。要注意手的卫生，咳嗽或打喷嚏时用纸巾遮挡口鼻，保持室内空气的流通，远离病人或可能染疫动物。

（6）医务人员分级防护原则。医务人员的防护采取标准预防的原则，根据危险程度采取分级防护，防护措施应当适宜。

【010304006】自然疫源性疾病的控制要点有哪些？

答案：（1）确定疫点、疫区及媒介控制区，对疫点进行随时消毒和终末消毒处理。

（2）控制传染源。疑似、临床诊断或实验室确诊病例应到定点医院进行隔离治疗；出现暴发疫情，病人较多时，应就地设置临时隔离治疗点。对可疑的动物进行扑杀、消毒、处理。

（3）媒介控制。开展灭鼠、灭螨、灭蜱、灭蚊等工作。县（区）疾控中心负责组织专业人员在疫区监测媒介密度，并及时把监测及控制结果上报上级部门。

（4）个人防护。重点搞好牧民、屠宰、医护人员等高危人群的个人防护。

（5）宣传教育与爱国卫生运动。通过印制宣传册、宣传海报、报纸、电视、电台、互联网等媒体向群众宣传预防控制卫生知识，提高群众对自然疫源性疾病的自我防治能力。灾区要广泛发动群众，大力开展爱国卫生运动，搞好环境卫生，及时清除灾区垃圾及淤泥，对动物尸体进行无害化处理，清除"四害"（苍蝇、蚊子、臭虫和蟑螂）滋生环境，预防疾病的传播。

（6）开展应急接种工作。对疫区范围内人群进行流行性出血热、乙型脑炎、狂犬病等疫苗的应急接种。

【010304007】使用含氯消毒剂应注意哪些事项？

答案：① 对织物有腐蚀和漂白作用，不应作有色织物的消毒，一般对金属有一定腐蚀性，要慎用；② 物体表面消毒后，应用清水擦拭干净，防止腐蚀和去残留；③ 有效氯挥发快，稀释后的消毒液应尽快使用，所需溶液现用现配，配制溶液时应戴口罩、手套；④ 产品有效期限很短，粉剂应于阴凉处避光、防潮、密封保存。

【010304008】分散式饮用水如何进行消毒？

答案：井水、河水等用缸或桶盛装，水混浊度大时，应将水静置澄清或用明矾等混凝剂（100mg/L，10min）预处理后取上清液进行消毒。每 50kg 水加入 1 片漂白粉精片，加药时先将漂白粉精片放在陶瓷或搪瓷碗（杯）中捣碎，然后倒入水中搅动几下，30min 后水可用；或者每 100kg 水直接投入 1 片泡腾片，泡腾片完全溶解后搅拌几下，30min 后水即可用。

【010304009】灾害现场如何进行垃圾的收集和消毒处理?

答案: (1) 合理布置垃圾收集点,可用砖砌垃圾池、金属垃圾桶(箱)或塑料垃圾袋收集生活垃圾。

(2) 专人负责垃圾清扫、运输,并做到日产日清。

(3) 选地势较高的地方进行垃圾堆肥处理,用塑料薄膜覆盖。四周挖排水沟,同时用药物消毒杀虫,控制苍蝇滋生。

(4) 传染病污染的垃圾要按相关的卫生消毒要求处理或直接采用焚烧法处理。

(5) 垃圾可喷洒 10000mg/L 有效氯含氯消毒剂溶液,作用 60min 以上后深埋处理。对可燃垃圾应尽量焚烧处理。

【010304010】灾害现场如何进行空气的消毒?

答案: 房屋经密闭后,用 15%过氧乙酸溶液 7mL/m³(即每立方米房屋空间用 15%过氧乙酸 7mL),使用过氧乙酸熏蒸器进行消毒,也可把过氧乙酸溶液放置陶瓷或玻璃器皿中,底部用装有适量酒精的酒精灯加热蒸发,熏蒸 2h,即可开门窗通风。熏蒸消毒时要注意防火,还要注意过氧乙酸有较强的腐蚀性。对于体积较大的房屋,密闭后应用 2%过氧乙酸溶液 8mL/m³ 进行气溶胶喷雾消毒,作用 1h 后即可开门窗通风。应确保公共场所的空调系统安全,防止疾病暴发流行。

【010304011】如何配制过氧乙酸消毒液?

答案: 市售过氧乙酸分为 A、B 液,两者混合后反应生成过氧乙酸溶液。混合时将 B 液倒入 A 液中,搅拌并静置 12~24h 后即可制得浓度约为 15%的过氧乙酸溶液。过氧乙酸具有强腐蚀性,注意做好防护,戴手套配制。日常消毒往往需要用水稀释,如将 15%过氧乙酸溶液稀释配成 2%过氧乙酸溶液 1000mL,其计算公式为 1000×2%/15%≈133.3mL,即取 134mL 15%过氧乙酸溶液加水至1000mL 即可配成 2%过氧乙酸溶液。

【010304012】如何进行环境、物体表面消毒?

答案: (1) 将 1g 漂白粉加入 500g 水中,搅拌均匀后进行喷洒至湿润,30min 后可达到要求。

(2) 按照先上后下、先左后右的方法,依次进行喷雾消毒。喷雾消毒可用0.2%~0.5%过氧乙酸溶液或有效氯为 1000~2000mg/L 的含氯消毒剂溶液。泥土墙吸液量为 150~300mL/m²,水泥墙、木板墙、石灰墙为 100mL/m²。

对上述各种墙壁的喷洒消毒剂溶液不宜超过其吸液量。地面消毒先由外向内喷雾一次,喷药量为 200~300mL/m²,待室内消毒完毕后,再由内向外重复喷洒

一次。以上消毒处理，作用时间应不少于 60min。

【010304013】如何进行衣服、被褥、书报、纸张消毒?

答案：(1)耐热、耐湿的纺织品可煮沸消毒 30min，或用流通蒸汽消毒 30min，或用有效氯为 250～500mg/L 的含氯消毒剂浸泡 30min。

(2)不耐热的毛衣、毛毯、被褥、化纤尼龙制品和书报、纸张等，可采取过氧乙酸熏蒸消毒。熏蒸消毒时，将欲消毒衣物悬挂室内（勿堆集一处），密闭门窗，糊好缝隙，每立方米用 15%过氧乙酸 7mL，放置瓷或玻璃容器中，加热熏蒸 1～2h。或将被消毒物品置环氧乙烷消毒柜中，在温度为 54℃，相对湿度为 80%条件下，用环氧乙烷气体（800mg/L）消毒 4～6h；或用高压灭菌蒸汽进行消毒。

【010304014】蚤类、蜱螨类的个人防护措施有哪些?

答案：(1)在与啮齿类、家养或野生哺乳动物、鸟类接触，或样品采集时，应把捕获的小型动物放置在鼠布袋中，用乙醚麻醉，使体外寄生虫致死后，再进行操作，并在操作现场地面使用含有高效氯氰菊酯、氟氯氰菊酯或溴氰菊酯等致死作用的杀虫气雾剂或滞留喷洒剂，以杀死病媒生物。

(2)在滋生地及活动场所附近开展工作，将驱避剂涂抹于皮肤的暴露部位或外衣上。

(3)在开展蚤、蜱螨传播疾病相关的现场工作时，应穿防护服、防蚤袜，以有效防止爬虫类媒介生物的攻击。

(4)在鼠疫等疫情处理时，应避开蚤、蜱、螨的活动区，不能在獭洞、鼠洞等鼠类活动频繁的区域坐、卧或长期停留，不能在没有防护时接近自毙鼠，以免受到感染病原的蚤类攻击。

【010304015】卫生防疫人员标准防护措施有哪些?

答案：(1)洗手。当可能接触感染源时，为避免病原菌的散播及保护医护人员，照顾患者及准备患者所用物品前后、检查患者后、处理患者所用物品后均需洗手。

(2)戴手套。在灾害现场进行传染病调查和进行卫生防疫工作时，如果现场工作人员要接触到血液、体液、分泌物和排泄物等，需戴手套，处理完毕立即脱掉手套并洗手。

(3)穿隔离衣。有被感染源污染工作服的可能时，需穿隔离衣。使用后，应立即脱掉隔离衣并洗手。

(4)戴护目镜或者防护面罩。有被感染源溅污脸部的可能时，需戴护目镜或者防护面罩。

（5）用具及设备。受患者血液、体液等感染源污染的仪器设备应用消毒剂彻底消毒。如使用一次性用品（如注射器、输液器等），使用后应丢弃并按医用垃圾处理规定和要求处理。

（6）环境清洁。定期且彻底做好以患者单位及接触过的表面为主的环境清洁、消毒工作。

【010304016】灾害现场预防空气传播的防护措施有哪些?

答案：（1）将患者安置在负压隔离病房或隔离区。

（2）与患者保持 1m 以上的距离，需近距离（1m 之内）接触患者时，必须佩戴口罩，必要时，要先让患者佩戴好口罩。

（3）接触患者前后或处理污染物后要洗手。

【010304017】灾害现场预防接触传播的保护措施有哪些?

答案：（1）将病人安置在隔离房间。

（2）进入病人房间时必须戴手套。

（3）手套在接触了高浓度病原体的物品后必须更换。

（4）离开病人房间之前必须脱去手套，并用抗菌肥皂洗手。

（5）在脱去手套后不要再接触任何可能带有病原体的物件的表面。

【010304018】灾害现场暴露于血液和体液后的紧急措施有哪些?

答案：因针刺、割伤、咬伤、血液/体液溅到黏膜或者通过破损的皮肤暴露于血液/体液后，应马上用肥皂和清水冲洗暴露部位 15min。如果喷溅到眼睛或黏膜，要用清水冲 15min。受伤者应该马上向上级报告，并寻求进一步的治疗。相应治疗应该在 1~2h 内开始。

五、案例分析题

【010305001】2008 年汶川地震是我国 30 年来遭受的最为严重的地震灾害，是近 10 年来最为严重的自然灾害，全国各地、南亚、东南亚等地均有震感。地震造成近 69227 人死亡，17923 人失踪，373643 人受伤，地震造成直接经济损失 8451 亿元。汶川地震是自新中国成立以来影响最深、损失最大的一次地震。

俗话说，大灾害之后必有大疫。为控制灾后疫情发生，卫生防疫人员在地震灾害现场分别从控制传染源、切断传播途径、保护易感人群等方面做了大量的工作，如进行大范围的消毒剂喷洒作业、开展群众性爱国卫生运动等，创造大灾之后无大疫的传奇，成为我国灾后卫生防疫工作成效好的典型案例。

根据上述案例回答：

（1）为什么灾后容易发生传染病疫情？

（2）灾害现场预防传染病的一般措施有哪些？

（3）灾害现场如何对饮用水进行消毒？

参考答案

（1）灾后容易发生传染病疫情的主要原因有：

1）空气污染。地震引起的山石与房屋倒塌，产生大量烟尘与灰尘或有毒气体，造成空气与饮水、饮食的污染。

2）水源污染。灾后人畜尸体未能及时消毒或掩埋而发生腐臭，污染环境与水源；洪灾与地震使厕所等卫生设施遭到破坏，污水、垃圾、粪便乱流，严重污染环境与水源。

3）虫媒滋生。由于环境与卫生条件恶化，加上气候炎热，可引起蚊蝇及病菌大量滋生，灾后鼠类无处藏身，到处乱跑，引起疾病传播。

4）灾后灾民的居住与生活条件极差，正常的生活秩序打乱，加上精神与心理上的巨大伤痛，可引起机体的抵抗力下降，伤病员与老弱病残者更是容易遭受疾病的袭击。

（2）灾害现场预防传染病的一般措施有控制传染源、切断传播途径、保护易感人群。

（3）灾害现场饮用水消毒的方法有：供水的主要安全问题是微生物污染，可采取含氯消毒剂进行消毒。集中式供水应严格按水净化、消毒、监测程序进行。分散式饮用水消毒，井水、河水等用缸或桶盛装，水浑浊度大时，应将水静置澄清或用明矾等混凝剂（100mg/L，10min）预处理后取上清液进行消毒。每 50kg 水加入 1 片漂白粉精片，加药时先将漂白粉精片放在陶瓷或搪瓷碗（杯）中捣碎，然后倒入水中搅动几下，30min 后水可用；或者每 100kg 水直接投入 1 片泡腾片，泡腾片完全溶解后搅拌几下，30min 后水即可用。

单元二
电网应急救援技术

课 题 一

应急救援人员个人装备与安全防护

一、单选题

【020101001】（　　）是从业人员为防御物理、化学、生物等外界因素伤害所穿戴、配备和使用的各种护品的总称。

（A）单兵装备；　　　　　　　　（B）个人保障装备；

（C）个体防护装备；　　　　　　（D）救援装备。

答案：C

【020101002】在生产作业场所穿戴、配备和使用的（　　）也称个体防护装备。

（A）劳动防护用品；　　（B）装备；　　（C）工具；　　（D）器材。

答案：A

【020101003】（　　）主要是指应急救援过程中用来救援的设备和工器具等。

（A）物资类；　　（B）装备类；　　（C）工具类；　　（D）器材类。

答案：B

【020101004】（　　）是为防御头部不受外来物体打击和其他因素危害而配备的个人防护装备。

（A）头部防护装备；　　　　　　（B）面部防护装备；

（C）个体防护装备；　　　　　　（D）躯干防护装备。

答案：A

【020101005】（　　）是在普通型安全帽的基础上阻止电流通过，防止人员意外触电，适用于存在坠物危险或对头部可能产生碰撞及带电作业场所。

（A）阻燃安全帽；　　　　　　　（B）电绝缘安全帽；

（C）抗压安全帽；　　　　　　　（D）防静电安全帽。

答案：B

【020101006】（　　）是用来防止高速粒子对眼部的冲击伤害，适用于切削

加工、金属切割、碎石等作业场所，以及地震应急救援现场的破拆作业。

（A）化学安全防护镜；　　　　　（B）防冲击眼镜；

（C）激光护目镜；　　　　　　　（D）微波护目镜。

答案：B

【020101007】（　　）是指能够防止过量的声能侵入外耳道，使人耳避免噪声的过度刺激，减少听力损失，预防由噪声对人身引起的不良影响的个体防护用品。

（A）呼吸防护装备；　　　　　　（B）听力防护装备；

（C）面部防护装备；　　　　　　（D）躯干防护装备。

答案：B

【020101008】呼吸防护装备分为（　　）呼吸防护装备和隔绝式呼吸防护装备。

（A）防毒面罩；　　（B）防护口罩；　　（C）过滤式；　　（D）封闭式。

答案：C

【020101009】自吸过滤式防颗粒物呼吸器靠佩戴者呼吸克服部件气流阻力防御颗粒物的伤害，适用于存在颗粒物空气污染物的环境，不适用于防护有害气体或蒸汽。（　　）级适用于非油性颗粒物，KP 级适用于油性颗粒物和非油性颗粒物。

（A）KM；　　（B）KC；　　（C）KN；　　（D）KV。

答案：C

【020101010】（　　）呼吸防护装备适用于各类颗粒物和有毒有害气体环境，主要包括正压式空气呼吸防护装备、负压式空气呼吸防护装备、自吸式长管呼吸器、送风式长管呼吸器、氧气呼吸器。

（A）过滤式；　　（B）防毒面罩；　　（C）隔绝式；　　（D）防护口罩。

答案：C

【020101011】负压式空气呼吸防护装备使用者任一呼吸循环过程中面罩内压力在吸气阶段均（　　）环境压力。

（A）大于；　　（B）等于；　　（C）小于；　　（D）不确定。

答案：C

【020101012】（　　）具有耐高温、阻燃、隔离辐射热、防飞溅火星及熔融物的特点，分 A、B、C 三级，适用于有明火、散发火花或在熔融金属附近操作有辐射热和对流热的作业场合。

（A）医用防护服；　　　　　　　（B）高可视性警示服；

（C）阻燃防护服；　　　　　　　（D）酸碱类化学品防护服。

答案：C

【020101013】在（　　）的内部与外底之间装有防刺穿垫，适用于存在锋利物的作业场所，如地震救援现场。

（A）振动防护鞋；　　　　　　　（B）耐油防护鞋；

（C）防刺穿鞋；　　　　　　　　（D）高温防护鞋。

答案：C

【020101014】（　　）安全带限制作业人员的活动范围，避免其到达可能发生坠落区域。

（A）区域限制；　（B）围杆作业；　（C）坠落悬挂；　（D）安全网。

答案：A

【020101015】《中华人民共和国突发事件应对法》规定，"国务院有关部门、（　　）以上地方各级人民政府及其有关部门、有关单位应当为专业应急救援人员购买人身意外伤害保险，配备必要的防护装备和器材，减少应急救援人员的人身风险"。

（A）省级；　（B）市级；　（C）县级；　（D）街道办事处。

答案：C

【020101016】安全帽按用途分为一般作业类（Y类）安全帽和特殊作业类（T类）安全帽两大类，其中（　　）类适用于带电作业场所。

（A）T1；　（B）T2；　（C）T3；　（D）T4。

答案：D

【020101017】安全带使用时应将安全带挂在（　　），人在下面工作，可以使坠落发生时的实际冲击距离减小。

（A）低处；　（B）高处；　（C）等高的位置；　（D）牢固位置即可。

答案：B

【020101018】使用防坠器进行倾斜作业时，原则上倾斜度不超过（　　），此角度以上必须考虑能否撞击到周围物体，使用时严禁安全绳扭结使用，严禁拆卸改装。

（A）50°；　（B）20°；　（C）30°；　（D）40°。

答案：C

【020101019】接触粉尘的救援人员应配备（　　）、防尘眼镜等面部防护

装备。

（A）防护服；　（B）安全帽；　（C）颗粒物呼吸器；　（D）护目镜。

答案：C

【020101020】当存在多种危险因素时，应综合考虑伤害类型，并配备多种个体防护装备。从救援环境角度来看，在山体滑坡、塌陷等地质结构不稳定地区，存在砸伤、可吸入粉尘、颗粒物等伤害，应配备（　　）防护装备、呼吸防护装备、躯体防护装备、足部防护装备等防护装备。

（A）头部；　（B）听力；　（C）个体；　（D）坠落。

答案：A

二、多选题

【020102001】所谓个体防护装备是从业人员为防御（　　）等外界因素伤害所穿戴、配备和使用的各种护品的总称。

（A）物理；　（B）化学；　（C）生物；　（D）机械。

答案：ABC

【020102002】听力防护装备主要包括（　　）。

（A）耳塞；　（B）耳罩；　（C）防噪声头盔；　（D）护目镜。

答案：ABC

【020102003】呼吸防护装备分为（　　）呼吸防护装备。

（A）全身式；　（B）自吸式；　（C）过滤式；　（D）隔绝式。

答案：CD

【020102004】自吸过滤式防颗粒物呼吸器靠佩戴者呼吸克服部件气流阻力防御颗粒物的伤害，适用于存在颗粒物空气污染物的环境，不适用于防护有害气体或蒸汽。（　　）级适用于非油性颗粒物，（　　）级适用于油性颗粒物和非油性颗粒物。

（A）KN；　（B）KP；　（C）KM；　（D）KV。

答案：AB

【020102005】防机械伤害手套应防（　　）等机械危害，适用于接触、使用锋利器物的不同等级机械危害作业。

（A）摩擦；　（B）切割；　（C）穿刺；　（D）静电。

答案：ABC

【020102006】在火灾场所，存在烧伤、砸伤等可能的伤害，应配备（　　）

等防护装备。

（A）阻燃防护服；　　　　　（B）防护帽；

（C）防护手套；　　　　　　（D）劳保手套。

答案：ABC

【020102007】在高层建筑物内人员等需要高处救援及电力设施架设场所，存在高处坠落、触电等伤害风险，应配备（　　）、电绝缘防护装备等防护装备。

（A）安全带；　（B）自锁器；　（C）速差自控器；　（D）系索。

答案：ABCD

【020102008】经佩戴使用后的防护装备，应按照产品要求和特性进行维护与保养，对可能造成环境污染的有毒有害护品，应（　　）。

（A）集中管理；　（B）定期回收；　（C）统一处理；　（D）个人管理。

答案：ABC

【020102009】全身式安全带是指为了保护人的躯干，把坠落力量分散在（　　）等部位的安全保护装备。

（A）大腿的上部；　　（B）骨盆；　　（C）胸部；　　（D）肩部。

答案：ABCD

【020102010】正确地选择防毒面具，选对型号，确认（　　）。

（A）毒气种类；　　　　　　（B）现场空气中毒物的浓度；

（C）空气中氧气含量；　　　（D）温度。

答案：ABCD

三、判断题

【020103001】在生产作业场所穿戴、配备和使用的劳动防护用品称个体防护装备。（　　）

答案：√

【020103002】个人装备主要是个体防护装备。所谓个体防护装备是从业人员为防御物理、化学、生物等外界因素伤害所穿戴、配备和使用的各种护品的总称。（　　）

答案：√

【020103003】在选择和佩戴个体防护装备时，应注意必须根据应急救援工作环境、条件和时限选择个体防护装备，必须选择具有生产许可证和安全鉴定证的个体防护装备。（　　）

答案：√

【020103004】自吸过滤式防毒面具靠佩戴者呼吸克服部件阻力，防御有毒、有害气体或蒸汽、颗粒物等对呼吸系统或眼面部的伤害，1～4 级适合有毒气体或蒸汽的防护，P1～P3 级适合毒性颗粒物的防护。　　　（　　）

答案：√

【020103005】高处作业或登高人员发生坠落时，坠落悬挂安全带将作业人员安全悬挂。　　　（　　）

答案：√

【020103006】存在物体打击、机械伤害、高处坠落等可能对作业者头部产生碰撞伤害的作业场所，应为作业人员配备安全帽等头部防护装备。　　（　　）

答案：√

【020103007】从事有可能被机械绞碾、夹卷伤害的作业人员应穿戴紧口式防护服，长发应佩戴防护帽，可以戴防护手套。　　　（　　）

答案：×

【020103008】在易燃易爆场所的救援人员应穿戴具有防静电性能的防静电服、防静电鞋、防静电手套等防护装备。　　　（　　）

答案：√

【020103009】在距坠落高度基准面 2.5m 及以上，有发生坠落风险的作业场所为救援人员配备安全带，并加装防坠器等防护装备。　　　（　　）

答案：×

【020103010】在倒塌建筑物等搜救现场，存在破碎钢筋、钢丝、玻璃、切割钢筋产生的碎屑和飞溅火花等危险源，应配备防刺穿鞋、防割伤手套、眼面部防护装备、焊接防护服等防护装备。　　　（　　）

答案：√

【020103011】在高层建筑物内人员等需要高处救援及电力设施架设场所，存在坠落伤害、触电等伤害，应配备安全带、系索、自锁器、速差自控器、电绝缘防护装备等防护装备。　　　（　　）

答案：√

四、问答题

【020104001】在选择和佩戴个体防护装备时应注意哪些？

答案：（1）必须根据应急救援工作环境、条件和时限选择个体防护装备。

（2）必须选择具有生产许可证和安全鉴定证的个体防护装备。

（3）必须按照使用说明书正确存放和维护个体防护装备。

（4）必须按照使用说明书正确佩戴个体防护装备。

【020104002】我国个体防护装备按照人体防护部位大体划分为哪些？

答案：目前，我国个体防护装备按照人体防护部位大体划分为9类，即头部防护装备、眼面防护装备、听力防护装备、呼吸防护装备、躯干防护装备、手部防护装备、足部防护装备、皮肤防护装备、坠落防护装备。

【020104003】存在飞溅物体、化学性物质、非电离辐射等可能对作业者眼面部产生伤害的作业场所，应配备哪些个体防护装备？

答案：存在飞溅物体、化学性物质、非电离辐射等可能对作业者眼面部产生伤害的作业场所，应配备眼面部防护装备，如安全眼镜，化学飞溅护目镜、面罩，焊接护目镜、面罩或防护面具等。

【020104004】在高层建筑物内人员等需要高处救援及电力设施架设场所，存在坠落伤害、触电等伤害，应配备哪些个体防护装备？

答案：在高层建筑物内人员等需要高处救援及电力设施架设场所，存在坠落伤害、触电等伤害，应配备安全带、系索、自锁器、速差自控器、电绝缘防护装备等防护装备。

【020104005】在倒塌建筑物等搜救现场，存在破碎钢筋、钢丝、玻璃、切割钢筋产生的碎屑和飞溅火花等危险源，应配备哪些个体防护装备？

答案：在倒塌建筑物等搜救现场，存在破碎钢筋、钢丝、玻璃、切割钢筋产生的碎屑和飞溅火花等危险源，应配备防刺穿鞋、防割伤手套、眼面部防护装备、焊接防护服等防护装备。

【020104006】在发生疫情地区，存在细菌、微生物等致病因素，应配备哪些个体防护装备？

答案：在发生疫情地区，存在细菌、微生物等致病因素，应配备防微生物手套、隔绝式呼吸防护装备、隔绝式防护服等防护装备。

【020104007】特殊作业类（T类）安全帽有哪些，分别适用于哪些场合？

答案：安全帽按用途分为一般作业类（Y类）安全帽和特殊作业类（T类）安全帽两大类，其中T类中又分成五类，T1类适用于有火源的作业场所，T2类适用于井下、隧道、地下工程、采伐等作业场所，T3类适用于易燃易爆作业场所，T4（绝缘）类适用于带电作业场所，T5（低温）类适用于低温作业场所。

【020104008】当防毒面具出现使用故障时，采用哪些应急措施？

答案：当防毒面具出现使用故障时，采用以下应急措施，并且马上离开有毒的区域。

（1）如果防毒面具上的面罩或者是导气管上面发现有孔洞出现，可以用手指将孔洞堵住。如果防毒面具上的气管有破损，可以将滤毒罐跟头罩直接连接起来作用即可。

（2）如果防毒面具上的呼气阀坏了，用手指将呼气阀的孔堵住，呼气时将手松开，吸气时再用手堵住。

（3）如果防毒面具上的头罩破坏得比较严重，可以考虑将滤毒罐直接放在嘴里，然后再捏住鼻子，用滤毒罐来呼吸。

（4）如果防毒面具上的滤毒罐上面出现了小孔，那么可以用手或者是其他的材料来将其堵住。

（5）如果防毒面具出现了面罩破损、老化、漏气，或者是呼气阀损坏等情况发生，应立即停止使用。而当在使用防毒面具时，如果感觉到呼吸比较困难，并且能够闻到毒物的气味，应该立刻撤退，在毒区的时候是不能将防毒面罩取下来的。

【020104009】防毒面具使用注意事项有哪些?

答案：（1）正确地选择防毒面具，选对型号，确认毒气种类、现场空气中毒物的浓度、空气中氧气含量及温度，特别留意防护面具的滤毒罐所设定的范围及时间。

（2）在使用防毒面具之前，对其进行认真检查，查看各部位是否完整，有无异常情况发生，其连接部分是否连接完好，仔细查看整个面具的气密性是否特别好。

（3）在使用防毒面具时，选择一个比较合适的面罩，要保持防毒面具内气流的畅通，在有毒的环境中要迅速戴好防毒面具。

（4）当防毒面具出现使用故障时，应马上离开有毒的区域。

【020104010】空气呼吸器使用前应检查哪些内容?

答案：（1）打开空气瓶开关，气瓶内的储存压力一般为 25～30MPa，随着管路、减压系统中压力的上升，会听到余压报警器报警。

（2）关闭气瓶阀，观察压力表的读数变化，在 5min 内，压力表读数下降不超过 2MPa，表明供管系统高压气密性好。否则，应检查各接头部位的气密性。

（3）通过供给阀的杠杆，轻轻按动供给阀膜片组，使管路中的空气缓慢地排出，当压力下降至 4～6MPa 时，余压报警器应发出报警声音，并且连续响到压力表指示值接近零时。否则，就要重新校验报警器。

（4）检查压力表有无损坏，连接是否牢固。

（5）检查中压导管是否老化，有无裂痕，有无漏气处；与供给阀、快速接头、减压器的连接是否牢固，有无损坏。

（6）检查供给阀的动作是否灵活，是否缺件，与中压导管的连接是否牢固，有无损坏。供给阀和呼气阀是否匹配。带上呼气器，打开气瓶开关，按压供给阀杠杆使其处于工作状态。在吸气时，供给阀应供气，有明显的"咝咝"响声。在呼气或屏气时，供给阀停止供气，没有"咝咝"响声，说明匹配良好。如果在呼气或屏气时供给阀仍然供气，可以听到"咝咝"声，说明不匹配，应校验空气呼气阀的通气阻力，或调换全面罩，使其达到匹配要求。

（7）检查全面罩的镜片、系带、环状密封、呼气阀、吸气阀是否完好，有无缺件，供给阀的连接位置是否正确，连接是否牢固。全面罩的镜片及其他部分要清洁、明亮和无污物。检查全面罩与面部贴合是否良好并气密，方法是：关闭空气瓶开关，深吸数次，将空气呼吸器管路系统的余留气体吸尽。全面罩内保持负压，在大气压作用下全面罩应向人体面部移动，感觉呼吸困难，证明全面罩和呼气阀有良好的气密性。

（8）空气瓶的固定是否牢固，与减压器连接是否牢固、气密。背带、腰带是否完好，有无断裂处等。

五、案例分析题

【020105001】以地震救援为例，说明应配备哪些个体防护装备？

参考答案

当存在多种危险因素时，应综合考虑伤害类型，并配备多种个体防护装备。地震救援，从救援环境角度来看，在山体滑坡、塌陷等地质结构不稳定地区，存在砸伤、可吸入粉尘、颗粒物等伤害，应配备头部防护装备、呼吸防护装备、躯体防护装备、足部防护装备等防护装备，如救援头盔、护目镜、防护口罩或防毒面具、抢险救援服、护膝、护肘、防砸防刺穿救援靴等。

【020105002】结合电网企业救援场景，分场景列出需要配备的个体防护装备。

参考答案

如地震、高处坠落、洪水、台风等场景，具体场景个体防护装备配备可参考：

（1）存在物体打击、机械伤害、高处坠落等可能对作业者头部产生碰撞伤害的作业场所，应为作业人员配备安全帽等头部防护装备。

（2）存在飞溅物体、化学性物质、非电离辐射等可能对作业者眼面部产生伤害的作业场所，应配备眼面部防护装备，如安全眼镜，化学飞溅护目镜、面罩，焊接护目镜、面罩或防护面具等。

（3）救援人员如长时间暴露于大于85dB（A）的噪声下，应佩戴护听器进行听力防护，如耳塞、耳罩、防噪声头盔等。

（4）接触粉尘的救援人员应配备颗粒物呼吸器、防尘眼镜等面部防护装备。

（5）接触有毒、有害物质的救援人员应根据可能接触毒物的种类选择配备相应的防毒面具、空气呼吸器等呼吸防护装备。

（6）从事有可能被机械绞碾、夹卷伤害的作业人员应穿戴紧口式防护服，长发应佩戴防护帽，不能戴防护手套。

（7）从事接触腐蚀性化学品的救援人员应穿戴耐化学品防护服、耐化学品防护鞋、耐化学品防护手套等防护装备。

（8）水上救援人员应穿浸水服、救生衣等水上作业防护装备。

（9）在易燃易爆场所的救援人员应穿戴具有防静电性能的防静电服、防静电鞋、防静电手套等防护装备。

（10）从事带电作业的救援人员应穿戴绝缘防护装备，从事高压带电作业应穿屏蔽服等防护装备。

（11）从事高温、低温作业的救援人员应穿戴耐高温或防寒防护装备。

（12）作业场所存在极端温度、电伤害、腐蚀性化学物质、机械砸伤等可能对救援人员足部产生伤害，应选配足部防护装备，如保护足趾安全鞋、防刺穿鞋、电绝缘鞋、防静电鞋等。

（13）在距坠落高度基准面 2m 及以上，有发生坠落风险的作业场所应为救援人员配备安全带，并加装防坠器等防护装备。

（14）当存在多种危险因素时，应综合考虑伤害类型，并配备多种个体防护装备。从救援环境角度来看，在山体滑坡、塌陷等地质结构不稳定地区，存在砸伤、可吸入粉尘、颗粒物等伤害，应配备头部防护装备、呼吸防护装备、躯体防护装备、足部防护装备等防护装备。

（15）在发生疫情地区，存在细菌、微生物等致病因素，应配备防微生物手套、隔绝式呼吸防护装备、隔绝式防护服等防护装备。

（16）在倒塌建筑物等搜救现场，存在破碎钢筋、钢丝、玻璃、切割钢筋产生的碎屑和飞溅火花等危险源，应配备防刺穿鞋、防割伤手套、眼面部防护装备、焊接防护服等防护装备。

（17）在高层建筑物内人员等需要高处救援及电力设施架设场所，存在坠落伤害、触电等伤害，应配备安全带、系索、自锁器、速差自控器、电绝缘防护装备等防护装备。

（18）在有毒有害化学气体泄露的场所，存在化学气体对呼吸道、皮肤等的伤害，应配备防毒面具、化学品防护服等防护装备。

（19）在火灾场所，存在烧伤、砸伤等可能的伤害，应配备阻燃防护服、防护帽、防护手套等防护装备。

课 题 二

灾害现场应急避险与生存

一、单选题

【020201001】救援营地建设时，当地面坡度不大于（ ）时可考虑作为救援指挥部或营地建设地点。

（A）5°； （B）10°； （C）15°； （D）20°。

答案：B

【020201002】宿营区如有数顶帐篷组成，帐篷间应保持不少于（ ）m的间距。

（A）1； （B）2； （C）3； （D）4。

答案：A

【020201003】简易庇护所通常是寻找就近可利用的地形地物，加以改造和补充搭盖，构成临时栖息所，（ ）不可以用于构建简易庇护所。

（A）天然凹坑； （B）倒地的树干； （C）石块； （D）动物骨架。

答案：D

【020201004】地图种类繁多，按地图内容可分为（ ）和专题地图。

（A）普通地图； （B）军用地图； （C）交通地图； （D）电子地图。

答案：A

【020201005】旗语信号求救，将一面旗子或一块色泽亮艳的布料系在木棒上挥动。左侧长划，右侧短划，做（ ）挥动。

（A）横向； （B）纵向； （C）"8"字形； （D）U字形。

答案：C

【020201006】野外处理饮用水的方法主要有沉淀、过滤、渗透、消毒、煮沸或（ ）。

（A）烘烤； （B）蒸馏； （C）暴晒； （D）熏烤。

答案：B

【020201007】地震时，关于公共场所避险下列做法错误的是（　　）。

（A）听从现场工作人员的指挥，就近在牢固物处蹲伏；

（B）不要慌乱，不要拥向出口；

（C）要避免拥挤，避开人流，避免被挤到墙壁附近或棚栏处；

（D）快速冲向出口。

答案：D

【020201008】地震时，关于室内避险下列做法错误的是（　　）。

（A）选择承重墙角地带，迅速蹲下，并注意保护头部；

（B）尽量躲进小开间，如厕所、储物室、坚固的家具等相对安全地带；

（C）注意避开吊灯、电扇等悬挂物，躲避不结实的家具等；

（D）迅速跑到阳台上去，紧急情况下可以跳楼逃生。

答案：D

【020201009】地震时，关于室外避险下列做法错误的是（　　）。

（A）就地选择开阔地或应急避难场所避震，蹲下或趴下，以免摔倒，不要盲目跟随人流奔跑，尽量避开人多的地方，不要随便返回室内；

（B）在操场或室外时，可原地不动蹲下，双手保护头部，注意避开高大建筑物或危险物；

（C）躲避在靠近公路、铁路的地方，等待救援；

（D）避开危险物，如变压器、电杆、路灯、广告牌、起重机等。

答案：C

【020201010】地震时（　　），震后迅速撤离到安全的地方，是应急避险的好方法。

（A）就近躲避；　　（B）迅速逃离；　　（C）就地不动；　　（D）快速奔跑。

答案：A

【020201011】地震时遇到毒气泄漏应用湿布捂住口鼻，（　　）。

（A）原地不动等待救援；　　　　（B）顺着毒气泄漏点的方向尽快逃离；

（C）沿逆风方向尽快逃离；　　　（D）沿顺风方向尽快逃离。

答案：C

【020201012】我国防震减灾的重点在（　　）。

（A）农村；　　（B）乡镇；　　（C）城市；　　（D）学校。

答案：C

【020201013】地震发生时，以下手段能有效避免次生灾害发生的是（　　）。

（A）切断水源； （B）关好门窗；

（C）切断电源、燃气源、火源； （D）立即外逃。

答案：C

【020201014】楼房避震应该（　　）。

（A）跳楼；

（B）躲在窗下；

（C）尽量躲进小开间，如厨房、厕所、储物室、坚固的家具等相对安全地带；

（D）乘电梯迅速逃离。

答案：C

【020201015】地震时引发的（　　）次生灾害最频发、最严重。

（A）海啸； （B）瘟疫； （C）踩踏； （D）火灾。

答案：D

【020201016】地震发生时人们首先要保护的身体部位是（　　）。

（A）胸部； （B）头部； （C）双手； （D）双脚。

答案：B

【020201017】逃离火灾现场应该（　　）。

（A）快速逃离； （B）选择安全地带就近躲避；

（C）低姿，迅速通过； （D）匍匐爬行。

答案：C

【020201018】龙卷风发生时应该（　　）。

（A）躲在车里； （B）躲在大厦底层；

（C）躲在大树下； （D）顺风快跑。

答案：B

【020201019】靠摩擦发热原理取火的是（　　）。

（A）镁棒取火； （B）火石取火；

（C）钻木取火； （D）凸透镜取火。

答案：C

【020201020】获取火的三要素是（　　）。

（A）空气、温度、可燃物质； （B）热量、燃料、薪柴；

（C）薪柴、热量、油； （D）打火机、燃料、空气。

答案：A

【020201021】泥石流发生时，要马上与泥石流成（　　）方向并迅速向两

边的山坡上面爬。

（A）水平；　（B）垂直；　（C）反向；　（D）同向。

答案：B

【020201022】大地震发生时，下列说法不正确的是（　　）。

（A）要尽量用湿毛巾、衣物或其他布料捂住口、鼻和头部，防止灰尘呛闷发生窒息，也可以避免建筑物进一步倒塌造成的伤害；

（B）尽量用最大的力气去呼救呐喊，以赢得被救时机；

（C）用周围可以挪动的物品支撑身体上方的重物，避免进一步塌落，扩大活动空间，保持足够的空气；

（D）几个人同时被压埋时，要互相鼓励，共同计划，团结配合，必要时采取脱险行动。

答案：B

【020201023】高层建筑发生火灾时，人员可通过（　　）渠道逃生。

（A）疏散楼梯；　（B）普通电梯；　（C）跳楼；　（D）货梯。

答案：A

【020201024】火灾时，以下逃生方法中不正确的是（　　）。

（A）用湿毛巾捂着嘴巴和鼻子；

（B）弯着身子快速跑到安全地点；

（C）躲在床底下，等待消防人员救援；

（D）马上从最近的消防通道跑到安全地点。

答案：C

【020201025】在公共场所避震，应听从现场工作人员的指挥，不要慌乱，（　　）拥向出口，避开人流，避免被挤到墙壁或栅栏处。

（A）应该；　（B）快速；　（C）必须；　（D）不要。

答案：D

【020201026】当地震发生时在学校上课，应采取的避震措施是（　　）。

（A）向教室外跑；　　　　　　（B）迅速在课桌下躲避，听老师指挥；

（C）蹲在地上；　　　　　　（D）涌向教室出口。

答案：B

【020201027】野外取水时，不可以直接饮用的是（　　）。

（A）海水；　（B）泉水；　（C）河水；　（D）溪水。

答案：A

【020201028】在非雨季时节，（　　　）最适宜搭建帐篷。

（A）山顶空旷地；　　　　　　　　（B）川谷地带；

（C）河岸的台地；　　　　　　　　（D）岩石壁附近。

答案：B

【020201029】低浓度高锰酸钾溶液的颜色为（　　　）。

（A）紫色；　　（B）绿色；　　（C）淡淡的粉红色；　　（D）红色。

答案：C

【020201030】在野外进行水处理时，不能采用的方法是（　　　）。

（A）煮沸法；　　（B）沉淀法；　　（C）引流法；　　（D）过滤法。

答案：C

【020201031】（　　　）等地方适合搭建营地。

（A）背风处；　　（B）山顶；　　（C）河滩上；　　（D）河谷中央。

答案：A

【020201032】营地区域划分时，要把用火区设在（　　　）。

（A）靠近帐篷附近；　　　　　　　（B）与帐篷有一定距离，上风口处；

（C）与帐篷有一定距离，下风口处；（D）靠近卫生区。

答案：C

【020201033】常用野外方向判断和定位的方法不包括（　　　）。

（A）利用太阳辨别方向；　　　　　（B）利用手表定位；

（C）利用地面物体特征判断方位；　（D）根据直觉判断定位。

答案：D

【020201034】野外求生时，不可食用的野生植物是（　　　）。

（A）野葡萄；　　（B）苦菜；　　（C）鲜艳的蘑菇；　　（D）荠菜。

答案：C

【020201035】指北针在野外的作用是（　　　）。

（A）辨别方向；　　（B）标定地图；　　（C）确定位置；　　（D）以上都对。

答案：D

【020201036】国际通用的求救声音信号是"SOS"。利用声光信号发射求救信号的方法为（　　　），间隔1min后重复，不断地循环。

（A）三长，三长，再三短；　　　　（B）三短，三短，再三长；

（C）三长，三短，再三长；　　　　（D）三短，三长，再三短。

答案：D

【020201037】在用火光传达求救信号时，应在开阔地上点燃三堆明火，火堆摆成（　　），每堆之间间隔相等。

（A）一字形；　（B）三角形；　（C）任意形状；　（D）以上都对。

答案：B

【020201038】夜间天气晴朗的情况下，可以利用（　　）判定方向。

（A）北极星；　（B）牵牛星；　（C）启明星；　（D）以上都对。

答案：A

【020201039】中国北方较大的庙宇，宝塔的正门和农村独立房屋的门窗多（　　）开放。

（A）向北；　（B）向南；　（C）向西；　（D）向东。

答案：B

【020201040】在野外生火前，生火点四周要留有足够的防火隔离带。如果没有自然形成的防火隔离带，必须人工开辟（　　）的防火隔离带。

（A）2m以上；　（B）1m以上；　（C）3m以上；　（D）0.5m以上。

答案：A

【020201041】在野外生火，撤离生火地点时，必须（　　），以防死灰复燃，引发火灾。

（A）把火彻底扑灭；　　　　　（B）用沙土覆盖；

（C）把火彻底扑灭，并用沙土覆盖；（D）把余烬随身带走。

答案：C

【020201042】身处林区，生火、用火必须优先考虑严防引发森林火灾。生火点最好选在林中空地、林缘边或林区河流的岸上，应（　　）并尽量避开易燃植物。

（A）背风；　（B）顺风；　（C）逆风；　（D）迎风。

答案：A

【020201043】野外寻找水源首选之地是（　　）。

（A）山崖上方；　　　　　（B）河谷地带；

（C）山梁位置；　　　　　（D）山谷底部地区。

答案：D

【020201044】在野外，当找到某种具有潜在食用价值的植物时，如果是自己所不认识、未曾尝试过的植物，在食用之前必须先尝试其味道，鉴别是否（　　），可否食用。

（A）有异味；　（B）有毒；　（C）有滋味；　（D）有细菌。

答案：B

【020201045】救援营地的卫生区应在宿营区的（　　）处，与就餐区、活动区保持一定距离。

（A）上风；　（B）下风；　（C）顺风；　（D）以上都对。

答案：B

二、多选题

【020202001】自然灾害和事故灾难的（　　）决定了灾害现场具有复杂、混乱的特点。

（A）突发性；　（B）复杂性；　（C）不可预测性；　（D）破坏性。

答案：ABCD

【020202002】救援指挥部或营地的选择一般应注意（　　）、近村、背阴和防雷。

（A）近水；　（B）背风；　（C）远崖；　（D）朝阳。

答案：ABC

【020202003】一个齐备的救援指挥部或营地应建设有帐篷宿营区、（　　）、活动区等区域。

（A）用火区；　（B）就餐区；　（C）卫生区；　（D）用水区（盥洗）。

答案：ABCD

【020202004】利用就便器材宿营时，可以采用的方法是（　　）。

（A）利用山洞；　　　　　　　（B）架设帐篷；

（C）搭建棚屋；　　　　　　　（D）简易庇护所。

答案：ABCD

【020202005】地图种类繁多，按地图内容可分为（　　）。

（A）普通地图；　（B）水文地理图；　（C）专题地图；　（D）地势图。

答案：AC

【020202006】常用地形图的颜色有（　　）。

（A）黑色；　（B）红色；　（C）绿色；　（D）棕色。

答案：ACD

【020202007】野外方向辨识的方法有（　　）。

（A）利用太阳辨别方向；　　　　（B）利用星座辨别方向；

（C）利用月亮辨别方向；　　　　（D）利用地面物体特征辨别方向。

答案：ABCD

【020202008】当在灾害现场或野外被困，与外界一切正常通信失效时，最原始、最有效的求救信号是（　　）。

（A）烟火信号；　　（B）声光信号；　　（C）旗语信号；　　（D）手机信号。

答案：ABCD

【020202009】地震发生时，要保持清醒头脑，就地避险，不可贸然外逃，可选择安全的避险地方有（　　）。

（A）阳台；　　　　　　　　　（B）牢固的桌子下面；

（C）开间小的卫生间；　　　　（D）内墙墙角。

答案：BCD

【020202010】地震时，在高层建筑物的室内遇到火灾，应该（　　）。

（A）趴在地上，用湿毛巾捂住口鼻；　（B）设法跳楼逃生；

（C）设法隔断火源；　　　　　　　　（D）地震停止后，移向安全地方。

答案：ACD

【020202011】地震时应该（　　），防止火灾的发生。

（A）迅速切断电源；　　　　　（B）迅速切断气源；

（C）迅速切断水源；　　　　　（D）迅速切断火源。

答案：ABD

【020202012】野外取火的方法有（　　）。

（A）可利用随身携带的放大镜、望远镜和照相机的凸镜将太阳光聚焦于火种之上，将其点燃；

（B）靠钻孔摩擦发热点燃火种；

（C）击打火石，使之迸出火花，点燃引火物；

（D）将干草、落叶等易燃物放太阳下暴晒，点燃引火物。

答案：ABC

【020202013】野外生火最重要的是用火安全，以下行为错误的是（　　）。

（A）在选择生火地点时，要尽量避开易燃的植被；

（B）从点火到撤离的整个用火过程，火堆、火炉边都必须有人值守；

（C）撤离生火地点时，把火扑灭就行；

（D）为了方便取暖，炉灶应设在帐篷附近。

答案：CD

【020202014】野外生存用火的作用是（　　）。

(A) 取暖； （B) 煮熟食物； （C) 求救信号； （D) 防野兽袭击。

答案：ABCD

【020202015】野外用水时，水的净化方法有（　　）。

(A) 渗透法； （B) 蒸馏法； （C) 过滤法； （D) 沉淀法。

答案：ABCD

【020202016】野外宿营时应注意（　　）。

(A) 近水； （B) 背风； （C) 避险； （D) 防兽。

答案：ABCD

【020202017】关于野外求救，下列做法正确的是（　　）。

(A) 夜晚应在开阔地上，点燃三堆明火，火堆摆成三角形，每堆之间间隔相等，用火光传达求救信号；

(B) 利用镜子、罐头盖、玻璃、金属片等反射光线发出不间断的光信号；

(C) 大声呼救，以保证附近的人听到；

(D) 将一面旗子或一块色泽亮艳的布料系在木棒上做"8"字形挥动。

答案：ABD

【020202018】野外构筑火炉时，应根据用途、地形特点和可能获取的材料，采用（　　）等办法，构筑合适的火炉。

(A) 垒； （B) 挖； （C) 挖、垒结合； （D) 架。

答案：ABCD

【020202019】营地撤离时，应（　　）。

(A) 检查收纳装备； （B) 掩埋卫生区域；

(C) 火源熄灭掩埋； （D) 垃圾打包带走。

答案：ABCD

【020202020】地震灾害的救援营地不可靠近（　　）。

(A) 危楼； （B) 燃气管道； （C) 公路； （D) 电力设施。

答案：ABD

三、判断题

【020203001】在选择救援指挥部或营地时应选择靠近溪流、湖潭、河边，以便取水，但不能将救援指挥部或营地扎在河滩上。 （　　）

答案：√

【020203002】在野外建设指挥部或营地，必须考虑背风问题，尤其是在一些山谷、河滩上，应选择背风处，还应注意帐篷门的朝向不能迎风。 （　　）

答案：√

【020203003】在雨季或多雷电地区进行救援或安置时，指挥部或营地不能建设在高地上、高树下或比较孤立的平地上，否则易遭雷击。　　　（　　）

答案：√

【020203004】营地用火区应在上风处，距离帐篷区在 10～15m 以上，以防火星烧破帐篷。　　　（　　）

答案：×

【020203005】宿营区如有数顶帐篷，所有帐篷应是一个朝向，即帐篷门都向一个方向开且并排布置。　　　（　　）

答案：√

【020203006】利用洞穴野外宿营时，可在洞口堆起燃料，生起篝火，并往洞里扇风，使烟火往洞里灌，用烟熏火燎的方法，吓跑野兽，驱赶蚊虫。（　　）

答案：√

【020203007】等高线指的是地形图上高程相等的各点所连成的闭合曲线，位于同一等高线上的地面点，海拔相同。　　　（　　）

答案：√

【020203008】国际通用的求救信号是"SOS"。　　　（　　）

答案：√

【020203009】声光信号求救，白天可借助阳光，利用镜子、罐头盖、玻璃、金属片等反射光线发出不间断的光信号，光信号可传 60km。　　　（　　）

答案：×

【020203010】根据所处环境地形特点，确定生火地点，最好选择在靠近宿营点、保证用火安全、便于火焰燃烧和散烟的地点。　　　（　　）

答案：√

【020203011】手机、哨子、旗帜、颜色鲜明的衣服等都可用作灾后求救的联络工具。　　　（　　）

答案：√

【020203012】在操场或室外遇到地震时，要注意避开高大建筑物、树木、危险物。　　　（　　）

答案：√

【020203013】在室内避震，应选择结实、能掩护身体的物体下（旁），易于形成三角空间的地方，开间小、有支撑的地方。　　　（　　）

答案：√

【020203014】户外包扎应快、准、轻、牢。　　　　　　　　（　　）

答案：√

【020203015】野外寻找食物时，可以在夜间采集野外栖息的昆虫。（　　）

答案：√

【020203016】野外用火时，只要不往火堆里加燃料火就会自然熄灭，不用管它。　　　　　　　　　　　　　　　　　　　　　　　　　（　　）

答案：×

【020203017】地震被困时，要不间断的大声呼救。　　　　　　（　　）

答案：×

【020203018】地震中被倒塌建筑物压埋的人，只要神志清醒，身体没有重大创伤，都应该坚定获救的信心，妥善保护好自己，积极实施自救。（　　）

答案：√

【020203019】地形图中居民地、道路、独立地物、境界、地名标注等都要突出标识，用黑色。　　　　　　　　　　　　　　　　　　　　（　　）

答案：√

【020203020】地形图中江河、湖泊、水库、池塘都用蓝色标识。（　　）

答案：√

【020203021】地形图中森林、苗圃、果园等均用绿色标识。　（　　）

答案：√

【020203022】地形图中地表面多为土黄色，所以地图上就用近似土黄的棕色和颜色的深浅来标识高低起伏自然形态。　　　　　　　　　　（　　）

答案：√

【020203023】燃放烟火是最常见的求救方法。夜晚用烟，即在燃火上放一些橡胶片、苔藓、蕨类植物、潮湿的树枝、草席、坐垫等，可以生成浓烟，以便通知外界。　　　　　　　　　　　　　　　　　　　　　　　　（　　）

答案：×

【020203024】燃放烟火是最常见的求救方法。白天用火，应在开阔地上，点燃三堆明火，火堆摆成一字形，每堆之间间隔相等，用火光传达求救信号。
　　　　　　　　　　　　　　　　　　　　　　　　　　　　（　　）

答案：×

【020203025】野外求救时，将碎石或树枝摆成箭头形，指示方向；用两根交

叉的木棒或石头表明此路不通。　　　　　　　　　　　　　　　　（　）

答案：√

【020203026】通常将采集到植物割开一个小口子，放进一小撮盐，然后仔细观察是否改变原来的颜色，通常变色的植物不能食用。　　　　　　（　）

答案：×

四、问答题

【020204001】地震现场，室内如何避险？

答案：（1）选择承重墙角地带，迅速蹲下，并注意保护头部。

（2）尽量躲进小开间，如厕所、储物室、坚固的家具等相对安全地带。

（3）注意避开吊灯、电扇等悬挂物，躲避不结实的家具等。

（4）不要跳楼，不要站在窗边及靠阳台墙边，不要到阳台上去。

（5）不要去乘坐电梯逃生。

【020204002】地震现场，室外如何避险？

答案：（1）就地选择开阔地或应急避难场所避震，蹲下或趴下，以免摔倒；不要盲目跟随人流奔跑，尽量避开人多的地方；不要随便返回室内。

（2）避开高大建筑物，如楼房，特别要避开有玻璃幕墙的建筑，避开过街桥、立交桥、高烟囱、水塔等。

（3）避开危险物，如变压器、电杆、路灯、广告牌、起重机等。

（4）避开其他危险场所，如狭窄的街道、危旧房屋、危墙、女儿墙、高门脸、雨篷下，砖瓦木料等物的堆放处。避开公路、铁路。

【020204003】地震被埋人员如何自救？

答案：（1）如果被埋在废墟里，则要尽量保持冷静，设法自救。无法自救脱险时，要保存体力，尽力寻找水和食物，创造生存条件，耐心等待救援人员。

（2）被埋后要设法移动身边可动之物，扩大空间，进行加固，以防余震。

（3）被埋后不要用明火，以防止易燃气泄漏爆炸。

（4）要捂住口鼻，以防止附近有毒气泄漏。

（5）要找机会呼救，等待救援。

【020204004】火灾（爆炸）现场避险如何避险？

答案：（1）用湿毛巾掩住口鼻呼吸。

（2）不要留恋财物，尽快逃出火场。

（3）不要进电梯。

（4）烟雾弥漫时，尽量采用低姿势逃生，以免吸入浓烟或有毒气体。

（5）如果身上着火，应该就地打滚扑压身上的火苗。如果近旁有水源，可用水浇或者跳入水中。

（6）楼梯被烟火封堵时，不要盲目跳楼，要充分利用室内外的设施自救。

（7）逃生路线被火封锁，没有其他逃生条件时，应立即退回室内，关上门窗，用湿毛巾、床单、衣服等物品将门缝塞住，防止有毒烟气进入。等待救援应选择靠近马路的有窗户的房间或者离安全出口、疏散通道较近的房间；利用各种方法通知外边的人，如打电话或者用鲜艳的物品发出求救信号，可以扔出枕头、坐垫等物，或向户外挥动毛巾、敲击暖气管道、用手电筒光柱等呼救。

（8）在公共场所，如商场、舞厅、影剧院等遇到火灾，应立即把衣服、毛巾等打湿捂住口鼻，听从指挥，压低身体，向最近的安全门（安全通道）方向有秩序地撤离。只有有秩序才能有效避免拥挤踩踏事故发生。

【020204005】台风现场如何避险？

答案：（1）台风伤害的预防重点时间是台风登陆前1～6h，尤其是登陆前3～4h，而不是登陆时。因此一切准备工作要在台风登陆前12h完成，台风登陆前1～6h应避免外出，尽量留在屋内。不在屋内的人群发生伤害的危险是留在屋内人群的4倍。

（2）台风来临时，千万不要在河、湖、海的路堤或桥上行走，不要在强风影响区域开车、骑车。

（3）如果在路上看到有电线被风吹断、掉在地上，千万别用手触摸，也不能靠近。

（4）山体滑坡等灾害易发地区和已发生高强度大暴雨地区，要提高警惕，及时撤离。

（5）如发现危房、积水，及时联系相关部门。有险情时，服从有关部门指挥，安全转移。

（6）如遇雷雨大风，应及时将正在运转的家用电器关闭，并拔出插头；如果不慎家中进水，应立即切断电源。

（7）驾驶汽车要把汽车停靠在安全地方，迅速下车，依靠建筑物躲避台风，千万别存躲在汽车内躲避台风的侥幸心理，台风来时，汽车里并不安全，不足以抗衡台风。

（8）不要把汽车停在地下车库或者地势低矮的地方，尽量往高处停。停车处要注意高处落物，避免停在广告牌旁、树木旁等危险区域。

（9）行车的时候要注意积水深度，如果在积水处熄火，不要点火。另外应注意井盖。

（10）不要在危旧住房、厂房、工棚、临时建筑、在建工程、市政公用设施（如路灯等）、吊机、施工电梯、脚手架、电杆、树木、广告牌、铁塔等地方躲风避雨，防止其在强风下倒塌，砸下伤人。

【020204006】泥石流（山体滑坡）现场如何避险？

答案：（1）设法从房屋里跑出来，到开阔地带，尽可能防止被埋压。

（2）要马上与泥石流（山体滑坡）成垂直方向向两边的山坡上面爬，爬得越高越好，跑得越快越好，绝对不能往泥石流（山体滑坡）的下游走。

（3）发现已有泥石流（山体滑坡）形成，应及时通知人员转移。

（4）在逃离过程中，应照顾好老弱病残者。

【020204007】危化品事故现场如何避险？

答案：（1）发现可疑的危化品或遇危化品运输车发生事故时应立即报警。

（2）发生危化品事故时，不要在现场逗留、围观，应沿上风或侧上风路线迅速撤离。

（3）发生毒气或有害气体泄漏事故时，应立即用手帕、衣物等物品捂住口鼻。如有水最好把衣物浸湿后，捂住口鼻。

（4）撤离危险地后，要及时脱去被污染的衣服，用流动无污染的水冲洗身体。

（5）受到危化品伤害时，应立即到医院救治，中毒人员等待救援时应保持平静，避免剧烈运动。

（6）污染区内及周边的食品和水源不可随便动用，经环保和食品管理部门检测无害后方可食用。

【020204008】救援指挥部或营地的选址应注意哪些问题？

答案：（1）近水。救援、生活、休息离不开水源，这是选择救援指挥部或营地的第一要素。因此，在选择救援指挥部或营地时应靠近溪流、湖潭、河边，以便取水。但不能将救援指挥部或营地扎在河滩上，因为有些河流上游建有水力发电站，在蓄水期间河滩宽、水流小，一旦放水将涨满河滩，还有些溪流平时很小，一旦暴雨有可能发大水或山洪暴发，一定要注意防范，尤其在雨季及山洪多发地区。

（2）背风。在野外建设救援指挥部或营地必须考虑背风问题，尤其是在一些山谷、河滩上，应选择背风处，还应注意帐篷门的朝向不能迎风。背风也是出于考虑用火的安全与方便。

（3）远崖。建设救援指挥部或营地时不能扎在悬崖下面，一旦山上刮风有可能将石头等物刮下，造成人身伤亡事故。

（4）近村。救援指挥部或营地靠近村庄可便于向村民求救，在没有柴火、蔬菜、粮食等情况时尤为重要。近村也是近路，即接近道路，方便救援队伍或被救援人员行动和转移。

（5）背阴。如果需要建设临时安置两天以上的救援指挥部或营地，在天气较好的情况下应选择背阴地，如大树下或山的北面，以保障帐篷里温度可控。

（6）防雷。在雨季或多雷电地区，救援指挥部或营地不能建设在高地上、高树下或比较孤立的平地上，否则易遭雷击。

【020204009】在进行救援营地建设时如何考虑场地分区？

答案：一个齐备的救援指挥部或营地应建设有帐篷宿营区、用火区、就餐区、活动区、用水区（盥洗）、卫生区等区域。各区域的选择时一般应从以下几方面考虑：

（1）首先落实确定宿营区。

（2）用火区应在下风处并距离帐篷区 10～15m，以防火星烧破帐篷。

（3）就餐区应靠近用火区，以便烧饭做菜就餐。

（4）活动区应在就餐区下风处，以防活动的灰尘污染餐具等，距离帐篷区应在 15～20m，以减少对同伴的影响。

（5）卫生区应在宿营区下风处，与就餐区、活动区保持一定距离。

（6）用水区应在溪流及河流的上下两段，上段为食用饮水区，下段为生活用水区。

【020204010】宿营区如有数顶帐篷组成，在布置帐篷时应注意哪些问题？

答案：（1）所有帐篷应是一个朝向，即帐篷门都向一个方向开、并排布置。

（2）帐篷间应保持不少于 1m 的间距。

（3）必要时应设警戒线（沟），在山野露宿有可能会遇到威胁性的动物攻击，可在帐篷区外用石灰、焦油等刺激性物质围帐篷区画圈，这样可防止蛇虫等爬行动物的侵入，或者用电子报警系统等。

【020204011】如何在野外寻找和构筑庇护所？

答案：野外宿营的方式可分为利用制式器材宿营和利用就便器材宿营。利用制式器材宿营，通常是在预先有准备的情况下，利用帐篷、装配工事等制式器材进行宿营。利用就便器材宿营，通常是利用诸如篷布、雨衣、大树、竹子、草木等随身携带和就地可以获取的器材、材料，搭建栖身之所进行宿营。庇护所也有自然形成的，如山洞、石崖、大块岩石等，这些自然环境地形有的直接可以利用，有的则需加以改造。

（1）利用山洞。山洞即使又窄又浅，也可以成为很好的庇护所。位于山谷较高处的山洞比较干燥，洞内气候受外界影响不大，是比较理想的栖息之所。但位于谷底和深不可测的山洞，相当潮湿，不适宜居住，应当慎用。对所要利用的山洞，进洞前要注意观察，看是否有野兽。若一时难以判定，可在洞口堆起燃料，生起篝火，并往洞里扇风，使烟火往洞里灌，用烟熏火燎的方法，吓跑野兽，驱赶蚊虫。对山洞的改造利用并不复杂，通常是整理进出通道、制作洞门屏障，以防野兽侵扰。若洞口较小，可制作一片篱笆，夜间休息时，用绳索从里面拉住；若洞口较大，可用圆木横拦在洞口作为屏障。

（2）架设帐篷。预先有计划的野外作业或抢修，一般都携带有制式帐篷或轻便帐篷。轻便帐篷在市场均能买到，且款式多样，有单人、双人及多人帐篷。无论哪种款式均有防水功能，有的甚至还有纱窗。轻便帐篷携带方便，而且可当雨衣使用，是野外短暂休憩或生存不可缺少的物品。制式帐篷或轻便帐篷的架设，应当根据说明书的要求，按照帐篷架设、撤收的操作程序和方法进行。

遭遇突发事件而身处荒野求生困境时，更多的是搭建简易帐篷。搭建简易帐篷的材料有雨衣、塑料薄膜、盖布等覆盖面料，以及竹竿、木棍等骨架材料。帐篷可搭建成屋顶型、半屋顶形、圆锥形、拱形等，其大小和形状可根据地形特征、器材数量和宿营人数灵活确定。

（3）搭建棚屋（竹、木、草）。可根据所处环境和地形特征，充分利用自然条件，就地取材，搭建各种竹棚、木棚或草棚，以作为栖身之所。棚屋的形状可结合地形地物，灵活设计成屋顶形、半屋顶形、单面斜坡形、圆锥形等。这里的关键点是尽可能利用自然的地形地物，既可节省材料和工作量，又可增加牢固程度。例如：利用一处背风的高土坎或断崖，就可搭建半屋顶形或单面斜坡形的棚屋；利用大树，就可搭建圆锥形的棚屋。

（4）简易庇护所。简易庇护所通常是寻找就近可利用的地形地物，加以改造和补充搭盖，构成临时栖息所。其好处是有利于救援者或求生者保存和恢复体力。其主要形式有以下几种：

1）利用天然凹坑。凹坑有部分挡风效果，在凹坑的顶部再加上遮盖，就是很好的简易栖息所。凹坑最好选在斜坡上，以利排水，如果是平地上的凹坑，四周要挖好排水沟。改造的方法是，先在凹坑的中部搭上一根结实的圆木，作为基本支撑，然后把木棍、树枝分两边整齐地搭在圆木上，上面再覆盖塑料薄膜、大型叶片或草皮等覆盖物即可。

2）利用倒地的树干。如果身处林地，有些被风刮倒的大树，其树干就可以用来改造成庇护所。利用时，最好选择与风向垂直的树干，这样可以取得较好的防风效果。改造的方法是，在树干的背风处挖一个凹坑，利用树干为支撑点，在凹坑的上方搭建棚顶即可。

3）利用石块。上述两种栖身所空间狭小，身体不能平躺。如果在坑的四周垒起石块以增加棚高，就可以增大栖身所的空间，大大改善休息质量。

【020204012】什么是等高线？等高线有哪些特征？

答案：等高线指的是地形图上高程相等的各点所连成的闭合曲线。在等高线上标注的数字为该等高线的海拔。位于同一等高线上的地面点，海拔相同；在同一幅图内，除了悬崖以外，不同高程的等高线不能相交，在图廓内相邻等高线的高差一般是相同的，因此地面坡度与等高线之间的水平距离成反比，相邻等高线水平距离越小，等高线排列越密，说明地面坡度越大；相邻等高线之间的水平距离越大，等高线排列越稀，则说明地面坡度越小。因此等高线能反映地表起伏的势态和地表结构的特征。

【020204013】如何利用太阳辨别方向？

答案：冬季日出位置是东偏南，日落位置是西偏南；夏季日出位置是东偏北，日落位置是西偏北；春分、秋分前后，日出正东，日落正西。

（1）使用手表来辨别方向。按 24h 制读出当时的时刻，除以 2 得到一个商数，把手表水平放在手上或者地上，使商数时刻对准太阳所在的方位，这时手表表面 12 时所指的方向是北方，6 时所指的方向是南方。如上午 8 时，除以 2，商数为 4，将表盘上的 4 对准太阳，12 时方向就是北方；下午 2 时，应按 14 时计算，除以 2，商数为 7，将表盘上的 7 对准太阳，12 时的方向就是北方。

（2）在地上垂直树立一根杆子，上午影子指向西北，下午影子指向东北，影子最短时是正中午，这时影子指向正北方。还可以用一根标杆（直杆），使其与地面垂直，把一块石子放在标杆影子的顶点 A 处；约 15min 后，当标杆影子的顶点移动到 B 处时，再放一块石子。将 A、B 两点连成一条直线，这条直线的指向就是东西方向。与 AB 连线垂直的方向则是南北方向，向太阳的一端是南方，如图 2-2-1 所示。

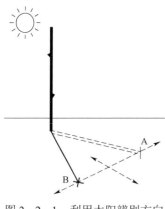

图 2-2-1 利用太阳辨别方向

【020204014】如何利用地面物体特征辨别方向？

答案： 利用地物特征判定方位是一种补助方法。使用时，应根据不同情况灵活运用。

（1）植物是地球环境的产物，受气候条件（特别是光热条件）的影响非常深刻，是大自然的一面镜子，对地理环境具有明显的指示作用。我国陆地大部分位于北回归线以北地区，所以在我国山区，南坡的光热、降水条件明显优于北坡。北坡比较阴湿、寒冷，一般宜于青苗、地衣等低等植物的生长。南坡因背向冬季风、向阳，且为夏季风的迎风坡，降水相对较多，植物相对茂盛。

（2）独立的大树通常南面枝叶茂盛、树皮光滑，北面树枝稀疏、树皮粗糙。大树南面通常青草茂密，北面较潮湿、长有青苔。

（3）建筑物和土堆等的北面积雪多、融化慢，而土坑等凹陷地方则相反。

（4）蚂蚁有把窝筑在树干南面的习性，观察蚂蚁窝筑在树干的哪面，即可知道方向。同样道理，野蜂也喜欢把巢筑在树的南面，因此凡有野蜂窝的一面就是南边。

（5）中国北方较大的庙宇、宝塔的正门和农村独立房屋的门窗多向南开放。

（6）树桩断面的年轮，一般南面间隔大，北面间隔小。

（7）在中国北方草原、沙漠地区西北风较多，在草丛附近常形成许多雪龙、沙龙，其头部大、尾部小，头部所指的方向是西北。草原上蒙古包的门多向南开放。

【020204015】怎么制作简易指南针？

答案： 反复把一截铁丝（或缝衣针）沿着同一方向与丝绸相摩擦，铁丝（或缝衣针）就会产生磁性，悬挂起来就可以指示北极。但其磁性不会很强，隔一段时间以后就需要重新摩擦，来增加磁性。用一根绳子将铁丝（或缝衣针）悬挂起来，以便不影响磁针的平衡。但不要用有扭结的绳线或绞缠在一起的绳线。如果没有绳子将铁丝（或缝衣针）进行悬挂，把铁丝（或缝衣针）平放在一小块纸片、树皮、草叶上，或让其自由地漂浮在水面上。

如果有一节电压为 2V 或者 2V 以上的电池，利用电流就可以把铁丝（或缝衣针）磁化，同时也要准备一小截金属线，金属线的外面最好包有绝缘皮。将外面包有绝缘皮的金属线绕成线圈，把铁丝（或缝衣针）从线圈中心穿过。如果金属线外面没有绝缘皮，可以先把铁丝（或缝衣针）外面缠上几层纸或者一块卡纸。将线圈的两端通上电流，持续至少 5min。

也可以使用薄而平的刮胡刀片制作指南针来指示方向，因为刮胡刀片是由两类金属粘合而成的，在手掌上小心地摩擦刮胡刀片，就可以使其带上磁性。

【020204016】野外求救信号有哪些？

答案： 当在灾害现场或野外被困，与外界联系的一切正常通信（如手机、对讲机、卫星电话等）方法和手段都失效时，必须用最原始的也是在特殊情况下最有效的求救信号来取得与外界的联系，以获得最大的获救可能。

（1）烟火信号。燃放烟火是最常见的求救方法。白天用烟，即在燃火上放一些橡胶片、苔藓、蕨类植物、潮湿的树枝、草席、坐垫等，可以生成浓烟，以便通知外界；夜晚用火，应在开阔地上，点燃三堆明火，火堆摆成三角形，每堆之间间隔相等，用火光传达求救信号。

（2）声光信号。国际通用的求救声音信号是"SOS"。利用声光信号发射出求救信号的方法为"三短，三长，再三短"。白天可借助阳光，利用镜子、罐头盖、玻璃、金属片等反射光线发出不间断的光信号，光信号可传16km。将一只手指瞄准应传达的地方，另一只手持反光镜调整反射的阳光，并逐渐将反射光射向瞄准的指向；夜晚用手电筒，向求救方向不间断发射求救信号。

（3）旗语信号。将一面旗子或一块色泽亮艳的布料系在木棒上挥动；左侧长划，右侧短划，做"8"字形挥动。

（4）信息信号。将碎石或树枝摆成箭头形，指示方向；用两根交叉的木棒或石头表明此路不通；用3块石头、木棒或灌木平行竖立或摆放表示危险或紧急。

【020204017】野外如何寻找水源？

答案：（1）重点盯住低洼地。水往低处流，这是自然规律，因此寻找水源首选之地是山谷底部地区。凭借灵敏的听觉器官，多注意山脚、山涧、断崖、盆地、谷底等是否有山溪或瀑布的流水声，有无蛙声和水鸟的叫声等。如果能听到这些声音，说明已经离有水源的地方不远了，并可证明这几的水源是流动的活水，可以直接饮用。

（2）注意分析绿色植物的分布和生长情况。如果在谷底看不到明显的溪流或积水池，就要注意长有绿色植物的地方。一般而言，哪里有水，哪里就有绿色植被。尤其是在绿色植物分布均匀的地区，突然出现一小块长得特别茂密的植被，从那个地方往下挖，最容易找到水源。生长着香蒲、沙柳、马莲、金针（也称黄花）、木芥的地方，水位比较高，且水质也好。生长着灰菜、蓬蒿、沙里旺的地方，也有地下水，但水质不好，有苦味或涩味，或带铁锈。初春时，其他树枝还没发芽时，独有一处树枝已发芽，此处地下一定有水。入秋时，同一地方其他树叶已经枯黄，而独有一处树叶不黄，此处地下一定有水。梧桐、柳树等植物只长在有水的地方，在它们下面一定能挖出地下水。

（3）利用动物作为寻找水源的向导。绝大多数哺乳动物定期补水，草食性动物通常不会离水源太远，因为它们早晚都需要饮水，留意跟踪动物的足迹通常会找到水源。青蛙是生活在水里的两栖动物，听到它的鸣叫声，就等于找到了水。夏蚊虫聚集，且飞成圆柱形状的地方一定有水。燕子飞过的路线和衔泥筑巢的地方，都是有水源或地下水位较高的地方。鹌鹑傍晚时向水飞，清晨时背水飞；斑鸠群早晚飞向水源，这些也是判断水源的依据。

（4）留心特殊的含水地质结构。在干涸的河床或沟渠下面很可能会发现泉眼，尤其是在砂石地带；在岩石的断层间可能会发现湿地或泉眼，悬崖底部一般都会渗出水流；在海岸边，应在最高水线以上挖坑，尤其是在沙丘地带，很可能会有一层厚约 5cm 的沉滤淡水浮在密度较大的海水层上；在悬崖入海处植物生长茂密地方很可能找到水。在低洼处、雨水集中处，以及水库的下游等地下水位均高。另外，在干河床的下面、河道转弯处外侧的最低处，往下挖掘几米左右就能找到水。

（5）根据气候及地面干湿寻找水源。在炎热的夏季地面总是非常潮湿，在相同的气候条件下，地面久晒而不干不热的地方地下水位较高；在秋季，地表有水汽上升、凌晨常出现薄雾、晚上露水较重，且地面潮湿，说明地下水位高，水量充足；在寒冷的冬季，地表面的隙缝处有白霜时，地下水位也比较高；春季解冻早的地方和冬季封冻晚的地方，以及降雪后融化快的地方地下水位均较高。

【020204018】野外取水的方法有哪些？

答案：对泉水和江河、湖泊以及水坑、水洼、水塘中的水，只要有盛水的容器就可以很方便地取到水，以下是一些特殊的取水方法。

（1）露水的采集。在日夜温差较大的地区或季节，清晨会有很多露水。用吸水性强的衣服或布料做成布团，在草地上来回拖动，以吸收叶片上的露水，待布团吸足露水之后，再将其拧在容器里。这种方法也可采集挂在树枝上的水滴和汲取岩石上的积水。

（2）雨水的收集。雨水一般是野外最安全的水源。下雨时，尽可能选取大面积的集水区，利用各种可能的容器收集。可选择在比较低洼的地面上挖个坑，铺上防渗的塑料片、帆布或雨衣，以有效地收集雨水。

（3）冰雪化水。一般而言，能融冰则不化雪，因为融冰比化雪消耗的热能少，可以更快更多地出水来。如果只能用雪，应先融化小块的雪在罐子里，然后逐渐加多。若一次性放入大量雪块，底部雪先融化成的水会被上部的雪浸吸，这样会产生中空，不利于进一步传热甚至会把锅烧坏。从雪层的底部取出的雪颗粒结构比表层多，易于产生更多的水。

（4）植物中取水。某些植物的汁液是可以饮用的，如椰子树、仙人掌等。早晨可以从这类富含水分的植物上汲取汁液。从植物中取水，首先必须判明该植物的液汁是否有毒以及性味如何。有毒的不能直接饮用，性味特异的要注意掌握适度。

椰子树的树汁含有糖分，相当可口。先弯曲树茎至顶端砍断，待浓稠汁液流出之后，可以在 24h 内重新恢复。椰子汁富含水分，但成熟椰子中的果汁有很明显的轻泻功能，饮用会引起腹泻，从而失去更多的水分。饮用时，要注意掌握好度。

仙人掌类植物的果实和茎干都蕴含丰富水分。但并非所有种类仙人掌的汁液都可安全饮用，如巨型多汁仙人掌西夸茹的汁液毒性就很强。

（5）蒸馏取水。树汁、海水、受污染的水是不能直接饮用的，但通过蒸馏就可以得到洁净的可饮用水。蒸馏的方法有：

1）找一些能替代实验室里曲颈瓶工作的物品，如容器、软管等，将软管一端插入一只盛满水的密闭容器顶部，另一端插进一封闭的冷却器皿中，给盛水的容器加温，水沸腾产生的蒸汽经管子散发到冷却器皿中遇冷凝结成洁净的水。

2）在地面挖一个宽约 90cm、深约 45cm 的坑，坑底中央放一个收集皿，在坑上悬一条拉成弧形的塑料膜。太阳光能升高坑内潮湿土壤和空气的温度，蒸发产生水汽。水汽逐渐饱和，与塑料膜接触遇冷凝结成水珠，下滑至收集皿中，在 24h 内至少能收集约 55mL 的水。这种方法适用于沙漠地区或者日夜温差相当大的地区。

3）植物根部可从地下吸收水分。挑选健壮、枝叶浓密的嫩枝条，袋口朝上，袋的一角靠下，套一只塑料袋，叶面蒸腾作用会在袋内产生凝结水。

（6）海上冰块化水。海上的冰块含盐高，化成水也无法直接饮用，除非年代很古老的冰，含盐量较少。年代越近的冰块，含盐量越高，这些冰轮廓粗糙，一般呈乳白色。古老的冰块由于气候交替的影响，边缘会不那么光滑，一般呈天蓝色。

【020204019】野外如何选择生火点？

答案： 根据所处环境地形特点，确定生火地点，最好选择在靠近宿营点、保证用火安全、便于火焰燃烧和散烟的地点。

（1）身处林区，生火、用火必须优先考虑严防引发森林火灾，生火点最好选在林中空地、林缘边或林区河流的岸上，应背风并尽量避开易燃植物。

（2）身处草原，生火点应选在靠近水源的地方，如河流、水塘旁，也可选在背风的坡地上，但四周一定要开出 2m 以上的防火安全隔离带。用火过程必须全程有人值守，做到人走火灭。

（3）身处山地、丘陵地，生火点可寻找山洞、背风石崖旁、向阳背风的山坡上，或选在河床边、溪流旁的最高水位线以上的地方，但雨季要谨防山洪暴发。山地生火，要依据植被情况做好安全防火工作。

【020204020】野外用火安全注意事项有哪些？

答案：（1）在选择生火地点时，要尽量避开易燃的植被。

（2）在生火前，生火点四周要留有足够的防火隔离带。如果没有自然形成的防火隔离带，必须人工开辟 2m 以上的防火隔离带。

（3）在生火过程中，要有灭火的应急措施。在生火点的旁边，必须备有沙土堆或水，或者备有灭火工具，一旦火势失控，以便马上扑灭。

（4）从点火到撤离的整个用火过程，火堆、火炉边都必须有人值守。如果是单人行动，至少必须与火堆保持目视联系，并随时注意观察火势，发现有过度燃烧、可能失控时，立即进行处理。

（5）撤离生火地点时，必须把火彻底扑灭，并用沙土覆盖，以防死灰复燃，引发火灾。

五、案例分析题

【020205001】两名探险者计划了为期三天野外生存体验，并准备了 50m 的绳子、编带、主锁、防水布、打火机、两把小刀及三天的食物和水，由于迷失方向，在雪山上被困十余天，期间两人吃一切可以吃的东西，喝一切可以喝的东西，夜宿山洞，依靠强健的体魄和坚强的求生意志，数次跳落数米高的断崖，最终选择顺冰河向下游行进而获救。

通过以上材料，请分析野外迷失方向后的自救措施及两人最终能够获救的原因？

参考答案

（1）野外迷失方向后的自救措施。

1）发现迷失方向首先是冷静，切忌慌乱中到处乱跑，看看是否可以凭记忆逐步退回正确的路线上来。

2）仔细观察周边，利用阳光、星星、月亮、积雪情况、石头上的青苔等一切能够帮助辨别方向的参照物。

3）如果在低洼处，可以爬上旁边的山坡（山脊）登高远望找寻方向，观察山势走向，若山脉走向分明、山脊坡度较缓，可沿山脊走。因为山脊视界开阔，易于观察道路情况，也容易确定所在位置。向山势低处走，找寻河流，河流的下游会有水库或者住家。

4）迷失方向后应对食物和水采取最小限量分配制度，以确保有限的食物和水最大限度发挥作用。

5）野外迷失方向后，更应该注意保存体力，提前寻找宿营点，积极开展自救，利用一切可以利用的工具和知识、技能。

（2）两人最终能够获救的原因。

1）具备一定的野外生存知识及生存技能，准备了一些专业的装备。

2）具备强大的求生意志和强健的体魄。

3）能够寻找到山洞栖身保暖，避免直接暴露在严寒中。

4）能够及时补充食物及水分是生存的关键。

5）顺河而下是获救的关键决定。

【020205002】13名驴友5月28日在位于贵州省赤水市两河口乡黎明村的一个山沟里露营，这个山沟被当地人称为"瓢匠沟"。5月29日凌晨1时左右，所有人都在睡梦中时山洪突然来袭，由于山洪过猛，一名女驴友来不及逃脱，被山洪冲走，不幸身亡。

据了解，这是一场AA制户外活动，13名驴友年龄段在20岁至40多岁，相互之间并不认识，只知道对方的网名，他们露营的地点在一个悬崖旁的河滩，另一边是一条河，遇难的女驴友扎营的地方靠近与这条河垂直的小山沟，其余帐篷都在其后面。5月28日23时左右开始下雨，在这之前也下过雨，2h之后，也就是5月29日凌晨1时左右，突然爆发了山洪。因为离小山沟最近，遇难的女驴友最先察觉并随口大吼"涨水了！"，其他人便开始手忙脚乱地收拾东西，待打开手电筒后，发现遇难的女驴友和帐篷瞬间被洪水一起卷走了。

通过以上材料，请分析这13名驴友在选择宿营地及其营地管理上犯了哪些错误？

参考答案

（1）营地一般应选择在近水、背风、远崖、近村、背阴和防雷的地方。本案例中营地的地点是一个河滩，在一个悬崖旁，虽然近水，但易发生山洪，易被山上滚落的石头等物砸伤。

（2）在宿营地共同生活的人，一般有两种情况，一是原来就是一个有组织的集体，有领导和被领导的明确分工，有严密的组织结构；二是由于发生意外事故，使得一些原来素不相识的人聚集到一起，构成了一个比较松散的临时集合体。第一种情况，组织能力和求生能力都比较强；第二种情况，组织结构比较松散，求生能力也相对较弱，而这种情况又恰恰是野外突发事件发生或救援时最常见的情况。

因此，为了提高宿营地的效率质量，最大限度地争取休息和获救的机会，就必须对生活在宿营地的人进行科学合理的分工和有效的管理。首先，应成立临时组织，推举营地负责人，以统一管理、指挥和协调宿营地的生活秩序和救援工作；其次，营地负责人应当根据每个人的专长，进行科学合理的分工。这 13 名驴友互相并不认识，缺乏交流沟通，构成了一个比较松散的临时集合体。这 13 个人里面肯定有具备野外生活经验的，但是因为没有形成一个整体，没有统一组织管理，没有相互帮持，就没发挥出这 13 个人的团队力量，最终造成惨剧的发生。

课 题 三

应 急 自 救 急 救

一、单选题

【020301001】（　　）是指从"第一目击者"到达现场并采取一些必要措施开始直至救护车到达现场进行急救处置，然后将伤患者送达医院急诊室之间的这个阶段，是在院外对危重伤患者的急救。

（A）院前急救；　　　　　　　　（B）现场急救；

（C）院内急救；　　　　　　　　（D）转运途中急救。

答案：A

【020301002】（　　）是针对呼吸、心搏停止患者现场急救的抢救时间窗。

（A）黄金72h；　　（B）黄金4min；　　（C）白金10min；　　（D）黄金1h。

答案：B

【020301003】（　　）是针对创伤患者现场急救的抢救时间窗。

（A）黄金72h；　　（B）黄金4min；　　（C）白金10min；　　（D）黄金1h。

答案：C

【020301004】现场救护生命链中的第一个环节是（　　）。

（A）立即识别和启动；　　　　　　（B）迅速除颤；

（C）早期心肺复苏；　　　　　　　（D）有效的高级生命支持。

答案：A

【020301005】现场救护生命链中的第二个环节是（　　）。

（A）立即识别和启动；　　　　　　（B）迅速除颤；

（C）早期心肺复苏；　　　　　　　（D）有效的高级生命支持。

答案：C

【020301006】现场救护生命链中的第三个环节是（　　）。

（A）立即识别和启动；　　　　　　（B）迅速除颤；

（C）早期心肺复苏；　　　　　　　（D）有效的高级生命支持。

答案：B

【020301007】110 是（   ）的急救呼救电话。

（A）中国；   （B）法国；   （C）日本；   （D）美国。

答案：A

【020301008】发现有人呼吸停止、心脏停跳，在场人员应（   ）。

（A）迅速将伤员送往医院；

（B）立即做心肺复苏；

（C）立即打急救电话，等待急救人员赶到；

（D）拨打急救电话，立即做心肺复苏。

答案：D

【020301009】发现有人晕倒，拨打急救电话时不要求必须告知的事项为（   ）。

（A）事发地点；   （B）病人的伤势或病情；

（C）病人的性别及大致年龄；   （D）病人的身高和体重。

答案：D

【020301010】心肺复苏（CPR）是针对（   ）的急危重症伤患者所采取的抢救关键措施。

（A）严重烧伤；   （B）严重烫伤；

（C）脑出血；   （D）呼吸、心跳停止。

答案：D

【020301011】（   ）位于甲状软骨和环状软骨之间，前无坚硬遮挡组织（仅有柔软的甲状腺通过），后通气管，仅为一层薄膜，周围无要害部位，因此利于穿刺。

（A）喉膜；   （B）环甲膜；   （C）甲状膜；   （D）环状膜。

答案：B

【020301012】呼吸道梗阻用其他方法不能缓解时，应采用（   ）开放气道。

（A）稳定侧卧法；   （B）垫肩法；

（C）海姆立克急救法；   （D）环膜穿刺法。

答案：D

【020301013】（   ）是所有急救技术中最基本的救命技术。

（A）高级心肺复苏；   （B）初期心肺复苏；

（C）高级气道建立；   （D）后期心肺复苏。

答案：B

【020301014】（　　）广泛用于异物堵塞呼吸道导致的呼吸停止。

（A）稳定侧卧法；　　　　　　　（B）垫肩法；

（C）海姆立克急救法；　　　　　（D）环膜穿刺法。

答案：C

【020301015】（　　）是利用冲击伤者上腹部和膈肌下软组织产生的压力，压迫两肺部下方，使肺部残留的气体形成一股强大的气流，把堵塞在气管或咽喉的异物冲击出来。

（A）稳定侧卧法；　　　　　　　（B）海姆立克急救法；

（C）垫肩法；　　　　　　　　　（D）环膜穿刺法。

答案：B

【020301016】保持呼吸道通畅至关重要，是一切救治的（　　）。

（A）基础；　（B）前提；　（C）保障；　（D）关键。

答案：A

【020301017】如发现有人跌倒，应在确认现场安全的情况下轻拍伤患者的（　　），并高声呼喊"喂！你怎么了？"或"你还好吗？"或直接呼喊伤患者的名字，看伤患者有无反应。

（A）颈部；　（B）头部；　（C）双肩；　（D）胸部。

答案：C

【020301018】开放伤患者气道时，成人头部后仰程度为（　　）。

（A）30°；　（B）45°；　（C）60°；　（D）90°。

答案：D

【020301019】经判断伤患者无呼吸时，应立即进行（　　）。

（A）人工呼吸；　（B）心脏按压；　（C）开放气道；　（D）电除颤。

答案：A

【020301020】口对口人工呼吸要求每一次吹气都能将空气吹入伤患者（　　）内。

（A）胃；　（B）肺；　（C）食道；　（D）气管。

答案：B

【020301021】成人心肺复苏时打开气道的最常用方式为（　　）。

（A）仰头提颏法；　　　　　　　（B）双手推举下颌法；

（C）托颏法；　　　　　　　　　（D）环状软骨压迫法。

答案：A

【020301022】胸外心脏按压正确的抢救体位是（　　）。

（A）坐位；　　（B）侧卧位；　　（C）俯卧位；　　（D）仰卧位。

答案：D

【020301023】徒手心肺复苏一个心脏按压周期为（　　）个循环。

（A）2；　　（B）3；　　（C）4；　　（D）5。

答案：D

【020301024】成人和儿童（1～14岁）胸外心脏按压的按压位置为（　　）。

（A）胸骨中、下1/3段交界处；　　（B）两乳头连线的中点略偏下一点；

（C）胸骨中、上1/3段交界处；　　（D）两乳头连线的中点略偏上一点。

答案：A

【020301025】胸外心脏按压时，施救者双臂伸直与地面（　　），利用上半身重量与腰背肌力量，以髋关节为支点将伤患者胸骨垂直向下用力按压。

（A）平行；　　　　　　　　　　（B）垂直；

（C）呈60°；　　　　　　　　　（D）呈45°。

答案：B

【020301026】胸外心脏按压的速率，成人、儿童、婴幼儿均为（　　）次/min。

（A）100～120；　　（B）≥100；　　（C）80～100；　　（D）≥120。

答案：A

【0203010027】胸外心脏按压的深度，成人和青少年按压深度（　　）cm。

（A）≥5；　　（B）≈4；　　（C）≈5；　　（D）5～6。

答案：D

【020301028】胸外心脏按压的按压次数与人工呼吸次数的比例，成人及婴幼儿均为（　　）。

（A）15:2；　　（B）15:1；　　（C）30:2；　　（D）30:1。

答案：C

【020301029】手指清理口腔异物时注意要将伤患者的头部（　　），以免异物再次注入气道。

（A）呈仰起状；　　（B）侧转60°；　　（C）侧转45°；　　（D）侧转90°。

答案：D

【020301030】心室颤动，简称室颤，是指心室肌快而微弱的收缩或不协调的快速（　　）。

（A）乱颤； 　（B）颤动； 　（C）跳动； 　（D）停止。

答案：A

【020301031】自动除颤器的内部智能系统可以自动分析诊断特定的心律失常并通过给予（ 　 ）的方式，使心脏节律恢复至正常跳动，从而达到挽救病人生命的目的。

（A）心脏按压； 　（B）人工呼吸； 　（C）心脏调节； 　（D）心脏电击。

答案：D

【020301032】经现场伤者分检，可将伤者按治疗的优先顺序分为四级。其中，1 级又称 A 级优先处理，为（ 　 ）。

（A）轻伤； 　（B）重伤； 　（C）死亡； 　（D）危重伤。

答案：D

【020301033】经现场伤者分检，可将伤者按治疗的优先顺序分为四级。其中，1 级又称 A 级优先处理，用（ 　 ）标签标识。

（A）红色； 　（B）绿色； 　（C）黄色； 　（D）黑色。

答案：A

【020301034】经现场伤者分检，可将伤者按治疗的优先顺序分为四级。其中，3 级又称 C 级优先处理，为（ 　 ）。

（A）轻伤； 　（B）重伤； 　（C）死亡； 　（D）危重伤。

答案：A

【020301035】经现场伤者分检，可将伤者按治疗的优先顺序分为四级。其中，3 级又称 C 级优先处理，用（ 　 ）标签标识。

（A）红色； 　（B）绿色； 　（C）黄色； 　（D）黑色。

答案：B

【020301036】现场处理伤口一般应（ 　 ），并尽快妥善地转送医院。

（A）先止血，后固定，再包扎； 　（B）先止血，后包扎，再固定；

（C）先包扎，后止血，再固定； 　（D）先固定，后止血，再包扎。

答案：B

【020301037】现场急救应优先转运（ 　 ）。

（A）快死亡的病人；

（B）伤情严重但救治及时可以存活的伤员；

（C）经现场救护后伤情已基本稳定的伤员；

（D）骨折严重的伤员。

答案：B

【020301038】（　　）属于开放性损伤。

（A）挤压伤；　　（B）震荡伤；　　（C）扭伤；　　（D）刀刺伤。

答案：D

【020301039】（　　）属于闭合伤。

（A）刀刺伤；　　（B）震荡伤；　　（C）烧伤；　　（D）烫伤。

答案：B

【020301040】出血颜色鲜红，出血时常呈间歇状向外喷射，属于（　　）出血。

（A）静脉；　　（B）动脉；　　（C）毛细血管；　　（D）皮下组织。

答案：B

【020301041】造成皮下组织内出血，形成血肿、淤斑，这种出血称为（　　）出血。

（A）内；　　（B）外；　　（C）毛细血管；　　（D）皮下。

答案：D

【020301042】指压（　　）用于手指止血。

（A）股动脉；　　（B）指动脉；　　（C）颈总动脉；　　（D）肱动脉。

答案：B

【020301043】指压（　　）用于大腿及下肢止血。

（A）股动脉；　　（B）指动脉；　　（C）颈总动脉；　　（D）肱动脉。

答案：A

【020301044】指压（　　）用于头面部大出血。

（A）股动脉；　　（B）指动脉；　　（C）颈总动脉；　　（D）肱动脉。

答案：C

【020301045】（　　）用于外伤较大的上肢或小腿出血。

（A）填塞止血法；　　　　　　（B）加垫屈肢止血法；

（C）止血带止血法；　　　　　（D）指压动脉止血法。

答案：B

【020301046】环形包扎法是绷带包扎中最基础、最常用的方法，适用于（　　）伤口的包扎或一般小伤口清洁后的包扎。

（A）肢体粗细均匀处；　　　　（B）肢体粗细不均匀处；

（C）躯干部位；　　　　　　　（D）断肢残端部位。

答案：A

【020301047】（　　）用于头部、肢体末端或断肢残端部位的包扎。

（A）环行包扎法；　　　　　　　（B）回返式包扎法；

（C）"8"字包扎法；　　　　　　（D）螺旋包扎法。

答案：B

【020301048】（　　）多用于手掌、踝部和其他关节处伤口包扎。

（A）环行包扎法；　　　　　　　（B）回返式包扎法；

（C）"8"字包扎法；　　　　　　（D）螺旋包扎法。

答案：C

【020301049】（　　）用于锁骨、肱骨骨折及上臂、肩关节损伤。

（A）夹板；　　（B）大悬臂带；　　（C）小悬臂带；　　（D）颈托。

答案：C

【020301050】现场不能用作临时夹板材料的是（　　）。

（A）杂志；　　（B）报纸；　　（C）木板；　　（D）树枝。

答案：B

【020301051】关于骨折的现场急救，下列方法正确的是（　　）。

（A）骨折都应初步复位后再临时固定；

（B）对骨端外露者应先复位后固定，以免继续感染；

（C）一般应将骨折肢体在原位固定；

（D）对骨折处先不做任何处理，紧急送往医院。

答案：C

【020301052】现场作业时，如发生人员骨折，其他人员应采用（　　）的急救原则。

（A）等待专业救护人员到来；　　（B）立即送往医院；

（C）先固定后搬运；　　　　　　（D）保持原地不动。

答案：C

【020301053】对胸壁广泛损伤、出现反常呼吸而严重缺氧的伤者，宜采用的搬运体位是（　　），以压迫、限制反常呼吸搬运。

（A）仰卧位；　　（B）侧卧位；　　（C）俯卧位；　　（D）坐位。

答案：C

【020301054】在排除颈部损伤后，对有意识障碍的伤者，宜采用的搬运体位是（　　），以防止伤者在呕吐时，食物吸入气管。

（A）仰卧位；　　（B）侧卧位；　　（C）俯卧位；　　（D）坐位。

答案：B

【020301055】对脊柱、脊髓伤者或疑似脊柱、脊髓损伤者，搬运时应采用
（　　）搬运。

（A）四人搬运法；　　（B）三人搬运法；　　（C）背负法；　　（D）抱持法。

答案：A

【020301056】对（　　）损伤的伤员，不能用一人抬头、一人抱腿或人背的
方法搬运。

（A）面部；　　（B）脊柱；　　（C）头部；　　（D）脚部。

答案：B

【020301057】对脊椎骨折的病人，搬运时应采用（　　）搬运。

（A）硬板担架；　　　　　　　　（B）一人抬头，一人抱脚的方法；

（C）背负法；　　　　　　　　　（D）抱持法。

答案：A

【020301058】腹部外伤造成肠外溢时，现场处理原则为（　　）。

（A）将肠管送回腹腔，再用敷料盖住伤口；

（B）直接用三角巾做全腹部包扎；

（C）盖上碗后再用三角巾包扎；

（D）不做任何处理直接送往医院。

答案：C

【020301059】对（　　）损伤的伤员，严禁让其站起、坐立和行走。

（A）肩部；　　（B）腹部；　　（C）脊柱；　　（D）头部。

答案：C

【020301060】踝关节扭伤，为防止皮下出血和组织肿胀，在早期应选用
（　　）。

（A）局部按摩；　　（B）红外线照射；　　（C）热敷；　　（D）冷敷。

答案：D

【020301061】开放性气胸急救处理首先要（　　）。

（A）清创缝合；　　　　　　　　（B）胸腔积液引流；

（C）用厚敷料封闭伤口；　　　　（D）用手捂住伤口。

答案：C

【020301062】当伤者（　　）时，可判断为开放性气胸。

（A）气管向健侧移位；　　　　　（B）紫绀；

（C）伤口有气体出入的"嘶嘶"声；（D）胸闷。

答案：C

【020301063】有物体扎入人员的身体中，此时救助者应（　　）。

（A）立即拔出扎入的物体；

（B）固定扎入的物体后送往医院；

（C）快速拔出扎入的物体实施加压包扎；

（D）不要理会扎入的物体，送往医院再处理。

答案：B

【020301064】发生道路交通事故后，放在失事车辆后方的警示标志在一般道路上应设在车后（　　）m以外。

（A）50；　　　（B）100；　　　（C）150；　　　（D）120。

答案：A

【020301065】发生道路交通事故后，放在失事车辆后方的警示标志在高速公路上应在（　　）m以外设置。

（A）50；　　　（B）100；　　　（C）150；　　　（D）120。

答案：C

【020301066】（　　）一般适用于中小面积烧伤，特别是四肢的烧伤。

（A）热敷；　　　（B）热疗；　　　（C）冷疗；　　　（D）保护创面。

答案：C

【020301067】无论何种化学物质烧伤，均应立即用大量（　　）冲淋至少20min以上，可冲淡和清除残留的化学物质。

（A）酒精；　　　（B）热水；　　　（C）肥皂水；　　　（D）清洁水。

答案：D

【020301068】烧伤伤员脱离现场后，应注意对烧伤创面的保护，防止（　　）。

（A）影响入院后专业医生对烧伤创面深度的判断和清创；

（B）再次污染；

（C）疼痛加重；

（D）创面扩大。

答案：B

【020301069】热烧伤现场急救的首要措施是（　　），即去除致伤源。

（A）脱去烧焦的衣服；　　　　　（B）灭火；

（C）立即用温水冲洗伤口；　　　（D）立即转到就近的医院治疗。

答案：B

【020301070】下列属于热烧伤现场急救错误的处理方法的是（　　　）。

（A）冷水浸泡创面；　　　　　（B）将草木灰敷在创面上；

（C）现场处理合并伤；　　　　　（D）现场保护创面。

答案：B

【020301071】下列属于酸性腐蚀性化学品的是（　　　）。

（A）硫酸；　　（B）矿泉水；　　（C）氢氧化钾；　　（D）氨水。

答案：A

【020301072】手指肌肉痉挛解救方法是（　　　）。

（A）先将手握拳，然后用力张开、伸直，反复做几次后即可消除；

（B）先吸一口气，仰浮水面，使抽筋的腿屈曲，然后用双手抱住小腿用力使其贴在大腿上，同时加以振颤动作，可使其恢复；

（C）用双手合掌向左右按压，反复做几次即可消除；

（D）双手抱住大腿，使髋关节做局部的弯曲动作可缓解。

答案：A

【020301073】大腿前面肌肉痉挛解救法是（　　　）。

（A）先将手握拳，然后用力张开、伸直，反复做几次后即可消除；

（B）先吸一口气，仰浮水面，使抽筋的腿屈曲，然后用双手抱住小腿用力使其贴在大腿上，同时加以振颤动作，可使其恢复；

（C）用双手合掌向左右按压，反复做几次即可消除；

（D）双手抱住大腿，使髋关节做局部的弯曲动作可缓解。

答案：B

【020301074】手掌肌肉痉挛解救法是（　　　）。

（A）先将手握拳，然后用力张开、伸直，反复做几次后即可消除；

（B）先吸一口气，仰浮水面，使抽筋的腿屈曲，然后用双手抱住小腿用力使其贴在大腿上，同时加以振颤动作，可使其恢复；

（C）用双手合掌向左右按压，反复做几次即可消除；

（D）双手抱住大腿，使髋关节做局部的弯曲动作可缓解。

答案：C

【020301075】小腿前面肌肉痉挛解救法是（　　　）。

（A）先将手握拳，然后用力张开、伸直，反复做几次后即可消除；

（B）先吸一口气，仰浮水面，使抽筋的腿屈曲，然后用双手抱住小腿用力使其贴在大腿上，同时加以振颤动作，可使其恢复；

（C）用双手合掌向左右按压，反复做几次即可消除；

（D）双手抱住大腿，使髋关节做局部的弯曲动作可缓解。

答案：D

【020301076】肌肉痉挛是指人在（　　）活动时，由于肌肉组织受到强烈刺激，进而血管收缩而造成局部血液循环不良，从而导致肌肉发生剧烈收缩的现象。

（A）爬山；　　（B）水中；　　（C）运动场；　　（D）野外拉练。

答案：B

【020301077】下水施救，一般要从溺水者（　　）出手相救。

（A）后方；　　（B）前方；　　（C）上方；　　（D）侧方。

答案：A

【020301078】对脊柱受伤或疑似脊柱受伤的溺水者不可采用（　　）。

（A）三人搬运法；　　　　　　（B）四人搬运法；

（C）急救板运送法；　　　　　（D）肩背运送法。

答案：D

【020301079】下列溺水的施救方法中，属于水中徒手施救方法的是（　　）。

（A）救生圈施救；　　　　　　（B）用冲锋舟施救；

（C）救生球施救；　　　　　　（D）深水区游泳施救。

答案：D

【020301080】人入水以后，因受强烈刺激（如惊慌、恐惧、骤然寒冷等），引起喉头痉挛，以致呼吸道完全梗阻，造成窒息死亡，这种情况称为（　　）。

（A）淡水溺水；　　（B）海水溺水；　　（C）湿性淹溺；　　（D）干性淹溺。

答案：D

【020301081】进行冻伤急救常用的方法是（　　）。

（A）温水浸泡；　　　　　　（B）用火烘烤患部；

（C）用雪揉搓患部；　　　　（D）冷水浸泡。

答案：A

【02030182】冻僵病人复温最好的方法是（　　）。

（A）大量饮热茶、热酒；　　　（B）肌肉注射镇静剂；

（C）置于38～42℃温水浸泡；　（D）包裹衣物。

答案：C

【020301083】引起人体感觉的最小电流称为（　　）。

（A）感知电流；　（B）室颤电流；　（C）摆脱电流；　（D）致命电流。

答案：A

【020301084】下列属于电灼伤的是（　　）。

（A）电击；　（B）电烙印；　（C）电弧烧伤；　（D）皮肤金属化。

答案：C

【020301085】（　　）是电伤害中最为严重的一种，绝大多数触电死亡事故都是此伤害造成的。

（A）电灼伤；　（B）电伤；　（C）电击；　（D）电烙印。

答案：C

【020301086】电烙印通常是在（　　）的情况下才会发生。

（A）人体和导电体接触不良；

（B）人体和导电体有良好接触；

（C）带负荷拉隔离开关引起强烈电弧；

（D）产生弧光放电。

答案：B

【020301087】电弧烧伤是由（　　）。

（A）弧光放电造成的伤害；

（B）电流的热效应造成的伤害；

（C）电流的化学效应和机械效应产生的电伤；

（D）电流对人体外部造成的局部伤害。

答案：A

【020301088】（　　）是指电流的热效应造成的伤害。

（A）电灼伤；　（B）电伤；　（C）电击；　（D）电烙印。

答案：A

【020301089】（　　）是由于电流的化学效应和机械效应产生的电伤。

（A）电灼伤；　（B）电弧烧伤；　（C）电击；　（D）电烙印。

答案：D

【020301090】紫铜造成皮肤金属化颜色呈（　　）。

（A）蓝绿色；　（B）绿色；　（C）灰黄色；　（D）褐色。

答案：B

【020301091】铁造成皮肤金属化颜色呈（　　）。

（A）蓝绿色；　　（B）绿色；　　（C）灰黄色；　　（D）褐色。

答案：D

【020301092】铝造成皮肤金属化颜色呈（　　）。

（A）蓝绿色；　　（B）绿色；　　（C）灰黄色；　　（D）褐色。

答案：C

【020301093】人体电阻中（　　）占有较大的比例。

（A）外部组织电阻；　　　　　　（B）皮肤电阻；

（C）内部组织电阻；　　　　　　（D）接触电阻。

答案：B

【020301094】电流通过人体的途径中，最危险的途径是（　　）。

（A）左手到胸部（心脏）再到脚；　（B）从右手到脚；

（C）一只手到另一只手；　　　　（D）从脚到脚。

答案：A

【020301095】电流通过人体的部位或器官不同，对人体的伤害程度也不同，其中以电流通过（　　）造成的伤害危险性最大。

（A）脊髓；　　（B）头部；　　（C）心脏；　　（D）中枢神经。

答案：C

【020301096】在其他条件都相同的情况下，电流通过人体的持续时间越长，对人体的伤害程度（　　）。

（A）越小；　　（B）越大；　　（C）不变；　　（D）无关。

答案：B

【020301097】当人体直接碰触带电设备其中的一相时，电流通过人体流入大地，这种触电现象称为（　　）。

（A）单相触电；

（B）人体与带电体的距离小于安全距离的触电；

（C）人体与带电体的间接接触触电；

（D）两相触电。

答案：A

【020301098】当人体与带电体的空气间隙小于一定距离时，虽然人体没有直接接触带电体，也可能发生触电事故，这种触电事故称为（　　）。

（A）单相触电；

（B）人体与带电体的距离小于安全距离的触电；

（C）人体与带电体的间接接触触电；

（D）两相触电。

答案：B

【020301099】（　　）是指电气设备在故障情况下，如绝缘损坏、失效等，人体的任何部位接触设备的带电的外露可导电部分或外界可导电部分所造成的触电。

（A）单相触电；

（B）人体与带电体的距离小于安全距离的触电；

（C）人体与带电体的间接接触触电；

（D）两相触电。

答案：C

【020301100】如果云层较低，在地面的凸出物上感应出异性电荷并与凸出物之间形成迅猛的放电现象，称为（　　）。

（A）直击雷；　　（B）雷电感应；　　（C）雷电侵入波；　　（D）球形雷。

答案：A

【020301101】（　　）是由于架空线路或空中金属管道上遭雷击时，产生的冲击电压沿线路或管道迅速传播的雷电波，如在中途未能使大量电荷入地，则雷电波就会侵入室内，从而对人体造成伤害。

（A）直击雷；　　（B）雷电感应；　　（C）雷电侵入波；　　（D）球形雷。

答案：C

【020301102】频率为（　　）为对人体的伤害最严重。

（A）450～500kHz 的交流电；　　（B）20kHz 以上的交流电；

（C）50～60Hz 的工频交流电；　　（D）直流电。

答案：C

【020301103】在金属容器或水箱等工作地点狭窄、周围有大面积导体、环境湿热场所工作时，手提照明灯应采用（　　）V 安全电压。

（A）36；　　（B）12；　　（C）42；　　（D）24。

答案：B

【020301104】发电厂生产场所及变电站等处使用的照明灯电压一般为（　　）V。

（A）36；　　（B）12；　　（C）42；　　（D）24。

答案：A

【020301105】决定人体电阻值大小的主要是（　　）。

（A）皮肤外表面角质层厚度；　　（B）内部组织电阻大小；

（C）人体与带电体的接触面积大小；（D）人体所处的环境条件。

答案：A

【020301106】在一经合闸即可送电到工作地点的断路器（开关）、隔离开关（刀闸）的操作处，均应悬挂（　　）的标示牌。

（A）"禁止合闸，有人工作！"；　　（B）"止步，高压危险！"；

（C）"止步，有人工作！"；　　（D）"禁止靠近，高压危险！"。

答案：A

【020301107】在电气设备或电气线路上工作时，当验明确实没有电压后，应立即（　　）及个人保安线，以防止突然来电。

（A）停电；　　（B）验电；　　（C）办理工作票；　　（D）装设接地线。

答案：D。

【020301108】进行地面配电设备部分停电工作需要临时围栏时，围栏应装设牢固，并悬挂（　　）的标示牌。

（A）"禁止合闸，有人工作！"；　　（B）"止步，高压危险！"；

（C）"止步，有人工作！"；　　（D）"禁止靠近，高压危险！"。

答案：B

【020301109】不能作为使触电者脱离电源工具的是（　　）。

（A）干燥的衣服；　　（B）木板；　　（C）钢管；　　（D）木棒。

答案：C

【020301110】触电现场急救的目的和任务是使触电伤员迅速（　　），同时及早呼救 120，在医务人员未到之前，按照迅速、就地、准确、坚持的原则，立即进行现场急救。

（A）进行电除颤；　　　　　　　　（B）实施人工呼吸；

（C）脱离电源；　　　　　　　　　（D）实施心肺复苏。

答案：C

【020301111】如果在户外看到高压线遭雷击断裂千万不要盲目逃离，而应（　　）。

（A）躺着滚出现场；　　　　　　　（B）缓慢走出现场；

（C）快速跑离现场；　　　　　　　（D）双脚并拢跳离现场。

答案：D

【020301112】（   ）是救活触电者的首要因素。

（A）送往医院；　　　　　　　（B）使触电者尽快脱离电源；

（C）请医生急救；　　　　　　（D）心脏按压。

答案：B

【020301113】（   ）是防止间接触电的基本技术措施，是防止发生人身触电事故的有效措施之一。

（A）保护接地和接零；　　　　（B）绝缘保护；

（C）剩余电流动作保护装置保护；（D）电气隔离。

答案：A

【020301114】（   ）是利用不导电的绝缘材料对带电体进行封闭和隔离，是防止直接触电的基本保护措施。

（A）保护接地和接零；　　　　（B）绝缘保护；

（C）剩余电流动作保护装置保护；（D）电气隔离。

答案：B

二、多选题

【020302001】"第一目击者"（或称"第一响应者"、"第一救援者"）是在现场第一时间发现受伤、出血、骨折、烧伤、患急病，甚至呼吸、心搏骤停并立即采取行动的人。下列可能是"第一目击者"的是（   ）。

（A）第一个施救的人；　　　　（B）第一个打电话报警的人；

（C）第一个在现场旁观的人；　（D）第一个向他人呼救的人。

答案：ABD

【020302002】下列可能是"第一目击者"的是（   ）。

（A）商场的保安人员；　　　　（B）路上的行人；

（C）家中的保姆；　　　　　　（D）随行的家人。

答案：ABCD

【020302003】现场有人受伤或患病时，（   ）可能是现场急救人员。

（A）120随车医生；　　　　　（B）现场工作人员；

（C）"第一目击者"；　　　　　（D）120随车护士。

答案：BC

【020302004】心脏骤停包括（   ）两种情况。

（A）心搏骤停；　　　　　　　（B）心脏性猝死；

（C）心脏停搏；　　　　　　　（D）心源性猝死。

答案：AC

【020302005】初期心肺复苏又称基础生命支持，包括（ 　 　 ）。

（A）后期心肺复苏；　　　　　　　（B）徒手心肺复苏；

（C）除颤；　　　　　　　　　　　（D）高级生命支持。

答案：BC

【020302006】以下关于胸外心脏按压的说法正确的是（ 　 　 ）。

（A）伤员仰卧于地上或硬板床上；

（B）按胸骨正中线中、下 1/3 处；

（C）按压频率为 80～100 次/min；

（D）按压深度 4～5cm。

答案：AB

【020302007】以下有关心肺复苏的有效指标的说法正确的是（ 　 　 ）。

（A）可见病人有眼球活动，甚至手脚开始活动；

（B）可见瞳孔由小变大，并有对光反射；

（C）出现自主呼吸；

（D）面色由紫绀转为红润。

答案：ACD

【020302008】现场人员停止心肺复苏的条件是（ 　 　 ）。

（A）威胁人员安全的现场危险迫在眼前；

（B）患者出现微弱呼吸；

（C）呼吸和循环已有效恢复；

（D）医师或其他人员接手并开始急救。

答案：ACD

【020302009】下列关于胸外心脏按压位置的表述正确的是（ 　 　 ）。

（A）成人和儿童（1～14 岁）的按压位置为胸骨中、下 1/3 段交界处；

（B）成人和儿童（1～14 岁）的按压位置为胸骨中、上 1/3 段交界处；

（C）成年男性两乳头连线中点（即胸骨部）；

（D）婴儿（1 岁以下）按压位置为两乳头连线的中点略偏下一点。

答案：ACD

【020302010】徒手心肺复苏包括生命体征的判断和及时呼救、（ 　 　 ）。

（A）除颤；　　（B）胸外心脏按压；　　（C）开放气道；　　（D）人工呼吸。

答案：BCD

【020302011】关于判断伤患者有无呼吸时的注意事项，下列表述正确的是
（　　）。

（A）保持气道开放位置；

（B）有呼吸者，注意保持气道通畅；

（C）无呼吸者，立即进行口对口人工呼吸；

（D）检查判断时间要大于 10s。

答案：ABC

【020302012】关于判断伤患者有无脉搏时的注意事项，下列表述正确的是
（　　）。

（A）触摸颈动脉不能用力过大，以免推移颈动脉，妨碍触及；

（B）不要同时触摸两侧颈动脉，造成头部供血中断；

（C）观察时间 10s 以上；

（D）婴、幼儿因颈部肥胖，颈动脉不易触及，可检查肱动脉。

答案：ABD

【020302013】经现场伤者分检，可将伤者按治疗的优先顺序分为四级。其中，
1 级为危重伤，又称 A 级优先处理。下列属于 A 级优先处理的是（　　）。

（A）窒息；　　（B）大出血；　　（C）挫伤；　　（D）心室颤动。

答案：ABD

【020302014】经现场伤者分检，可将伤者按治疗的优先顺序分为四级。其中，
2 级为重伤，又称 B 级优先处理。下列属于 B 级优先处理的是（　　）。

（A）单纯性骨折；　　　　　　（B）窒息；

（C）软组织伤；　　　　　　　（D）非窒息性胸外伤。

答案：ACD

【020302015】按伤后皮肤完整性与否，可将创伤分为（　　）。

（A）开放性创伤；　　（B）刺伤；　　（C）闭合性创伤；　　（D）扭伤。

答案：AC

【020302016】按伤情轻重，可将创伤分为（　　）。

（A）重伤；　　（B）中等伤；　　（C）轻伤；　　（D）特重伤。

答案：ABC

【020302017】创伤现场急救技术包括通气、（　　）、搬运等。

（A）止血；　　（B）包扎；　　（C）施救；　　（D）固定。

答案：ABD

【020302018】根据出血部位不同，出血分为（   ）。

（A）皮下出血；　　（B）动脉出血；　　（C）内出血；　　（D）外出血。

答案：ACD

【020302019】根据血管破裂的类型不同，出血分为（   ）。

（A）动脉出血；　　　　　　　　（B）静脉出血；

（C）毛细血管出血；　　　　　　（D）内出血。

答案：ABC

【020302020】加压包扎止血法适用于全身各部位的（   ）出血。

（A）大动脉；　　（B）小动脉；　　（C）静脉；　　（D）毛细血管。

答案：BCD

【020302021】包扎止血法适用于（   ）出血。

（A）大动脉；　　　　　　　　（B）表浅伤口；

（C）小动脉；　　　　　　　　（D）小血管和毛细血管。

答案：BD

【020302022】下列不能作为临时止血带材料的是（   ）。

（A）铁丝；　　（B）电线；　　（C）铜丝；　　（D）领带。

答案：ABC

【020302023】绷带包扎法有（   ）和螺旋反折包扎法。

（A）环行包扎法；　　　　　　（B）回返式包扎法；

（C）"8"字包扎法；　　　　　　（D）螺旋包扎法。

答案：ABCD

【020302024】大悬臂带用于（   ）。

（A）前臂的损伤；　　　　　　（B）肱骨的损伤；

（C）锁骨的损伤；　　　　　　（D）肘关节的损伤。

答案：AD

【020302025】小悬臂带用于（   ）。

（A）前臂关节的损伤；　　　　（B）肩关节的损伤；

（C）上臂关节的损伤；　　　　（D）肘关节的损伤。

答案：BC

【020302026】下列属于完全性骨折的是（   ）。

（A）粉碎性骨折；　　　　　　（B）斜骨折；

（C）裂缝骨折；　　　　　　　（D）青枝骨折。

答案：AB

【020302027】下列属于不完全性骨折的是（　　）。

（A）粉碎性骨折；　（B）斜骨折；　（C）裂缝骨折；　（D）青枝骨折。

答案：CD

【020302028】下列属于道路交通事故的是（　　）。

（A）碾压事故；　（B）刮擦事故；　（C）碰撞事故；　（D）火灾事故。

答案：ABC

【020302029】道路交通事故对人造成的伤害大致可分为减速伤、撞击伤、碾挫伤、压榨伤及跌扑伤等。其中以（　　）为多。

（A）减速伤；　（B）撞击伤；　（C）碾挫伤；　（D）压榨伤及跌扑伤。

答案：AB

【020302030】发生道路交通事故后，要在失事车辆后方足够的距离放置显著的警示标志，可以作为警示标志物的是（　　）。

（A）石头、木块；　　　　　　　（B）带颜色的衣物；

（C）交通锥桶；　　　　　　　　（D）车载三脚架。

答案：BCD

【020302031】烧伤病患可分为（　　），各期之间相互渗透，相互重叠。

（A）休克期；　（B）感染期；　（C）修复期；　（D）传染期。

答案：ABC

【020302032】烧伤主要指由（　　）、放射线等引起的皮肤、黏膜，甚至深度组织的损害。

（A）热力；　（B）化学物质；　（C）水能；　（D）电能。

答案：ABD

【020302033】烧伤按致伤原因分为（　　）等。

（A）热烧伤（烫伤）；　　　　　（B）化学烧伤；

（C）低温烧伤；　　　　　　　　（D）高温烧伤。

答案：ABC

【020302034】热烧伤包括（　　）。

（A）火焰直接接触人体造成的损伤；

（B）由化学物质引起的灼伤；

（C）长时间接触略高于体温的致伤因素造成的损伤；

（D）高温液体、气体和固体（如热水、热气、热液、热金属等）直接接触人体造成的损伤。

答案：ACD

【020302035】下列属于腐蚀性化学品的是（　　）。

（A）硫酸；　（B）泉水；　（C）氢氧化钾；　（D）氨水。

答案：ACD

【020302036】下列属于碱性腐蚀性化学品的是（　　）。

（A）硫酸；　（B）泉水；　（C）氢氧化钾；　（D）氨水。

答案：CD

【020302037】下列溺水的施救方法中，属于岸上施救方法的是（　　）。

（A）救生圈施救；　　　　　　（B）用冲锋舟施救；

（C）救生球施救；　　　　　　（D）深水区游泳施救。

答案：AC

【020302038】发生肌肉痉挛常见的部位包括（　　）。

（A）手指；　（B）脚趾；　（C）头部；　（D）小腿。

答案：ABD

【020302039】水中发生肌肉痉挛原因包括（　　）等。

（A）水温太低，寒冷的刺激；

（B）运动时间过长，肌肉过度疲劳；

（C）运动强度过大或运动过程中突然改变运动方向；

（D）运动姿势不正确。

答案：ABCD

【020302040】湿性淹溺时，大量水进入（　　）。

（A）呼吸道；　（B）鼻腔；　（C）肺泡；　（D）肠道。

答案：AC

【020302041】冻疮一般发生在（　　）及其他一些长期暴露而又无防寒保护的部位。

（A）脸；　（B）手；　（C）脚；　（D）耳朵。

答案：ABCD。

【020302042】进行冻伤急救禁用的方法是（　　）。

（A）温水浸泡；　　　　　　（B）用火烘烤患部；

（C）用雪揉搓患部；　　　　　（D）把患部直接泡入过热水中。

答案：BCD

【020302043】下列方法中，会使冻伤加重的是（　　）。

（A）用温水浸泡患部；　　　　　　（B）猛力捶打患部或用火烤患部；

（C）用雪揉搓患部；　　　　　　　（D）把冻伤患部直接泡入过热水中。

答案：BCD

【020302044】一般将冻伤分（　　）。

（A）冻疮；　　（B）局部冻伤；　　（C）全身冻伤；　　（D）冻僵。

答案：ABD

【020302045】下列属于电伤的是（　　）。

（A）电灼伤；　　（B）电烙印；　　（C）电弧烧伤；　　（D）皮肤金属化。

答案：ABD

【020302046】关于对触电者的急救，以下说法正确的是（　　）。

（A）立即切断电源，或使触电者脱离电源；

（B）迅速测量触电者体温；

（C）使触电者俯卧；

（D）迅速判断伤情，对心搏骤停或心音微弱者，立即心肺复苏。

答案：AD

【020302047】电流对人体的伤害形式主要有（　　）。

（A）电灼伤；　　（B）电伤；　　（C）电击；　　（D）电烙印。

答案：BC

【020302048】通过人体引起心室发生纤维性颤动的最小电流称为（　　）。

（A）感知电流；　　（B）室颤电流；　　（C）摆脱电流；　　（D）致命电流。

答案：BD

【020301049】下列使触电者脱离电源的方法中，属于设法使触电者脱离带电部位的方法是（　　）。

（A）拉开开关或拔出插头；

（B）用抛挂接地线（裸金属线）的方法，使线路短路，迫使保护装置动作，断开电源；

（C）用木板等绝物插入触电者的身下，以隔断电流；

（D）用一只手抓住触电者的衣服，拉离电源。

答案：CD

【020301050】电气设备和电气线路工作人员保障安全的技术措施包括（　　）、悬挂标示牌和装设遮栏等。

（A）停电；　　　　　　　　（B）验电；

（C）办理工作票；　　　　　（D）装设接地线（合接地开关）。

答案：ABD。

【020302051】雷电是发生在大气层中的一种（　　）的气象现象。

（A）风；　（B）电；　（C）光；　（D）声。

答案：BCD

【020302052】静电的大小与（　　）有关。

（A）摩擦速度；　　　　　　（B）摩擦距离；

（C）摩擦压力；　　　　　　（D）摩擦物质的性质。

答案：ABCD

【020301053】下列属于家庭及工矿企事业单位减少或避免发生人身触电事故的技术措施的是（　　）。

（A）绝缘保护；　　　　　　（B）剩余电流动作保护装置保护；

（C）接地和接零保护；　　　（D）悬挂标示牌和装设遮栏（围栏）。

答案：ABC

【020301054】下列使触电者脱离电源的方法中，属于立即断开触电者所触及的导体或设备的电源的方法是（　　）。

（A）拉开开关或拔出插头；

（B）用抛挂接地线（裸金属线）的方法，使线路短路，迫使保护装置动作，断开电源；

（C）用木板等绝物插入触电者的身下，以隔断电流；

（D）用一只手抓住触电者的衣服，拉离电源。

答案：AB

【020302055】患者伤处具有（　　）特有体征之一者，即可判断为骨折。

（A）畸形；　　　　　　　　（B）异常活动；

（C）骨擦音或骨擦感；　　　（D）剧烈疼痛。

答案：ABC

三、判断题

【020303001】任何人、任何时间、任何地点都可能成为"第一目击者"。

（　　）

答案：√

【020303002】一旦确定伤患者意识丧失，应立即向周围人员大声呼救"来人

啊！救命啊!"。一边派人拨打 120 急救电话，一边进行紧急施救，或边拨打电话边紧急施救。　　　　　　　　　　　　　　　　　　　（　　）

答案：√

【020303003】心肺复苏术是对心跳、呼吸骤停所采用的最初紧急措施。

（　　）

答案：√

【020303004】现场自救是自己拯救自己、保护自己的方法。　（　　）

答案：√

【020303005】当病人牙关紧闭不能张口或口腔有严重损伤者可用口对鼻人工呼吸。　　　　　　　　　　　　　　　　　　　　　　（　　）

答案：√

【020303006】任何情况下都可以用仰头抬颏法对患者开放气道。（　　）

答案：×

【020303007】开放气道时，为保持开放气道效果，可用枕头等物垫在伤患者头下。　　　　　　　　　　　　　　　　　　　　　　　（　　）

答案：×

【020303008】院前急救的内容包括开放气道、口对口人工呼吸和人工循环。

（　　）

答案：×

【020303009】心肺复苏的胸外心脏按压和人工呼吸比例为 15:2。（　　）

答案：×

【020303010】成人胸外心脏按压的深度不小于 5cm。　　　（　　）

答案：×

【020303011】口对口人工吹气，时间越长，吹气量越大，救助的效果越好。

（　　）

答案：×

【020303012】心肺复苏每次按压之后都要保证充分的释放，按压与释放同样重要。　　　　　　　　　　　　　　　　　　　　　　　（　　）

答案：√

【020303013】成人心肺复苏时的按压部位是心前区。　　　（　　）

答案：×

【020303014】双人心肺复苏时，吹气可以与心脏按压同时进行。（　　）

答案：×

【020303015】胸外按压时，只要双手掌根重叠，十指相扣即可。　（　　）

答案：×

【020303016】心肺复苏有效时，可见瞳孔由大变小，并有对光反射。（　　）

答案：√

【020303017】呼吸、心跳骤停者，应先行心肺复苏术，然后再搬运。（　　）

答案：√

【020303018】进行人工呼吸前，应先清除患者口腔内的痰、血块和其他杂物等，以保证呼吸道通畅。　（　　）

答案：√

【020303019】婴幼儿的胸外心脏按压位置与成年人是一样的。　（　　）

答案：×

【020303020】普通的自动除颤器不能用于 8 岁以下儿童或体重小于 25kg 者。

（　　）

答案：√

【020303021】现场可用铁丝代替止血带进行止血。　（　　）

答案：×

【020303022】扎止血带时间越长，止血效果越好。　（　　）

答案：×

【020303023】在松止血带时，应快速松开。　（　　）

答案：×

【020303024】三角巾包扎法适用于身体各部位的包扎。　（　　）

答案：√

【020303025】异物插入眼球时应立即将异物从眼球拔出。　（　　）

答案：×

【020303026】骨折固定的范围应包括骨折远近端的两个关节。　（　　）

答案：√

【020303027】螺旋包扎法适用于头部、腕部、胸部及腹部等处的包扎。（　　）

答案：√

【020303028】"8"字形包扎法多用于关节处的包扎及锁骨骨折的包扎。

（　　）

答案：√

【020303029】使用止血带者应记录止血时间，并每隔 1.5h 放松一次。（　　）

答案：×

【020303030】现场搬运的原则是及时、迅速、安全地将伤员搬到安全的地方，防止再次受伤。（　　）

答案：√

【020303031】面部出血用拇指压迫面动脉即可止血。（　　）

答案：√

【020303032】头面部大出血可用指压颈总动脉。（　　）

答案：√

【020303033】额部、头顶出血可用大拇指压住位于耳屏前上方 1.5cm 的凹陷处的颞浅动脉。（　　）

答案：√

【020303034】上肢出血，可用四指压迫腋窝部搏动强烈的腋动脉。（　　）

答案：√

【020303035】腋窝和肩部出血，可用拇指压迫同侧锁骨上窝中部的锁骨下动脉。（　　）

答案：√

【020303036】前臂出血，可用手指压迫上臂肱二头肌内侧的肱动脉。（　　）

答案：√

【020303037】身上着火后，应迅速用灭火器灭火。（　　）

答案：×

【020303038】对烧伤人员的急救应迅速扑灭伤员身上的火，尽快脱离火源。（　　）

答案：√

【020303039】热烧伤创面要用大量清水冲洗，让创面尽快降温。（　　）

答案：√

【020303040】用烧碱处理热烧伤创面可不起水泡，以保护创面。（　　）

答案：×

【020303041】用高度白酒涂擦热烧伤创面可以杀灭创面上的细菌。（　　）

答案：×

【020303042】用草木灰处理热烧伤创面可以减少创面组织液渗出，有利于创面愈合。（　　）

答案：×

【020303043】发生道路交通事故后，应设法关闭失事车辆引擎，开启危险报警闪光灯，拉紧手刹，或用石头、木块等掩在车轮下面，固定车轮，防止汽车滑动。 （ ）

答案：√

【020303044】发生大面积烧伤时，应将烧伤创面浸入温水中，水温以伤员能耐受为准。 （ ）

答案：×

【020303045】一旦发生酸碱化学性眼烧伤，要立即用大量细流清水冲洗眼睛。 （ ）

答案：√

【020303046】对于电石、石灰入眼者，在电石、石灰颗粒或粉末未被清理干净前，先用水冲洗。 （ ）

答案：×

【020303047】皮肤接触强酸时要用大量清水反复冲洗伤处。冲洗越早、越彻底越好。 （ ）

答案：√

【020303048】烧伤创面不得涂搽红汞，因汞可经创面吸收而导致汞中毒。 （ ）

答案：√

【020303049】当人体组织触及腐蚀品时，不管是否被烧伤，都应迅速采取急救措施。 （ ）

答案：√

【020303050】腐蚀物品造成的灼伤与一般火灾的烧烫伤不同，开始时往往不痛，但感觉痛时组织已被灼伤。 （ ）

答案：√

【020303051】当水中发现溺水者时，应首先判断溺水者有无意识。 （ ）

答案：√

【020303052】溺水者在水中不能自主地支配肢体动作，并且缓慢下沉或已沉入水底，则溺水者尚有意识。 （ ）

答案：×

【020303053】水中拖带溺水者时，应使溺水者的口鼻保持在水面下，以保证

溺水者的呼吸。 （ ）

答案：×

【020303054】无论采用何种方法，在水中拖带溺水者的过程中，应使被拖带者的身体位置尽可能呈垂直，以利于拖带和节省施救者的体力。 （ ）

答案：×

【020303055】溺水者的肩背运送能够起到运送、倒水、畅通呼吸道和挤压心胸区作用，有利于溺水者的心肺复苏。 （ ）

答案：√

【020303056】冻疮主要是长期暴露于湿的寒冷环境中出现的皮肤病态表现。 （ ）

答案：×

【020303057】冻伤的局部若有水泡，可以用消毒后的针刺破。 （ ）

答案：×

【020303058】冻疮愈后有表皮脱落，并留下瘢痕。 （ ）

答案：×

【020303059】电气设备和线路停电后，必须进行验电，即验明设备或线路有无电压。 （ ）

答案：√

【020303060】高压电气设备验电时应戴绝缘手套。 （ ）

答案：√

【020303061】进行电气设备或电气线路上工作时，在可能送电至停电设备的各部位、可能产生感应电压的设备上也要装设接地线。 （ ）

答案：√

【020303062】工作人员在工作中可以根据工作需要移动或拆除围栏和标示牌。 （ ）

答案：×

【020303063】电气设备的电源开关要装在零线上，不能装在火线上。 （ ）

答案：×

四、问答题

【020304001】什么是院前急救？

答案：院前急救也称初步急救，是急救医疗服务体系最前沿的部分，是指从

115

"第一目击者"到达现场并采取一些必要措施开始直至救护车到达现场进行急救处置，然后将伤患者送达医院急诊室之间的这个阶段，是在院外对危重伤患者的急救。

【020304002】院前急救的内容包括哪些？

答案：院前急救的内容包括"第一目击者"或救援者采取的一些必要的急救措施，如止血、包扎、固定等，使伤患者处于相对稳定的状态；拨打急救中心电话，呼叫救护车并守候在伤患者身边，等待救护车的到来；徒手进行人工呼吸和心肺按压；救护车到达后，急救人员采取专业措施来延缓伤患者的病情，延长伤患者的生命，使其在到达医院时具备更好的治疗条件。

【020304003】什么是现场自救？

答案：现场自救是指外援人员及力量没有到达前，在没有他人的帮助扶持的情况下，受伤或受困或患病人员靠自己的力量脱离险境，避免或减轻伤害而采取应急行动。自救是自己拯救自己、保护自己的方法。

【020304004】什么是现场互救？

答案：现场互救是指在有效自救的前提下，在灾害或意外现场妥善地救护他人及伤病员的方法。互救是对他人的援助。

【020304005】心脏停搏与心搏骤停的区别有哪些？

答案：（1）发病原因不同。心脏停搏是各种慢性、消耗性疾病的终末期，患者身体条件差。心搏骤停是心脏出乎意料的突然停止搏动，伤患者身体基础好。

（2）抢救意义不同。心脏停搏前全身各脏器都已衰竭，抢救只是道义上，具有安慰性、演示性。心搏骤停前身体基础好，抢救成功对社会、家庭具有重大意义。

（3）抢救结果不同。心脏停搏后，心肺复苏大部分不成功，个别成功者也只是短时延长患者生命。心搏骤停后，心肺复苏大部分不成功，个别成功者可不留后遗症，正常生活。

【020304006】心搏骤停与心脏性猝死的区别有哪些？

答案：（1）因果关系不同。心脏性猝死是心搏骤停的多数结果，但不是唯一结果。小部分心搏骤停伤患者经心肺复苏后能成活或称为正常人。

（2）病因不同。心脏性猝死是因疾病死亡；心搏骤停可因病、创伤、中毒、电解质紊乱等发生。

（3）心搏骤停是一种状态，是一个阶段性诊断；心脏性猝死是一种结果，是一个终结性诊断。

（4）心脏性猝死是唯一能预防但不能被治疗的疾病，反之能够被治疗的甚至被治愈的疾病都不是心脏性猝死；心搏骤停是一个可以改变病程发展方向，能够被治疗或被治愈的疾病。

【020304007】如何判断伤患者有无意识？

答案：如发现伤患者跌倒，急救者在确认现场安全的情况下轻拍伤患者的肩部，并高声呼喊"喂！你怎么了？"或"你还好吗？"或直接呼喊伤患者的名字，看伤患者有无反应。如果没有任何反应，说明该伤患者意识丧失。无反应时，立即用手指甲掐压人中穴、合谷穴约 5s。

【020304008】判断伤患者有无意识应注意哪些事项？

答案：（1）判断伤患者意识时间应在 10s 以内完成。

（2）伤患者如出现眼球活动、四肢活动及疼痛感后，应即停止掐压穴位。

（3）拍打肩部不可用力太重，以防加重可能存在的骨折等损伤。

【020304009】清理呼吸道异物主要方法有哪些？如何用手指清除法清理呼吸道异物？

答案：清理呼吸道异物的方法主要有手指清除法、击背法和腹部冲击法。

用手指清除法清理呼吸道异物就是先将伤患者的头转向施救者一侧，施救者用手清除口腔中的固体异物或液体分泌物。清除时，施救者用食指中指并拢，从伤患者的上口角伸向后磨牙，在后磨牙的间隙伸到舌根部，沿舌的方向往外清理，使分泌物从下口角流出。操作时切记手指不要从正中间插入，以免将异物推向更深处。清掏异物时注意要将头部侧转 90°，以免异物再次注入气道，严禁头成仰起状清理异物。

【020304010】自救腹部冲击法清除呼吸道异物适用于何种伤者？应如何操作？

答案：自救腹部冲击法适用于伤者处于气道阻塞、神志清醒、具有自救技能且现场无人帮助的场合。具体操作方法是：一手握成空拳，拳眼放在肚脐上两横指处；另一只手包住空心拳，两手同时快速向上向内冲击上腹部。重复以上手法直到异物排出。或稍稍弯下腰去，靠在一固定的水平物体（如椅子靠背）上，以物体边缘压迫上腹部，快速向上冲击。重复之，直到异物排出。

【020304011】立位腹部冲击法清除呼吸道异物适用于何种伤者？应如何操作？

答案：立体腹部冲击法适用于尚清醒的伤者。具体操作方法是：施救者站在伤者背后，用两手臂环绕伤者的腰部，一手握成空心拳，拳眼肚脐上两横指处，另一只手包住空心拳，两手同时快速向上向内冲击伤者的上腹部。重复以上手法直到异物排出。或施救者站在伤者背后，用双手臂环抱伤者上腹部，将伤者提起，使其上半身垂俯，用力压腹，促使上呼吸道堵塞物吐出、咯出。

【020304012】仰卧式腹部冲击法清除呼吸道异物适用于何种伤者？应如何操作？

答案：仰卧式腹部冲击法适用于昏迷伤者。具体操作方法是：将伤者仰卧在地，施救者一掌根放在伤者肚脐上方两横指处，但不能接触心窝；另一只手放在第一只手背上，双手重叠，快速向上向内冲击伤者的上腹部。重复以上手法直到异物排出。检查伤者口腔有无异物排出并用食指从嘴角抠出；同时，检查伤者呼吸、心跳，呼吸、心跳停止则立即实施徒手心肺复苏。

【020304013】开放气道的方法主要有几种？

答案：（1）仰头提颏法。施救者用左手小鱼际置于伤患者额部并下压，右手的食指与中指置于下颌骨近下颏或下颌角处，抬起下颏（颌），使头后仰，畅通气道。

（2）仰头托颌法。施救者在伤患者头部，双手分别放在伤患者两下颌角处，向上托起下颌，使头后仰，两拇指放在嘴角两侧，向前推动下唇，让闭合的嘴打开，畅通气道。

（3）仰头抬颈法。施救者用左手小鱼际置于额部并下压，右手放在伤患者颈部下面，上抬颈部，使口角和耳垂的连线和地面垂直，畅通气道。

（4）垫肩法。施救者将枕头或同类物置于仰卧伤患者的双肩下，利用重力作用使伤患者头部自然后仰（头部与躯干的交角应小于 120°），从而拉直下附的舌咽部肌肉，使呼吸道通畅。但颈椎损伤患者禁用此法。

（5）稳定侧卧法。当伤患者多，救护者缺乏，伤患者昏迷而有呼吸者可用此法。伤患者靠近抢救者一侧腿弯曲，伤患者同侧手臂置于臀部下方，抢救者轻柔缓慢将伤患者转向抢救者，伤患者位于上方的手置于脸颊下方、下方手臂置于背后。

【020304014】开放气道的注意事项有哪些？

答案：（1）严禁用枕头等物垫在伤患者头下。

（2）有活动的假牙应取出。

（3）手指不要压迫伤患者颈前部、颏下软组织，以防压迫气道，不要压迫伤患者的颈部。

（4）颈部上抬时不要过度伸展，避免颈椎损伤。

（5）儿童颈部易弯曲，过度抬颈反而使气道闭塞，故不要抬颈牵拉过甚。成人头部后仰程度为 90°，儿童头部后仰程度应为 60°，婴儿头部后仰程度应为 30°。

【020304015】如何判断伤患者有无脉搏?

答案：在检查伤患者的意识、呼吸、气道之后，应对伤患者的脉搏进行检查，以判断伤患者的心脏跳动情况。具体方法如下：

（1）在开放气道的位置下进行（首次人工呼吸后）。

（2）一手置于伤患者前额，使头部保持后仰，另一手在靠近抢救者一侧触摸颈动脉。

（3）用食指及中指指尖先触及气管正中部位，男性可先触及喉结，然后向两侧滑移 2～3cm，在气管旁软组织处轻轻触摸颈动脉搏动。

【020304016】口对口人工呼吸的步骤有哪些?

答案：（1）头部后仰。让伤患者头部尽量后仰、鼻孔朝天，以保持呼吸道畅通，避免舌下坠导致呼吸道梗阻。

（2）捏鼻掰嘴。施救者跪在伤患者头部的侧面，用放在前额上的手指捏紧其鼻孔，以防止气体从伤患者鼻孔逸出；另一只手的拇指和食指将其下颌拉向前下方，使嘴巴张开，准备接受吹气。

（3）贴嘴吹气。施救者深吸一口气屏住，用自己的嘴唇包裹伤患者的嘴，在不漏气的情况下，连续做两次大口吹气，每次吹气时间大于 1s，同时观察伤患者胸部起伏情况，以胸部有明显起伏为宜。如无起伏，说明气未吹进。

（4）放松换气。吹完气后，施救者的口立即离开伤患者的口，头稍抬起，耳朵轻轻滑过鼻孔，捏鼻子的手立即放松，让伤患者自动呼气。观察伤患者胸部向下恢复时，则有气流从伤患者口腔排出。

【020304017】成人单人徒手心肺复苏操作流程是什么?

答案：① 确认现场环境安全；② 迅速判断意识；③ 呼叫救援；④ 判断颈动脉搏动及呼吸；⑤ 摆放体位；⑥ 胸外心脏按压；⑦ 开放气道；⑧ 人工呼吸；⑨ 判断复苏是否有效；⑩ 结束工作。

【020304018】自动除颤器的操作步骤有哪些?

答案：（1）打开电源。按下电源开关或打开仪器的盖子，根据语音提示进行操作。

（2）贴电极片。在伤患者胸部适当的位置紧密地贴上电极片。一般情况下，右侧电击片贴在右胸部上方锁骨下面，胸骨右侧处；左侧电击片贴在左乳头外侧，电击片上缘距离左腋窝下 7cm 左右。具体位置可以根据机壳上的图样和电极板上的图例说明。

（3）分析心律。将电极片插头插入主机插孔，按下"分析"键，机器开始自动分析心率并自动识别。在此过程中任何人不得接触伤患者，即使是轻微的触动都可能影响分析结果。5～15s仪器分析完毕，通过语音或图形发出是否进行除颤的提示。

（4）电击除颤。当仪器发出除颤指令后，在确定无任何人接触伤患者的情况下，操作者按下"放电"或"电击"键进行除颤。

【020304019】自动除颤器的特点是什么？

答案：（1）能识别（只能识别）特定的心电图形，因为它被设计成只对室性心动过速和室颤进行自动识别的机器，可放心地交给没有医学基础的大众使用。

（2）能以较小能量的电流双相除颤，使心脏受到的伤害最小。

（3）体积小巧，效果可靠，容易掌握操作方法，价格低廉。

（4）自动除颤器多以鲜红、鲜绿、和鲜黄色来标示，且多由坚固的外厢加以保护，并设有警铃，但警铃仅用于提醒工作人员机器被搬动，并没有联络紧急救护体系的功能。

（5）典型的自动除颤器配置有脸罩，可使施救者隔着脸罩对病伤患者进行人工呼吸而无传染病或卫生的疑虑，大多会配置有橡胶手套、用来剪开病患胸前衣物的剪刀、用来擦拭伤患者汗水的毛巾及刮除胸毛的剃刀。

【020304020】绷带环形包扎法的操作方法是什么？

答案：（1）伤口用无菌敷料覆盖，用左手将绷带固定在敷料上，右手持绷带卷环绕肢体进行包扎。

（2）将绷带打开，一端稍做斜状环绕第一圈，将第一圈斜出一角压入环行圈内，环绕第二圈并压住斜角；加压绕肢体环形缠绕4～5层，每圈盖住前一圈，绷带缠绕范围要超出敷料边缘。

（3）用胶布粘贴固定，或将绷带尾端从中央纵形剪成两个布条，两布条先打一个结，然后再缠绕肢体打结固定。

【020304021】绷带回返式包扎法的操作方法是什么？

答案：（1）用无菌敷料覆盖伤口。

（2）先环行固定两圈。

（3）左手持绷带一端于头后中部，右手持绷带卷，从头后方向前到前额。

（4）然后再固定前额处绷带向后返折。

（5）反复呈放射性返折，直至将敷料完全覆盖。

（6）最后环形缠绕两圈，将上述返折绷带固定。

【020304022】绷带"8"字形包扎法的操作方法是什么?

答案:(1)用无菌敷料覆盖伤口。

(2)先环行缠绕两圈(包扎手脚时从腕部开始)。

(3)然后经手(或脚)和腕"8"字形缠绕。

(4)最后绷带尾端在腕部固定。

(5)包扎关节时绕关节上下"8"字形缠绕。

【020304023】绷带螺旋包扎法的操作方法是什么?

答案:(1)用无菌敷料覆盖伤口。

(2)先环行缠绕两圈进行固定。

(3)从第二圈开始,环绕时压住前一圈的 1/2 或 1/3。

(4)完全覆盖伤口及敷料后,用胶布将绷带尾粘贴固定或打结。

【020304024】绷带螺旋反折包扎法的操作方法是什么?

答案:(1)用无菌敷料覆盖伤口。

(2)用环行法固定伤肢始端后作螺旋包扎。

(3)螺旋至肢体较粗的部位时,每绕一圈在同一部位把绷带反折一次,盖住前一圈的 1/2 或 1/3。反折时,以左手拇指按住绷带上面的正中处,右手将绷带向下反折,向后绕并拉紧。

(4)由远而近缠绕,直至完全覆盖伤口及敷料,再打结固定。注意反折处不要在伤口上。

【020304025】三角巾头顶帽式包扎的操作方法是什么?

答案:(1)将伤口覆盖敷料。

(2)将三角巾的底边叠成约两横指宽,边缘置于伤者前额齐眉处,顶角向后。

(3)三角巾的两底角经两耳上方拉向头后部交叉并压住顶角。

(4)再绕回前额齐眉打结。

(5)将顶角拉紧,折叠后掖入头后部交叉处内。

【020304026】三角巾单肩包扎的操作方法是什么?

答案:(1)将伤口覆盖敷料。三角巾折叠成燕尾式,燕尾夹角约 90°,大片在后压住小片,放于肩上。

(2)燕尾夹角对准伤侧颈部。

(3)燕尾底边两角包绕上臂上部并打结。

(4)拉紧两燕尾角,分别经胸、背部至对侧腋前或腋后线处打结。

【020304027】三角巾双肩包扎的操作方法是什么？

答案：（1）将伤口覆盖敷料。三角巾折叠成燕尾式，燕尾夹角约 100°。

（2）披在双肩上，燕尾夹角对准颈后正中部。

（3）燕尾角过肩，由前向后包肩于腋前或腋后，与燕尾底边打结。

【020304028】三角巾胸（背）部包扎的操作方法是什么？

答案：（1）将伤口覆盖敷料。

（2）三角巾折叠成燕尾式，燕尾夹角约 100°。

（3）置于胸前，夹角对准胸骨上凹。

（4）两燕尾角过肩于背后。

（5）将燕尾顶角系带围胸与底边在背后打结。

（6）将一燕尾角系带拉紧绕横带后上提，再与另一燕尾角打结。

【020304029】三角巾手（足）包扎的操作方法是什么？

答案：（1）将伤口覆盖敷料。

（2）三角巾展开，手指或足趾尖指向三角巾的顶角，手掌或足平放在三角巾的中央。

（3）指缝或趾缝间插入敷料，将三角巾顶角折回，盖于手背或足背。

（4）三角巾两底角分别围绕到手背或足背交叉，再在腕部或踝部围绕一圈后在手背或足背打结。

【020304030】三角巾膝部（肘部）带式包扎的操作方法是什么？

答案：（1）将伤口覆盖敷料。

（2）将三角巾折叠成适当宽度的带状。

（3）将中段斜放于伤部，两端向后缠绕，返回时分别压于中段上下两边。

（4）包绕肢体一周打结。

【020304031】三角巾单眼包扎的操作方法是什么？

答案：（1）将三角巾折叠成四指宽的带状，斜置于眼部。

（2）从伤侧耳上绕至枕后，在耳下反折。

（3）经过健侧耳上拉至前额与另一端交叉反折绕头一周，于伤侧耳上端打结固定。

【020304032】三角巾小悬臂带的制作方法是什么？

答案：（1）三角巾折叠成适当宽带。

（2）中央放在前臂下 1/3 处，一底角放于健侧肩上，另一底角放于伤侧肩上并绕颈与健侧底角在颈侧方打结。

（3）将前臂悬吊于胸前。

【020304033】三角巾大悬臂带的制作方法是什么？

答案：（1）三角巾顶角对着伤肢肘关节，一底角置于健侧胸部过肩于背后。

（2）伤臂屈肘（功能位）放于三角巾中部。

（3）另一底角包绕伤臂反折至伤侧肩部。

（4）两底角在颈侧方打结，顶角向肘前反折，用别针固定。

（5）将前臂悬吊于胸前。

【020304034】简述创伤现场急救的目的是什么？

答案：创伤现场急救的目的是抢救、延长生命，减少出血，防止休克，保护伤口，固定骨折，防止并发症及伤势恶化，快速转运。

【020304035】简述创伤现场急救的基本原则是什么？

答案：先救命，后治伤；先重伤后轻伤；先抢后救，抢中有救；先抢救再转送，先分类再运送；急救与呼救并重；就地取材。

【020304036】如何用三度四分法判断烧伤深度？

答案：（1）Ⅰ度烧伤。又称红斑性烧伤。其表面出现红斑，皮肤比较干燥，有烧灼感，疼痛剧烈，无水疱。一般 3～7 天后局部由红色转为淡褐色，表皮脱落，自行愈合不留疤痕。

（2）浅Ⅱ度烧伤。又称水疱性烧伤。其局部明显红肿，形成大小不一的水疱，水疱皮薄，内含黄色或淡红色血浆样透明液体。水疱皮脱落破裂后，可见创面红润、潮湿，疼痛感明显。伤口愈合后一般不留疤痕，只有色素沉着。

（3）深Ⅱ度烧伤。其局部明显红肿，深浅不一，表皮较白或棕黄，间或有较小水疱。去除水疱死皮后，创面微湿、微红或红白相间，疼痛比较迟钝。多数有瘢痕增生，愈合后会留下较明显的疤痕。

（4）Ⅲ度烧伤。又称焦痂性烧伤。创面无水疱，呈蜡白或焦黄色，有些甚至炭化变黑。疼痛感觉完全消失。皮层坏死后呈皮革状态，其下可见粗大栓塞树枝状血管网。Ⅲ度烧伤必须靠植皮才能愈合。

【020304037】烧伤后如何有效保护创面？

答案：（1）尽快脱离致热源，去除湿热衣物。

（2）大量冷水冲洗，可冲洗掉伤口表面污染物，减轻疼痛、炎症反应及水肿。

（3）创面尽量不要涂布任何外用药物，尤其是油性的或带有颜色的药物（如汞溴红、甲紫等），以免影响转送到医院后治疗中对烧伤创面深度的判断和清创。

（4）尽早尽快到医院烧伤专科就诊，受过正规培训的烧伤科医师会根据烧伤程度采取不同的创面处理方法。

【020304038】化学烧伤的急救措施有哪些？

答案：（1）应立即脱离危害源，就近迅速清除伤员患处的残余化学物质。

（2）所有化学烧伤均应迅速脱去化学物质浸渍的衣服。脱衣动作应该迅速、敏捷，同时又要小心谨慎。套式衣裙宜向下脱，而不应向上脱，以免浸污烧伤面部，伤及眼部损伤视力。

（3）化学烧伤的严重程度除与化学物质的性质和浓度有关外，还与接触时间有关。无论何种化学物质烧伤，均应立即用大量清洁水冲淋至少 20min 以上，可冲淡和清除残留的化学物质。

【020304039】酸碱入眼的应急处理方法是什么？

答案：一旦发生酸碱化学性眼烧伤，要立即用大量细流清水冲洗眼睛，即用自来水、井水、河水、盆内水甚至手边的茶水冲洗，要争分夺秒，以达到清洗和稀释的目的。但要注意水压不能高，还要避免水流直射眼球和用手揉搓眼睛。冲洗时要睁眼，眼球要不断地转动，持续 15～20min。如面部没有灼伤，也可将整个脸部浸入水盆中，用手把上、下眼皮扒开，暴露角膜和结膜，同时睁大眼睛，头部在水中左右晃动，使眼睛里的化学物质残留物被水冲掉，然后用生理盐水冲洗一遍。眼睛经冲洗后，可滴用中和溶液（酸烧伤用 2%的碳酸氢钠溶液，碱烧伤用 20%的硼酸液）做进一步冲洗。最后，滴用抗生素眼药水或眼膏以防止细菌感染，然后将眼睛用纱布或干净手帕蒙起，送往医院治疗。

【020304040】电石、石灰入眼应急处理方法是什么？

答案：对于电石、石灰烧伤眼睛者，须先用蘸石蜡或植物油的镊子或棉签，将眼部的电石、石灰颗粒剔去，然后再用大量水清洗，冲洗时间不少于 30min。冲洗后，伤眼可滴入 1‰的阿托品眼药水及抗生素眼药水，再用干纱布或手帕遮盖伤眼，去医院治疗。注意在电石、石灰颗粒或粉末未被清理干净前，千万不要用水冲洗。

【020304041】当水面距离岸边地面有一定高度或只有一名施救者在场时，下水施救者如何带溺水者上岸？

答案：当水面距离岸边地面有一定高度或只有一名施救者在场时，下水施救者采用岸边压手上岸法带溺水者上岸。其方法是：

（1）将溺水者从深水区拖带至岸边时，施救者一手抓攀岸边定位，夹胸的手将溺水者移近岸边。

（2）以夹胸的右手顺着溺水者的左上臂前移至手关节处，将溺水者左手压在岸边；施救者将抓边定位的左手移压在溺水者在左手背上，腾出右手；用右手抓握住溺水者的右手，移至溺水者的左手背上重叠，并用右手将溺水者重叠的双手紧压在岸边，左手抓攀岸边，在溺水者的左侧，双手用力撑起上岸。

（3）施救者上岸后，右手不能离开溺水者重叠的双手，并后转面对溺水者；左手抓住溺水者的左腕，右手抓紧溺水者的右腕，稍微提起将溺水者转体 180°背对岸边。

（4）施救者双脚左右开立，与肩同宽，先将溺水者向上预提一下（利用水的浮力），然后用力将溺水者上提至岸上，坐于施救者两脚间的岸边上。

【020304042】肩背运送法运送溺水者的操作步骤是什么？

答案：（1）上托坐腿。将平躺溺水者的双膝形成屈位，施救者把右脚放到溺水者双膝中间的臀部位置，形成半蹲姿势。施救者左右手先后穿过溺水者两肩腋下，十指紧扣形成锁位。锁紧后，接着用力把溺水者身体拉起来，坐在自己右腿上。

（2）抄裆上肩。施救者用右肩顶在溺水者的腹部以便让溺水者软躺在施救者背上；施救者用自己右臂从溺水者的两腿之间穿过，用左手抓住溺水者的右臂再转交给右手，右手紧扣溺水者右臂上半部；施救者用左手从背后扶住溺水者的头部。

（3）肩背起立。施救者站立起来运送，同时用肩膀颠簸溺水者几次，以达到倒水的目的。

（4）放下。到达运送指定地点时，施救者半蹲，让溺水者坐在自己右腿上。坐稳后，施救者先后放开左右手并穿过溺水者两肩腋下形成十指紧扣的锁位，顺势左脚向溺水者右侧面上前一步，弯腰让溺水者慢慢躺下。溺水者快要躺到地面时，施救者左手顺势护着他的头部，将溺水者的双腿伸直。

【020304043】冻僵的现场急救措施有哪些？

答案：（1）应立即将伤者转移至温暖的环境里，将湿冷的衣裤融化后尽快脱下或剪开，用棉被或毯子将伤者包裹起来。

（2）用布或衣物裹热水袋、水壶等，放在伤者腋下、腹股沟处迅速升温。或将伤者浸泡在 34～35℃水中 5～10min，然后将浸泡水温提高到 40～42℃，待伤者出现有规律的呼吸后停止加温。用 38～42℃的温水浸浴全身，在 30min 内复温，然后用棉被或毯子将伤者包裹起来，使之复温。

（3）伤者意识恢复后可以让其喝下热茶或热的姜汤，也可喝下少量白酒。有条件者可用保温毯进行保温。

（4）伤者体温降到20℃以下很危险，此时一定不要睡觉。

（5）当伤者出现脉搏、呼吸变慢或停止，要保证呼吸道畅通，并进行人工呼吸和心脏按压。

【020304044】局部冻伤现场急救措施有哪些？

答案：（1）迅速脱离寒冷环境尽快复温。把患部浸泡在38～42℃的温水中，浸泡期间要不断加水，以使水温保持。待患部颜色转红再离开温水，停止浸泡。如果仅仅是手冻伤，可以把手放在自己的腋下或腹股沟等地方升温。然后用干净纱布包裹患部，并去医院治疗。

（2）用水或者肥皂水清洁患部后涂上冻伤膏。

（3）二度以上冻伤，需用敷料包扎好。

（4）皮肤较大面积冻伤或坏死时，需注射破伤风抗毒素或类毒素。

（5）伤肢肿胀较严重或已有炎症时，可将健侧肢体放入温水中（双脚冻伤，则将双手放入温水中），改善冻伤部位的血液循环。

【020304045】下水施救者可采取哪些技术动作可以及时解除溺水者的抓抱？

答案：下水施救者单手（臂）被抓，可用转腕法或推击法。上臂被抓时也用推击法。施救者若被溺水者从正面搂住，应把头低下潜入水中，并将溺水者的双臂向上推过头顶，迅速脱身；施救者若是从后面被搂住头颈部，应马上低下头保护咽喉，然后抓住其上面一只手腕往下拉，同时用另一只手托起其肘部脱身；施救者如果被抓住一只脚，则迅速用另一只脚蹬溺水者的肩膀，迅速脱身。如果以上方法都无法脱身，可深深吸一口气，然后与溺水者一同沉下水中，突然下沉的结果往往会使溺水者放手。

【020304046】人体电阻的影响因素有哪些？

答案：（1）人体电阻与皮肤外表面角质层厚度有关。人的皮肤外表面角质层厚的人电阻较大，反之较小。不同的人，其皮肤外表面角质层厚薄不同，人体电阻就不一样。同一个人，由于身体各部位的角质外层厚度不同，电阻值也不相同。

（2）人体电阻与接触电压有关。人体电阻随接触电压的升高而降低。一般人体承受50V的电压时，人的皮肤外表面角质层绝缘就会出现缓慢破坏的现象，几秒钟后接触点即生水泡，从而破坏干燥皮肤的绝缘性能，使人体的皮肤电阻降低。当电压升至500V时，皮肤外表面角质层会很快被击穿而成为电流通路。

（3）人体电阻与通电时间有关。触电者在接触带电部分导体的最初瞬间时，身体表皮角质层没有破坏，人体的电阻较大，通过人体的电流较小。当触电时间较长时，表皮的角质层被击穿失去绝缘性能，人体电阻主要由内部组织电阻的大小所决定，若阻值很小，则通过人体的电流就会剧增，危险性就会增大。

（4）人体电阻与人体和带电体的接触面积及压力有关。正如金属导体连接时的接触电阻一样，接触面积越大，电阻越小。

（5）人体电阻与人的性别、年龄、健康状况有关。不同的人对电流的敏感程度不同。相同的电流通过人体时对不同的人造成的伤害程度也不同。女性对电流的敏感性比男性高，女性的感知电流和摆脱电流比男性低约 1/3，因此，在同等条件下发生触电事故时，女性比男性更难以摆脱。儿童的摆脱电流较低，遭受电击时比成人危险。体重轻的人对于电流比体重大的人敏感，遭受电击时比体重大的人危险。患有心脏病、肺病、内分泌失调等疾病或体弱者，由于自身的抵抗能力较差，遭受电击的伤害程度比较严重。醉酒、疲劳过度、心情欠佳、精神不好等情况也会增加触电的伤害程度。

（6）人体电阻与人所处的环境条件有关。人体出汗、身体有损伤、环境潮湿、接触带有能导电的化学物质等情况，都会使皮肤电阻显著下降，增加触电的伤害程度。因此，不应用潮湿、有汗或有污渍的手去操作电气装置。

【020304047】简述触电的主要原因有哪些？

答案： 电气设备设计、制造和安装不合理，违章作业，电气设备运行维护不良，安全意识不强，安全用电知识缺乏等。

【020304048】室内预防雷击的措施有哪些？

答案： （1）在室内应注意防止雷电侵入波的危险。雷雨天应离开照明线、动力线、电话、广播线、收音机和电视机电源线、收音机和电视机天线，以及与其相连的各种金属设备，以防止这些线路或设备对人体二次放电。

（2）雷雨天应关好门窗，防止球形雷进入室内造成伤害。

（3）雷雨天要尽量远离门窗。

（4）雷雨天不用或少用收音机、手机、电脑，尽量不使用家用电器。

（5）雷雨天最好拔下家用电器的电源插头。

【020304049】使触电者脱离低压电源的方法有哪些？

答案： （1）如果触电地点附近有电源开关或电源插座，可立即拉开开关或拔出插头，断开电源。但应注意开关只是控制一根线，有可能因安装问题只能切断零线而没有真正断开电源。

（2）如果触电地点附近没有电源开关或电源插座（头），可用有绝缘柄的电工钳或有干燥木柄的斧头切断电源线，断开电源；或用木板等绝缘物插入触电者身下，以使其脱离电源。

（3）当电线搭落在触电者身上或压在其身下时，可用干燥的衣服、手套、绳索、木板、木棒等绝缘物作为工具，拉开触电者或挑开电线，使触电者脱离电源。

（4）如果触电者的衣服是干燥的，又没有紧缠在身上，可以用一只手抓住其衣服，拉离电源。但因触电者的身体是带电的，其鞋的绝缘也可能遭到破坏，救护人不得接触触电者的皮肤，也不能抓他的鞋。

（5）若触电发生在低压带电的架空线路上或配电台架、进户线上，对于可立即切断电源的应迅速断开电源，施救者迅速登杆或登至可靠的地方，并做好自身防触电、防坠落安全措施，用带有绝缘胶柄的钢丝钳、绝缘物体或干燥不导电物体等工具将触电者脱离电源。

（6）如果触电者躺在地上，可用木板等绝物插入触电者的身下，以隔断电流。

【020304050】使触电者脱离高压电源的方法有哪些？

答案：（1）立即通知有关部门或单位停电。

（2）在高压带电设备上触电时，施救者应戴上绝缘手套，穿好绝缘靴，使用相应电压等级的绝缘工具，按顺序拉开电源开关或熔断器。

（3）在架空线路上触电又不能迅速联系有关部门停电时，可用抛挂接地线（裸金属线）的方法，使线路短路，迫使保护装置动作，断开电源。

【020304051】发现杆上或高处有人触电，单人如何进行营救？

答案：发现杆上或高处有人触电，首先在杆上安装绳索，将 5cm 粗的绳子的一端固定在杆上，固定时绳子要绕 2～3 圈。绳子的另一端绕过触电者的腋下，绑的方法是先用柔软的物品垫在触电者的腋下，然后用绳子环绕一圈，打 3 个靠结，绳头塞进触电者腋旁的圈内，并压紧。绳子的长度应为杆高的 1.2～1.5 倍。最后将触电者的脚扣和安全带松开，再解开固定在电杆上的绳子，缓缓将触电者放下。

【020304052】触电急救的注意事项有哪些？

答案：（1）不管是何种触电情况，无论触电者的状况如何，都必须立即拨打急救电话，请专业医生前来救治。

（2）对于触电者的急救应分秒必争。发生心搏、呼吸骤停的触电者，病情非常危重，应一面进行抢救，一面紧急呼叫120，送触电者去就近医院进一步治疗。在转送触电者去医院途中，抢救工作不能中断。

（3）现场抢救一般应在现场就地进行，不要随意移动触电者。只有当在现场进行急救遇到很大困难（如黑暗、拥挤、大风、大雨、大雪等）时，才考虑把触电者抬至其他安全地点。移动时，除应使触电者平躺在担架上并在背部垫以平硬阔木板外，应继续抢救，对心搏、呼吸停止者要继续人工呼吸和胸外心脏按压，在医院医务人员未接替前不能中止救治。

（4）处理电击伤时，应注意有无其他损伤。如触电后弹离电源或自高处跌落，常并发颅脑外伤、血气胸、内脏破裂、四肢和骨盆骨折等。此时，要先按创伤的止血、包扎、固定、转运原则进行，否则就给触电者造成二次伤害，甚至是不可逆的伤害。

（5）严重灼伤包扎前，既不得将灼伤的水泡刺破，也不得随意擦去粘在伤口上的烧焦衣服的碎片。由于灼伤部位一般都很脏，容易化脓溃烂，长期不能痊愈，所以，急救时不得接触触电者的灼伤部位，不得在灼伤部位涂抹药膏或用不干净的敷料包敷。

（6）有些严重电击伤患者当时症状虽不重，但在 1h 后可突然恶化。有些患者触电后，心搏和呼吸极其微弱，甚至暂时停止，处于"假死"状态，因此要认真鉴别，不可轻易放弃对触电者的抢救。

【020304053】电"假死"症状如何判定？

答案：电"假死"症状的判定方法是"看""听""试"。

（1）"看"是观察触电者的胸部、腹部有无起伏动作。

（2）"听"是用耳贴近触电者的口鼻处，听有无呼气声音。

（3）"试"是用手或小纸条试测触电者口鼻有无呼吸的气流，再用两手指轻压一侧（左或右）喉结旁凹陷处的颈动脉有无搏动感觉。

【020304054】电"假死"与真死如何鉴别？

答案：（1）用手指压迫触电者的眼球，瞳孔变形，松开手指后，瞳孔能恢复的，说明触电者没有死亡。

（2）用纤细的鸡毛放在触电者鼻孔前鸡毛飘动，或者用肥皂泡沫抹在触电者鼻孔处气泡有变化，说明触电者有呼吸。

（3）用绳子扎结触电者手指，如指端出现青紫肿胀，说明触电者有血液循环。

【020304055】产生电光性眼炎的原因有哪些？

答案：（1）使用高温热源操作，如电焊、气焊、用氧气焰切割金属和使用电弧炼钢等，多见于未戴防护面罩操作电焊机的焊工。

（2）使用或修理紫外线太阳灯、紫外线消毒灯。

（3）使用炭弧灯或水银灯等光源工作，如用炭弧灯摄影制版，用水银灯摄制影片。

（4）从事各种焊接辅助工作或旁观电焊工作。

（5）从事使用高压电电流、有强烈电火花产生的工作。

（6）在冰雪、沙漠、海洋等处作业未戴防护眼镜等。

五、案例分析题

【020305001】小萍是一个两岁男孩的妈妈，某天晚上在逛商场时发生的一件事至今让她心有余悸。当时一位好心的柜台阿姨给了孩子一颗水果糖吃，不久孩子开始大哭满脸通红，很快小萍就意识到糖果被孩子囫囵吞下卡在喉咙里，当时小萍吓得手忙脚乱，使劲拍打孩子的背部，却丝毫不起作用，此时孩子的嘴唇已经有些发紫。慌忙中小萍想起曾经看过的海姆立克急救法，照势背抱孩子抖晃了两下，一颗比枣核还大的硬糖果从孩子的喉部伴着一些黏稠的液体喷出，孩子的脸色立刻红润起来，大声哭出来，小萍悬着的心也总算落地。

请根据材料回答以下问题：

（1）海姆立克急救法的原理是什么？

（2）儿童异物卡喉应如何使用海姆立克急救法急救？

参考答案

（1）海姆立克急救法是由美国外科大夫海姆立克先生于 1974 年发明，至今已挽救了无数患者，人们也将其称之为"生命的拥抱"。其原理是利用冲击伤者上腹部和膈肌下软组织产生的压力，压迫两肺部下方，使肺部残留的气体形成一股强大的气流，把堵塞在气管或咽喉的异物冲击出来。

（2）如果伤者是 3 岁以下的儿童，施救者应马上把孩子抱起来，一只手捏住孩子颧骨两侧，手臂贴着孩子的前胸，另一只手托住孩子后颈部，让其脸朝下，趴在施救者膝盖上。然后，在孩子背上拍1～5次，并观察孩子是否将异物吐出。如图 2-3-1（a）所示。

如果通过上述操作异物没出来，可以采取另外一个姿势，把孩子翻过来，躺在坚硬的地面或床板上，施救者跪下或立于其足侧，或取坐位，并使孩子骑在施救者的大腿上，面朝前。施救者以两手的中指或食指，放在孩子胸廓下和脐上的腹部，快速向上冲击压迫，但要很轻柔。重复，直至异物排出。如图 2-3-1（b）所示。

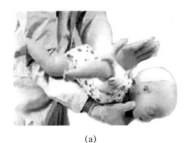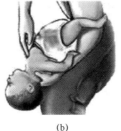

(a)　　　　　　　　　　(b)

图 2 - 3 - 1　儿童腹部冲击法

【020305002】某日，一条高压线突发电火花，在高压线下方的大刚当场晕倒在地，其面部、颈部和双上肢有的地方发红，有的地方焦黑，呼之不应，2min后苏醒，觉得头晕、身体痛。120 将大刚送入附近医院后，急诊检查发现其面部、颈部、双上肢、前胸、大腿大片焦黑。请根据材料回答以下问题：

（1）大刚受的是什么伤？

（2）大刚的烧伤面积应如何判断？

（3）大刚的烧伤严重程度应如何判断？

参考答案

（1）大刚受的是电弧烧伤。

（2）根据九分法来估算大刚的烧伤面积。九分法就是将人体各部位分成若干个 9%，11 个 9% 另加 1% 构成 100% 的人体表面积。其中，头部（包括头部、颈部、面部）1 个 9%，身体躯干（包括前胸、后背）3 个 9%，双上肢（包括双手、双前臂、双上臂）2 个 9%，双下肢（包括双侧臀部、双足、双小腿、双大腿）5个 9%，会阴 1 个 1%。大刚面部、颈部 1 个 9%、双上肢 1 个 9%、前胸 1 个 9%、大腿 1 个 9%，因此，大纲的烧伤面积约为 45%。

（3）根据烧伤严重程度可分为轻度、中度、重度和特重烧伤。其中，轻度烧伤为Ⅱ度烧伤面积 9% 以下。中度烧伤为Ⅱ度烧伤面积 10%～29% 或有Ⅲ度烧伤但面积不足 10%。重度烧伤为烧伤总面积 30%～49% 或Ⅲ度烧伤面积 10%～19%或Ⅱ、Ⅲ度烧伤面积不到上述百分比但已经休克或存在较重吸入性损伤、复合伤。特重烧伤为烧伤总面积 50% 以上，或Ⅲ度烧伤 20% 以上或已经严重并发症。因为大纲的烧伤面积约为 45%，所以，大刚属于重度烧伤。

【020305003】×× 月 ×× 日 18 时，×× 集团做企业管理培训的职员罗 ××

和位××及其同事一起到海边玩游玩，在他们不远处，一个男孩和一个女孩两人用一个救生圈在海里玩，女孩坐在救生圈上，男孩扶着救生圈。

18时50分左右，他们突然听到女孩大叫"救命啊!"，罗××马上跳到海里，游到距他们约5m远的女孩身边，抱住女孩下沉的身子。女孩当时很紧张，拼命地抱住罗××的脖子并死死地勒住他。罗××因此喝了好几口海水，身体跟着女孩一起下沉。就在这时，一起跳下水的同事位××从水里拼命把罗××和女孩捞起，奋力往浮绳游去。情急之下，他们抓住一旁的浮绳，并用脚抵住浮绳，沿着浮绳往岸边游，终于将女孩救上岸。

当男孩被救起时，男孩脸色发灰，已经没有了呼吸和心跳。

根据上述案例回答以下问题:

(1) 为避免被溺水者抓抱，施救者如何采用从背后接近的方式接近溺水者?

(2) 溺水者抱住施救者时，施救者应该如何解脱?

(3) 溺水者被施救上岸后，应如何进行急救处理?

参考答案

(1) 为避免被溺水者抓抱，施救者应采用从背后接近的方式接近溺水者，具体方法是: 当溺水者停留在水面时，施救者游到距溺水者1m处要急停、踩水、深吸气，稳定一下情绪，准确地从溺水者的身后接近。用一只手从背后抱住淹溺者的左肩处夹胸托右腋，另一手臂游泳，用仰泳方法将落水者拖到岸边。

(2) 溺水者抱住施救者时，施救者水中解脱的方法主要有转腕、托肘、推扭、扳指和推击等，如图2-3-2所示。如单手(臂)被抓，可用转腕法或推击法。上臂被抓时也用推击法。施救者若被溺水者从正面搂住，应把头低下潜入水中，并将溺水者的双臂向上推过头顶，迅速脱身;施救者若是从后面被搂住头颈部，

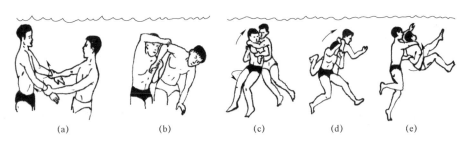

(a)   (b)   (c)   (d)   (e)

图2-3-2 解脱方法

(a) 转腕解脱法; (b) 托肘解脱法; (c) 推扭解脱法; (d) 扳指解脱法; (e) 推击解脱法

应马上低下头保护咽喉，然后抓住其上面一只手腕往下拉，同时用另一只手托起其肘部脱身；施救者如果被抓住一只脚，则迅速用另一只脚踹溺水者的肩膀，迅速脱身。如果以上方法都无法脱身，可深深吸一口气，然后与溺水者一同沉下水中，突然下沉的结果往往会使溺水者放手。

（3）溺水者被施救上岸后，应进行如下急救处理：

1）溺水者的救治贵在一个"早"字。将溺水者救上岸，首先要做的不是找医生或送医院，而是迅速检查溺水者是否有呼吸和心跳，对仍有呼吸心跳的溺水者，可给予倒水处理。立即清除溺水者口、鼻咽腔内的水、泥及污物，用纱布（手帕）裹着手指将溺水者舌头拉出口外，解开衣扣、领口，以保持呼吸道通畅，然后抱起溺水者双腿将其腹部放在急救者的肩上，快步奔跑，一方面可使其肺内积水排出，另一方面也有协助呼吸的作用；或者急救者取半跪位，将溺水者的腹部放在急救者腿上，使其头部下垂，并用手平压腹部进行倒水，时间为 1～2min，如图 2-3-3 所示。千万不要因控水时间过长，延误了抢救的时机。

图 2-3-3 倒水处理

2）湿衣服吸收体温，妨碍胸部扩张，使人工呼吸无效。抢救时，应脱去湿衣服，盖上毛毯等保温。

3）将溺水者头后仰，抬高下颌，使气道开放，保持呼吸道通畅。

4）对呼吸停止者应立即进行口对口人工呼吸；对心搏停止者应先进行胸外心脏按压，直到心跳恢复为止。

5）经现场初步抢救，若溺水者呼吸、心跳已经逐渐恢复正常，可让其服下热茶水或其他汤汁后静卧，并用干毛巾擦遍全身，自四肢躯干向心脏方向摩擦，以促进血液循环。对仍未脱离危险的溺水者，应尽快送往医疗单位继续进行复苏处理及预防性治疗。在转运途中绝对不能中断心肺复苏。

6）当溺水者在水中脊柱受伤时，施救者应利用颈套、急救板等器材对溺水者进行固定和搬运。一般来说，并不是所有的溺水者都会发生脊柱骨折。但是，如果受伤处感到痛楚、颈部或背部红肿或淤青、脊柱变形或歪曲则可能是脊柱受伤。如果发现受伤处以下的肢体出现软弱无力或瘫痪、肢体麻木、部分甚至完全失去感觉、呼吸困难、休克甚至昏迷等情况，则伴随脊柱受伤的是脊髓可能也受伤了，不可再使用肩背运送。

【020305004】某铸造企业采用电炉熔炼，造型、浇铸工作由两班人员分别进行作业，因受市场影响，产量下降，企业决定将造型班、浇铸班合并，造型人员既要造型又要浇铸。某日天气预报报告气温为37℃，当第三炉熔炼结束，浇铸完成后，有数名造型人员出现头昏、心慌、恶心等中暑前兆，经送医院紧急医治恢复正常。

某带钢有限公司带钢生产流水线上，在夏季高温季节时，公司采取每班由两批工人每隔2h轮流进行作业的方式进行生产。某日天气预报报告气温为39℃，流水线上一名工人有急事请假离厂，与他轮班的工人未让车间安排的顶岗工人前来作业，其在连续工作数小时后，出现头昏、恶心等症状，因发现及时，采取措施后逐渐恢复正常。

从上述两个案例可以看出，高温环境下作业发生中暑的危险很大。请问：

（1）中暑应如何预防？

（2）现场发现有人中暑应如何急救处理？

参考答案

（1）中暑的预防措施主要有：

1）酷暑野外作业时，应避开暴晒时段，采取防晒措施。

2）不要怕出汗，出汗有利于排出体内大量热量。

3）及时补充水分。不要等口渴了才喝水；饮水应少量多次，一次饮水不可过量；多吃解暑祛湿的食物，如绿豆、西瓜等。

4）备好防暑药物，如人丹、十滴水、藿香正气水、风油精和清凉油等。

（2）现场发现有人中暑应采取以下急救处理措施：

1）挪移。将中暑者挪至通风、阴凉的地方，平躺并松解束缚中暑者呼吸、活动的衣服。如衣服被汗水浸透应及时更换衣服。

2）降温。可采用头部敷冷毛巾降温，或用50%酒精、白酒、冰水擦浴颈部、头部、腋窝、大腿根部甚至全身，也可用电风扇吹风加速散热，有条件的可用降温毯给予降温，但注意不要降温太快。

3）补水。中暑者有意识时，可给其一些清凉饮料、淡盐水或小苏打水。但千万不要急于一次性补充大量水分，一般每0.5h补充150～300mL即可。

4）促醒。中暑者失去知觉时，可指掐人中、合谷等穴，促其苏醒；若呼吸、心跳停止，应立即实施心肺复苏。

5）转送。重症中暑者必须立即送医院诊治。转送时应用担架，不可让中暑者步行，运送途中应坚持降温，以保护大脑和心肺等重要脏器。

【020305005】某年 8 月 31 日 10 时 50 分左右，某生产企业发生液氨泄漏事故，造成 15 人死亡、5 人重伤、20 人轻伤，其伤亡人员均为氨气中毒和冻伤。8 月 31 日 8 时左右，员工陆续进入加工车间作业。至 10 时 40 分，约 24 人在单冻机生产线区域作业，38 人在水产加工整理车间作业。10 时 45 分左右，氨压缩机房操作工潘××在氨调节站进行热氨融霜作业。10 时 48 分 20 秒起，单冻机生产线区域内的监控录像显示现场陆续发生约 7 次轻微震动，单次震动持续时间 1～6s 不等。10 时 50 分 15 秒，正在进行融霜作业的单冻机回气集管北端管帽脱落，导致氨泄漏。

经调查认定，"8.31"重大氨泄漏事故是一起生产安全责任事故。事故的直接原因是严重违规采用热氨融霜方式，导致发生液锤现象，压力瞬间升高，致使存有严重焊接缺陷的单冻机回气集管管帽脱落，造成氨泄漏。

根据上述案例，请回答以下问题：

（1）低温作业时应如何预防冻伤？

（2）发生冻伤事故时，应如何进行现场急救？

参考答案

（1）低温作业时应采取以下预防冻伤的措施：

1）进行低温设备操作时，作业人员应穿戴好防护用品，配备防护服，戴上防护眼罩，配备安全靴及手部防护用品等，进入工作场所工作时应保障防护用品干燥，不要使肢体和皮肤裸露，防止液体飞溅时落到皮肤上。

2）进行低温设备检修作业时，要先将设备加热至常温，对未加热的设备进行检修作业时，作业人员应采取必要的防冻措施，防止发生冻伤事故。

3）低温容器设备或管道要有良好的保温防护措施，不得裸露。

4）加强工艺操作，避免因误操作导致设备损坏和管道阀门中液氧、液氮泄漏。

5）控制室操作人员要加强对压力、流量等参数的监控，以便及时发现泄漏情况并及时有效控制。

（2）发生冻伤事故时，应采取以下措施进行现场急救：

1）将阻碍冻伤部位血液循环的衣服脱掉，将冻伤者送医院救治。

2）立刻将受低温影响的部位放入温度为 38～42℃的水浴中，切忌加热，因水温超过 42℃时会加重冻伤组织的烧灼。

3）如冻伤者受到大面积过冷物质的影响导致全身体温下降，则必须将冻伤者全身浸于浴池中使其回暖，此过程应防止休克的发生。

4）冻伤的组织是无痛的，局部苍白似淡黄蜡样，解冻时感觉疼痛，肿胀并极易感染。因此，解冻时要用镇痛药，并在医生的指导下进行。

5）如冻伤部位在医生的处理下已解冻，可不必进行水浴，应将受冻部位用消毒衣盖住，以防感染。

6）经医院治疗后，再给以其他辅助药剂。

【020305006】2011年7月23日20时30分5秒，甬温线浙江省温州市境内，由北京南站开往福州站的D301次列车与杭州站开往福州南站的D3115次列车发生动车组列车追尾事故，造成40人死亡、172人受伤，中断行车32h35min，直接经济损失19371.65万元。

经调查认定，"7.23"甬温线特别重大铁路交通事故是一起因列控中心设备存在严重设计缺陷、上道使用审查把关不严、雷击导致设备故障后应急处置不力等因素造成的责任事故。本次事故造成大量人员伤亡和财产损失。事故发生后，浙江省、温州市和铁道部等有关部门立即启动应急响应，成立应急救援指挥机构，紧急开展抢险救援和应急处置工作。当地公安民警、消防官兵、武警、解放军、医疗卫生救护人员和社会各界人士昼夜不停、连续奋战、全力救援。

根据上述群死群伤的生命救援案例，请回答以下问题：

（1）怎样对现场伤者进行分级？

（2）创伤现场急救的目的是什么？

（3）创伤现场急救的基本原则是什么？

参考答案

（1）根据受伤情况，按轻伤、重伤、危重伤、死伤分类，分别以绿色、黄色、红色、黑色的伤病卡做出标志，置于伤者的左胸部或其他明显部位，便于医疗救护人员辨认并及时采取相应的急救措施。发现危重情况，如窒息、大出血等，必须立即抢救。经现场伤者分检，可将伤者按治疗的优先顺序分为四级，如图2-3-4所示。

1）1级优先处理。1级又称A级优先处理，为危重伤，用红色标签标识，如窒息、大出血、严重中毒、严重挤压伤、心室颤动等。1级伤者需要立即进行现场心肺复苏和（或）立即手术，治疗绝不能耽搁，可在送院前做维持生命的治疗，如插管、止血、静脉输液等。1级伤者应优先送往附近医院抢救。

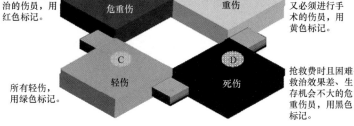

适用于有生命危险需立即救治的伤员，用红色标记。

伤情并不立即危及生命，但又必须进行手术的伤员，用黄色标记。

所有轻伤，用绿色标记。

抢救费时且困难、救治效果差、生存机会不大的危重伤员，用黑色标记。

图 2-3-4　现场伤者分检的级别

2）2 级优先处理。2 级又称 B 级优先处理，为重伤，用黄色标签标识，如单纯性骨折、软组织伤、非窒息性胸外伤等。2 级伤者损伤严重，但全身情况稳定，一般不危及生命，需要进行手术治疗。有中等量出血、较大骨折或烧伤的伤者，转送前应建立静脉通道，改善机体紊乱状况。

3）3 级优先处理。3 级又称 C 级优先处理，为轻伤，用绿色标签标识，如一般挫伤、擦伤等。3 级伤者受伤较轻，通常是局部的，没有呼吸困难或低血容量等全身紊乱情况，可自行行走，对症处理即可。转送和治疗可以耽搁 1.5～2h。

4）4 级优先处理。4 级又称 D 级优先处理，为死伤，用黑色标签标识。

（2）创伤现场急救的目的是：

1）抢救、延长生命。伤者由于重要脏器损伤（心、脑、肺、肝、脾及颈部脊髓损伤）及大出血导致休克时，可出现呼吸、循环功能障碍。故在呼吸、循环骤停时，现场急救要立即实施徒手心肺复苏，以维持生命，为专业医护人员或医院进一步治疗赢得时间。

2）减少出血，防止休克。血液是生命的源泉，有效止血是现场急救的基本任务。严重创伤或大血管损伤时出血量大，现场急救要迅速用一切可能的方法止血。

3）保护伤口。保护伤口能预防和减少伤口污染，减少出血，保护深部组织免受进一步损伤。因此，开放性损伤的伤口要妥善包扎。

4）固定骨折。骨折固定能减少骨折端对神经、血管等组织结构的损伤，同时能缓解疼痛。颈椎骨折如予妥善固定，能防止搬运过程中脊髓的损伤。因此，现场急救要用最简便有效的方法对骨折部位进行固定。

5）防止并发症及伤势恶化。现场必要的通气、止血、包扎、固定处理，能够最大限度地防止伤者发生并发症，避免伤者伤势进一步恶化，减轻伤者痛苦。

但现场救护过程中也要注意防止脊髓损伤、止血带过紧造成肢体缺血坏死、胸外按压用力过猛造成肋骨骨折及骨折固定不当造成血管神经损伤或皮肤损伤等并发症。

6）快速转运。现场经必要的通气、止血、包扎、固定处理后，要用最短的时间将伤者安全地转运到就近医院。

（3）创伤现场急救的基本原则是：

1）先救命，后治伤。对大出血、呼吸异常、脉搏细弱或心跳停止、神志不清的伤者，应立即采取急救措施，挽救生命。伤口处理一般应先止血、后包扎、再固定，并尽快妥善地将伤者转送医院。遇到大出血且有创口的伤者，应立即止血、消毒创口并进行包扎；遇到大出血且伴有骨折的伤者，应先立即止血再进行骨折固定；遇有心跳、呼吸骤停又有骨折的伤者，应先用口对口呼吸和胸外按压等技术使心肺脑复苏，直到心跳、呼吸恢复后，再进行骨折固定。

2）先重伤，后轻伤。一般按照伤者的伤情轻重展开急救，优先抢救危重者，后抢救较轻的伤者。

3）先抢后救，抢中有救。在可能再次发生事故或引发其他事故的现场，如失火可能引起爆炸的现场、建筑物随时可能再次坍塌的现场、大地震后随时可能有余震发生的现场等，应先抢后救，抢中有救，以免发生爆炸或有害气体中毒等二次伤害，确保施救者与伤者的安全。现场急救过程中，医护人员以救为主，其他人员以抢为主。施救者应各负其责，相互配合，以免延误抢救时机。通常先到现场的医护人员应该担负现场抢救的组织指挥职责。

4）先抢救再转送，先分类再转送。为避免耽误抢救时机，现场所有的伤者需经过急救处理后，方可转送至医院。不管伤轻还是伤重，甚至对大出血、严重撕裂伤、内脏损伤、颅脑损伤伤者，如果未经检伤和任何医疗急救处置就急送医院，后果十分严重。因此，必须先进行伤情分类，把伤者集中到标志相同的救护区，以便分别救治、转送。

5）急救与呼救并重。当意外伤害发生时，在进行现场急救的同时，应尽快拨打120、110呼叫急救车，或拨打当地担负急救任务的医疗部门电话。在遇到成批伤者，又有多人在现场的情况下，应分工负责，急救和互救同时展开，并尽快争取到急救外援。

6）就地取材。意外伤害现场一般没有现成的急救器材，为了提高急救效率，要就地取材进行急救。如可用领带、衣服、毛巾和布条等代替止血带和绑扎带，用木棍、树枝和杂志等来代替固定夹板，用椅子、木板和桌子等代替担架。

【020305007】触电案例。

案例一：某广告公司负责布展汽车展销会，期间连日下雨，会展场地大量积水导致无法铺设地毯。为此，该公司负责人决定在场地打孔安装潜水泵排水。民工张×等人便使用外借的电镐进行打孔作业，当打完孔将潜水泵放置孔中准备排水时，发现没电了。负责人余×安排电工王×去配电箱检查原因，张×一同前去，并将手中电镐交给民工裴×。裴×手扶电镐赤脚站立积水中。王×用电笔检查配电箱，发现 B 相电源连接的空气开关输出端带电，便将电镐、潜水泵电源插座的相线由与 A 相电源相连的空气开关输出端更换到与 B 相电源相连的空气开关的输出端上，并合上与 B 相电源相连的空气开关送电。手扶电镐的裴×当即触电倒地。

案例二：更夫张××在所建工程楼三楼居住，工地安排其值班。张××决定自三楼搬到一楼居住，便搬运行李。当张××把单人铁床整体从三楼搬到一楼房间入口处，因铁床没拆卸搬运，不方便进入房间，张××在调整铁床方位时，铁床接触到一楼楼梯侧房间入口旁的临时照明开关（开关无胶盖），致使铁床带电，张××触电倒地。

案例三：某化肥厂造气车间某工段长准备给煤气炉升温，将一根铁丝拖在手里，不巧碰到正在施焊的电焊线（50～60V），因下雨地面潮湿，被电击倒。

上述 3 个案例均为人体触电事故，可能造成电击或电伤，严重的会造成触电者死亡。因此，现场发现有人触电，应及时采取正确措施，以救助他人，挽救生命。请回答以下问题：

（1）触电现场急救的原则是什么？

（2）触电者脱离电源后应如何进行急救处理？

参考答案

（1）触电现场急救的原则是：

1）迅速。是指脱离电源迅速和指现场急救迅速。在其他条件相同的情况下，触电时间越长，造成触电者心室颤动乃至死亡的可能性也越大。而且人触电后，由于痉挛或失去知觉等原因，会紧握带电体而不能自主摆脱电源。因此，若发现有人触电，应采取一切可行的措施，迅速使其脱离电源，这是救活触电者的一个重要因素。帮助触电者脱离电源后应立即检查其伤情，并及时拨打 120 急救电话。在脱离电源过程中，施救者必须保持清醒的头脑，安全、准确、争分夺秒，既要救人，也要注意保护自身的安全。只有保护好自己，才能对他人进行施救。

2）就地。是指将触电者脱离电源后现场没有其他将要发生的危险时的就地，以及触电者呼吸、心跳停止后要就地（现场）进行急救。施救者必须在现场或附近就地进行抢救，千万不要试图送往供电部门或医院抢救，以免耽误最佳的宝贵抢救时间。通常，脑细胞在常温下如果缺血缺氧在 4min 以上就会受到损伤，超过 10min 脑细胞就会产生不可逆的严重损伤。即使侥幸被救活，智力也将受到极大影响，甚至成为没有任何意识的植物人。因此在循环停止 4min 内实施正确的心肺复苏，抢救效果最明显，救活率可达 90% 左右；4～6min 实施抢救，部分有效；6～10min 后才进行抢救则少有复苏者；超过 10min 以后抢救，触电者被救活的希望微乎其微。

3）准确。是指对触电者的生命体征判断准确以便对症施救，以及施救者的各种急救方法必须准确到位。呼吸、心跳停止者必须立即按压，而呼吸、心跳未停止者决不允许进行心肺复苏的操作。施救者的心肺复苏操作包括按压部位、按压频率、按压深度、人工呼吸与胸外按压的比例等必须准确、规范。只有准确的心肺复苏操作方法才有将呼吸、心跳停止的触电者救活的可能。

4）坚持。是指要有坚持的信心，坚持是触电者复生的希望，只要有百分之一的希望就要尽百分之百的努力去抢救，并要保证时间的坚持。心肺复苏的成功率关键取决于施救者对触电者施行现场心肺复苏的开始抢救时间和持久时间，抢救要一直坚持到医务人员到达并接手后。触电者死亡一般先后出现心跳和呼吸停止、瞳孔放大、尸斑、尸僵和血管硬化 5 个特征，如果 5 个特征中有一个尚未出现，都应把触电者当作是"假死"，还应继续坚持抢救。

（2）在将触电者安全脱离电源后，应迅速将脱离电源的触电者移至通风、凉爽处，使触电者仰面躺在木板或地板上，并解开妨碍触电者呼吸的紧身衣服（松开领口、领带、上衣、裤带、围巾等）。同时，对触电者的意识、呼吸、心跳和瞳孔进行判断，并设法联系医疗急救中心（医疗部门）的医生到现场接替救治。同时，针对触电者不同的情况，采取不同的急救方法。

1）触电者神志清醒。如果触电者触电时间短、触电电压低，所受的伤害不太严重，神志尚清醒，只是心悸、头晕、出冷汗、恶心、呕吐、四肢发麻、全身乏力，甚至一度昏迷，但未失去知觉，要搀扶触电者到通风暖和的处所静卧休息 1～2h，并有人陪伴且严密观察生命体征的变化，同时请医生前来或送往医院诊治。天凉时要注意保温，并随时观察呼吸、脉搏变化。

2）触电者失去知觉，呼吸和心跳尚正常。如果触电者已失去知觉，轻度昏迷或呼吸微弱者，但呼吸和心跳尚正常，则应使其舒适地平卧在木板上，解开衣服并迅速大声呼叫触电者，同时用手拍打其肩部，无反应时，立即用手指掐压人中穴、合谷穴约 5s，以唤醒其意识。四周不要围人，保持空气流通，天凉时应注意保暖，随时观察呼吸情况和测试脉搏，同时立即请医生前来或送往医院诊治。

3）触电者神志不清，有心跳、无呼吸。触电者神志不清，判断意识无，有心跳，但呼吸停止或极微弱时，应立即用仰头抬颏法，使气道开放，并进行口对口人工呼吸。此时不能对触电者施行心脏按压。如此时不及时用人工呼吸法抢救，触电者将会因缺氧过久引起心跳停止。

4）触电者神志丧失，有呼吸、无心跳。触电者神志丧失，判定意识无，心跳停止，但有极微弱的呼吸时，应立即施行心肺复苏法抢救。不能认为尚有微弱呼吸，只需做胸外按压，因为这种微弱呼吸已起不到人体需要的氧交换作用，如不及时人工呼吸即会发生死亡，若能立即施行口对口人工呼吸法和胸外按压，就能抢救成功。

5）触电者呼吸、心搏均停止。对触电后呼吸、心搏均停止者，应立刻在现场进行徒手心肺复苏抢救，不得延误或中断。

6）触电者呼吸、心搏均停止，并伴有其他外伤。触电者和雷击伤者心跳、呼吸均停止，并伴有其他外伤时，应先迅速进行徒手心肺复苏急救，然后再处理外伤。如果触电者的皮肤严重灼伤时，应立即设法将其衣服和鞋袜小心地脱下，再将伤口包扎好。如果触电者衣服被电弧光引燃时，应迅速扑灭其身上的火。

7）触电者在杆塔上或高处。发现杆塔上或高处有人触电，要争取时间及早在杆塔上或高处开始抢救。触电者脱离电源后，应迅速将触电者扶卧在救护人的安全带上（或在适当地方躺平），然后根据触电者的意识、呼吸及颈动脉搏动情况来进行前述（1）～（5）项不同方式的急救。在高处抢救触电者，迅速判断其意识和呼吸是否存在十分重要。若触电者呼吸已停止，开放气道后立即进行口对口人工呼吸，吹气 2 次，再测试颈动脉，如有搏动，则每 5s 继续吹气 1 次；若颈动脉无搏动，可用空心拳头叩击心前区 2 次，促使心脏复跳。若需将触电者送至地面抢救，应再口对口（鼻）吹气 4 次，然后将触电者迅速放至地面继续进行抢救。

课 题 四

应急物资管理与物资转运

一、单选题

【020401001】应急物资是指为应对突发事件（　　）过程中所必需的保障性物质。

（A）预防；　　（B）准备；　　（C）应急处置；　　（D）恢复。

答案：C

【020401002】（　　）主要是指应急救援过程中用来急用的易耗品。

（A）物资类；　　（B）装备类；　　（C）工具类；　　（D）器材类。

答案：A

【020401003】（　　）主要是指应急救援过程中用来救援的设备和工器具等。

（A）物资类；　　（B）装备类；　　（C）工具类；　　（D）器材类。

答案：B

【020401004】（　　）是指为防范恶劣自然灾害造成电网停电、变电站停运，满足短时间恢复供电需要的电网抢修设备、电网抢修材料、应急抢修工器具、应急救灾物资和装备等。

（A）电力应急物资；　　　　　　（B）电力抢修物资；

（C）电网抢修物资；　　　　　　（D）电网抢修器材。

答案：A

【020401005】（　　）是指为满足应急物资需求而进行的物资供应组织、计划、协调与控制。

（A）应急管理；　　　　　　　　（B）应急物资管理；

（C）装备管理；　　　　　　　　（D）仓储管理。

答案：B

【020401006】应急物资管理包括（　　）和应急处置两部分，遵循"统筹管理、科学分布、合理储备、统一调配、实时信息"的原则。

（A）装备管理；　　（B）日常管理；　　（C）物资管理；　　（D）器材管理。

答案：B

【020401007】应急物资储备仓库遵循"规模适度、布局合理、（　　）、交通便利"的原则，因地制宜设立储备仓库，形成应急物资储备网络。

（A）功能具体；　　（B）功能单一；　　（C）功能齐全；　　（D）功能特殊。

答案：C

【020401008】应急物资储备分为实物储备、协议储备和（　　）三种方式。

（A）临时周转；　　（B）物资周转；　　（C）动态周转；　　（D）灵活周转。

答案：C

【020401009】（　　）是指应急物资存放在协议供应商处的一种储备方式。

（A）实物储备；　　（B）合同储备；　　（C）协议储备；　　（D）应急储备。

答案：C

【020401010】（　　）是将设备等搁置在由钢板制成船形的拖板旱船上，再用牵引机械牵引旱船在地面上滑移的方法。

（A）钢板滑移法；　　　　　（B）拖板滑移法；

（C）旱船滑移法；　　　　　（D）牵引机滑移法。

答案：C

【020401011】（　　）是最简单、最常用的搬运方法，适合中、小质量的设备搬运，主要工具有滚杠（无缝钢管、圆木等）、排子、滑车和牵引设备等。

（A）钢板搬运法；　　　　　（B）拖板搬运法；

（C）滚杠搬运法；　　　　　（D）牵引机搬运法。

答案：C

【020401012】麻绳具有质地柔软、携带轻便和容易绑扎等优点，但和钢丝绳比，其强度较低，且（　　）、易腐蚀，受潮后易腐烂。

（A）安全性高；　　（B）抗拉强度高；　　（C）易磨损；　　（D）不易磨损。

答案：C

【020401013】（　　）是起重机械的重要零件，是连接和拆卸绑扎绳索最方便的连接件，按其形状可分为双钩和单钩两种。

（A）吊钩；　　（B）吊环；　　（C）单钩；　　（D）双钩。

答案：A

【020401014】（　　）轻巧，机动性大，在施工现场设备安装、检修等场合广泛使用。起重量一般为 0.5～50t，提升高度一般为 6～30m。

（A）电动葫芦； （B）液压千斤顶； （C）滑轮； （D）手拉葫芦。

答案：A

【020401015】（   ）是利用杠杆原理制成的一种简单起重机械，能借助起重绳索的作用而产生旋转运动，以改变作用力的方向和大小。

（A）电动葫芦； （B）液压千斤顶； （C）滑轮； （D）手拉葫芦。

答案：C

【020401016】（   ）起重能力强，速度容易变换，操作方便安全，是起重作业中经常使用的一种牵引设备。

（A）电动葫芦； （B）液压千斤顶；

（C）电动卷扬机； （D）手拉葫芦。

答案：C

【020401017】一般情况下，选择卷扬机时，按引出绳拉力为牵引力的（   ）考虑，既能保证起重作业的安全，又能延长卷扬机的寿命。

（A）60%～70%； （B）80%～90%；

（C）50%～60%； （D）70%～80%。

答案：B

【020401018】（   ）又称扒杆、桅杆，是一种简单的起重工具。它具有制作、安装、拆除、搬运较为方便，起重量范围大，作业面宽，操作简单，对安装地点要求不高等优点。

（A）电动葫芦； （B）液压千斤顶； （C）抱杆； （D）手拉葫芦。

答案：C

【020401019】（   ）用于固定各种抱杆的缆风绳、导向滑轮、卷扬机及运输拖拉绳的滑轮组等，是起重吊装作业经常用到的特殊装置。

（A）电动葫芦； （B）液压千斤顶； （C）地锚； （D）手拉葫芦。

答案：C

【020401020】（   ）是指用撬棍撬起需要变动角度或略为移动的重物，然后使撬棍尾部作横向摆动，使其绕支点移动，达到使重物移动或转动的目的。

（A）拨； （B）撬； （C）滑； （D）滚。

答案：A

【020401021】（   ）是水平运输的一种方法，是指在人力、卷扬机或其他外力的作用下，使重物沿着牵引力的方向移动到需要的位置。

（A）拨； （B）撬； （C）滑； （D）滚。

答案：C

【020401022】（　　）是在设备下的拖板（钢拖板、木拖板、钢木结构的拖板）与走道之间加滚杠，使设备随拖板及走道间滚杠的滚动而移动。

（A）拨；　（B）撬；　（C）滑；　（D）滚。

答案：D

【020401023】（　　）是指借助于外力，使重物沿一轴心就地转动一个角度以达到所需的方位。

（A）拨；　（B）撬；　（C）滑；　（D）转。

答案：D

【020401024】（　　）又称翻转就位法，是指使设备在外力作用下，绕底部或铰链旋转直至就位。

（A）拨；　（B）撬；　（C）滑；　（D）扳。

答案：D

【020401025】（　　）是指通过千斤顶行程的改变，使重物升起、下落或水平移动。这种方法操作简单且起重能力大，安全可靠，广泛应用于大型设备的装卸和设备的安装就位找正等作业。

（A）拨；　（B）撬；　（C）滑；　（D）顶。

答案：D

【020401026】（　　）是指起重作业中，吊载、吊具等重物从高处坠落所造成的人身伤亡和设备毁坏的事故。

（A）失落事故；　（B）坠落事故；　（C）触电事故；　（D）挤伤事故。

答案：A

【020401027】（　　）主要是指在起重作业过程中，人员、吊具、吊载的重物从高处坠落所造成的人身伤亡或设备损坏事故。

（A）失落事故；　（B）坠落事故；　（C）触电事故；　（D）挤伤事故。

答案：B

【020401028】（　　）级以上大风时，应停止室外起重作业。

（A）四；　（B）五；　（C）六；　（D）七。

答案：C

【020401029】起吊千斤绳的夹角最大不得超过（　　），千斤绳夹角过大，绳子所承受应力大幅度增加，起吊物承受的水平力也会增加，可能使起吊物变形损坏。

（A）90°；　（B）80°；　（C）70°；　（D）60°。

答案：D

【020401030】吊物质量达到起重机械额定起重量的（　　　），必须办理安全施工作业票，并应有施工技术负责人在场指导。

（A）90%;　　（B）80%;　　（C）95%;　　（D）85%。

答案：C

【020401031】图2-4-1中属于倒背结的是（　　　）。

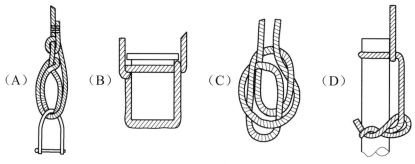

（A）　　　　（B）　　　　（C）　　　　（D）

图2-4-1　绳结（一）

答案：D

【020401032】图2-4-1中属于卡环结的是（　　　）。

答案：A

【020401033】图中2-4-1属于抬缸结的是（　　　）。

答案：B

【020401034】图中2-4-1属于瓶口结的是（　　　）。

答案：C

【020401035】图2-4-2中属于挂钩结的是（　　　）。

答案：C

【020401036】图2-4-2中属于杠棒结的是（　　　）。

答案：D

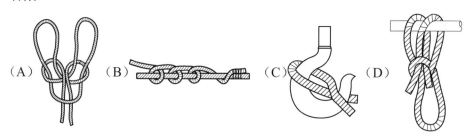

（A）　　　　（B）　　　　（C）　　　　（D）

图2-4-2　绳结（二）

【020401037】图2-4-2中属于拔人结的是（　　）。

答案：A

【020401038】图2-4-2中属于搭索结的是（　　）。

答案：B

【020401039】（　　）俗称猪蹄扣，也有人把其称为丁香结、卷结，广泛地应用在将绳子绑系在物体上。

（A）双套结；　　（B）琵琶结；　　（C）平结；　　（D）"8"字结。

答案：A

【020401040】（　　）又称称人结，广泛应用于当绳子系在其他物体或是在绳子的末端结成一个圈时使用。

（A）双套结；　　（B）琵琶结；　　（C）平结；　　（D）"8"字结。

答案：B

二、多选题

【020402001】应急物资是指为应对突发公共事件应急处置过程中所必需的保障性物质。一般分为（　　）。

（A）物资类；　　（B）装备类；　　（C）工具类；　　（D）器材类。

答案：AB

【020402002】电力应急物资是指为防范恶劣自然灾害造成电网停电、变电站停运，满足短时间恢复供电需要的（　　）、应急救灾物资和装备等。

（A）电网抢修设备；　　　　　　（B）电网抢修材料；

（C）应急抢修工器具；　　　　　（D）破拆工器具。

答案：ABC

【020402003】应急物资管理是指为满足应急物资需求而进行的物资供应（　　）。

（A）组织；　　（B）计划；　　（C）协调；　　（D）控制。

答案：ABCD

【020402004】电网企业一般应建立（　　）两级应急物资管理体系，实行物资管理部门统一归口管理。

（A）总部；　　（B）各单位；　　（C）省公司；　　（D）市公司。

答案：AB

【020402005】应急物资管理包括日常管理和应急处置两部分，遵循"（　　）、实时信息"的原则。

（A）统筹管理；　　（B）科学分布；　　（C）合理储备；　　（D）统一调配。

答案：ABCD

【020402006】应急物资储备仓库遵循（　　）的原则，因地制宜设立储备仓库，形成应急物资储备网络。

（A）规模适度；　　（B）布局合理；　　（C）功能齐全；　　（D）交通便利。

答案：ABCD

【020402007】应急物资储备分为（　　）等方式。

（A）实物储备；　　（B）协议储备；　　（C）动态周转；　　（D）灵活周转。

答案：ABC

【020402008】起重和搬运是电力安装、应急抢修和维护作业中常见的作业方式之一，是具有（　　）等特点的间歇性周期作业，也是一种需要多人协调配合的特殊工种作业。

（A）势能高；　　　　　　　　（B）移动性强；

（C）范围大；　　　　　　　　（D）工作环境和条件复杂。

答案：ABCD

【020402009】滚杠搬运法是最简单、最常用的搬运方法，适合中、小质量的设备搬运。滚杠搬运具有（　　）等特点，因此只适用短距离或设备数量少的情况下。

（A）效率低；　　　　　　　　（B）速度慢；

（C）范围大；　　　　　　　　（D）搬运时劳动强度大。

答案：ABD

【020402010】常用的千斤顶有（　　）等类型。

（A）螺旋千斤顶；　　　　　　（B）液压千斤顶；

（C）齿条千斤顶；　　　　　　（D）气动千斤顶。

答案：ABC

【020402011】选择电动卷扬机应充分考虑（　　）、移动卷扬机的难度和地锚的布置、施工地点的电气条件等因素。

（A）起重质量；　　　　　　　（B）起重物数量；

（C）起重物的精密程度；　　　（D）安装难度。

答案：ABCD

【020402012】按照抱杆的形式分，抱杆可分为（　　）等。

（A）龙门抱杆；　　　　　　　（B）独脚抱杆；

（C）人字抱杆；　　　　　　　　（D）系缆式抱杆。

答案： ABCD

【020402013】起重指挥信号常用的有（　　）。

（A）手势信号；　　　　　　　　（B）色旗（旗语）信号；

（C）口笛（音响）信号；　　　　　（D）对讲机信号。

答案： ABC

【020402014】在设备运输过程中，运输线路必须考虑的因素有（　　）。

（A）线路净空；　　　　　　　　（B）线路转弯半径；

（C）道路限速；　　　　　　　　（D）道路荷载强度。

答案： ABD

【020402015】在起重作业过程中，常见的坠落事故包括（　　）。

（A）从机体上滑落摔伤事故；

（B）机体撞击坠落事故；

（C）维修工具零部件坠落砸伤事故；

（D）倾翻。

答案： ABC

【020402016】起重工作是一项技术性强、危险性大、需要多工种人员（　　）的特殊工种作业。

（A）精心组织；　（B）互相配合；　（C）相互协调；　（D）统一指挥。

答案： ABCD

【020402017】起重指挥人员是起重作业的组织者和协调者，特别对于复杂物体和复杂环境条件下的起重作业，更需要指挥人员协同（　　）共同完成起重工作。

（A）操作工；　（B）搬运工；　（C）起重机司机；　（D）起重工。

答案： CD

【020402018】风力达六级及以上或遇（　　）等恶劣气候条件，不得进行露天起重作业。

（A）阴天；　（B）大雪；　（C）大雾；　（D）雷雨。

答案： BCD

【020402019】当起重机械类型确定后，就要根据以下工作参数来选择起重机械的型号（　　）。

（A）起重量；　（B）起重高度；　（C）起重尺寸；　（D）起重半径。

答案：ABD

【020402020】起重事故的主要类型和原因有（　　　）、机毁事故和其他事故。
（A）失落事故；　　（B）坠落事故；　　（C）触电事故；　　（D）挤伤事故。

答案：ABCD

三、判断题

【020403001】应急物资是指为应对突发事件应急处置过程中所必需的保障性物质。　　　　　　　　　　　　　　　　　　　　　　　　　（　　　）

答案：√

【020403002】起重作业是指将机械设备或其他物件从一个地方垂直或水平移动到另一个地方的工作过程。搬运作业是指水平移动设备、工具或材料的工作过程。　　　　　　　　　　　　　　　　　　　　　　　　　（　　　）

答案：√

【020403003】应急物资中的物资类主要是指应急救援过程中用来急用的易耗品；应急物资中的装备类主要是指应急救援过程中用来救援的设备和工器具等。　　　　　　　　　　　　　　　　　　　　　　　　　（　　　）

答案：√

【020403004】电力应急物资是指为防范恶劣自然灾害造成电网停电、变电站停运，满足短时间恢复供电需要的电网抢修设备、电网抢修材料、应急抢修工器具、应急救灾物资和装备等。　　　　　　　　　　　　　　　（　　　）

答案：√

【020403005】应急物资管理是指为满足应急物资需求而进行的物资供应组织、计划、协调与调运。　　　　　　　　　　　　　　　　　　（　　　）

答案：×

【020403006】电网企业一般应建立总部和各单位两级应急物资管理体系，实行物资管理部门统一归口管理。　　　　　　　　　　　　　　　（　　　）

答案：√

【020403007】应急物资管理包括日常管理和应急处置两部分，遵循"统筹管理、科学分布、合理储备、统一调配、统一采购"的原则。　　　　　（　　　）

答案：×

【020403008】应急物资储备仓库遵循"超大规模、布局合理、功能齐全、交通便利"的原则，因地制宜设立储备仓库，形成应急物资储备网络。　（　　　）

答案：×

【020403009】应急物资储备分为实物储备、协议储备和动态周转三种方式。

（ ）

答案：√

【020403010】协议储备是指应急物资存放在协议供应商处的一种储备方式。协议储备的应急物资由协议供应商负责日常维护，保证应急物资随时可调。

（ ）

答案：√

【020403011】各级物资部门根据指令，按照"先近后远、先利库后采购"的原则及"先实物、再协议、后动态"的储备物资调用顺序，统一调配应急物资。

（ ）

答案：√

【020403012】钢丝绳是用优质高强度碳素钢丝制成的，抗拉强度高，弹性大，耐磨损，能承受冲击载荷，使用灵活，安全性能好，在起重作业中应用广泛。

（ ）

答案：√

【020403013】千斤顶是一种常用的简单起重机械，具有自重轻、体积小、便于搬运和使用方便的特点。   （ ）

答案：√

【020403014】滑轮按工作方式分为定滑轮和动滑轮。   （ ）

答案：√

【020403015】人字抱杆与独脚抱杆相比，在结构上增加了纵向的稳定性，起重能力增大，并且架设和移动都较方便，在起重作业中被广泛应用。 （ ）

答案：×

【020403016】撬棍头部插入重物底下不宜过短，以防损坏重物边缘和撬棍滑出反弹伤人；对机械设备的精加工面，不能用撬棍直接接触。   （ ）

答案：√

【020403017】挤伤事故是指在起重作业中，作业人员被挤压在两个物体之间，造成挤伤、压伤、击伤等人身伤亡事故。   （ ）

答案：√

【020403018】触电事故是指从事起重作业或其他作业人员，因违章或其他原因遭受的电气伤害事故。   （ ）

答案：√

【020403019】机毁事故是指起重机机体因为失去整体稳定性而发生倾覆翻倒，造成起重机机体严重损坏及人员伤亡事故。　　　　　　　　　（　　）

答案：√

【020403020】起重指挥人员必须熟悉所指挥起重机械的技术性能，必须掌握标准的起重吊运指挥信号，并经培训考试合格方可担任起重指挥。　　（　　）

答案：√

【020403021】起重指挥人员指挥起吊前，应先进行全面检查，确认作业危险区内无人后，方可下令起吊。起重指挥人员应与被吊物体间保持一定的安全距离，才可指挥起吊。　　　　　　　　　　　　　　　　　　　　　（　　）

答案：√

四、问答题

【020404001】起重搬运作业一般安全要求主要有哪些？

答案：（1）重大起重项目必须制订施工方案和安全技术措施，按规定需办理安全施工作业票的起重作业项目，必须办理作业票。

（2）起吊重物要选用正确的捆绑方法和起吊方法。

1）测算判定重物的质量与重心，使吊钩的悬挂点与吊物的重心处在同一垂线上。禁止偏拉斜吊。

2）选择合理且安全的吊装方法。禁止用单根绳起吊。

3）选择的吊点强度必须足以承受吊物的质量。

4）起吊角度的增加会引起负荷的增加。千斤绳的夹角最大不超过60°。

5）千斤绳与重物的棱角接触处，要加以垫物。

6）利用构筑物或设备构件作为起吊重物的承力结构时，要经核算。禁止用运行的设备、管道及脚手架、平台等作为起吊物的承力点。

7）起吊时，起吊物应绑牢。起吊大件物体时，要在重物吊起离地10cm时停止10min，对所有的受力点及起重机械进行全面检查，确认安全后再起吊。

8）用一台起重机的主、副钩抬吊同一重物时，其总载荷不得超过当时主钩的允许载荷。

9）起吊大件或不规则组件时，要在吊件上拴上溜绳。

10）吊运过程中，被吊物上不准有浮动物或其他工具。

11）吊钩钢丝绳保持垂直落钩时应防止吊物局部着地引起偏拉斜吊，吊物未固定禁止松钩。

12）吊起的重物不得在空中长时间停留。在空中短时间停留时，操作人员和指挥人均不得离开工作岗位，禁止驾驶人员离开驾驶室或进行其他工作。

13）起重机械工作速度应均匀平稳，不能突然制动或没有停稳时作反方向行走或回转，落下时应慢速轻放。对吊起的重物进行加工处理时，必须采取可靠的支撑措施，并且通知起重机操作人员。

14）在变电站内使用起重机械时，应安装接地装置，接地线应用多股软铜线，其截面积应满足接地短路容量的要求，但不得小于 16mm²。

（3）起重作业区域内无关人员不得停留或通过，在伸臂及吊物下方禁止任何人员通过或停留。禁止吊物从人或设备上越过。禁止在无可靠的支撑措施情况下，对已起吊的重物进行加工或将人体任何部位伸进起重物的下方。吊物上不允许站人，禁止作业人员利用吊钩来上升或下降。

（4）起重机械工作中如遇到机械故障，应先放下重物，停止运转后方可排除故障。

（5）不明质量、埋在地下的物件不能起吊。

（6）工作地点风力达到六级及以上大风，大雪、大雨、大雾等恶劣天气或夜间照明不足情况下禁止进行起重作业。

（7）操作人员应按指挥人员指挥信号进行操作，当信号不清或可能引起事故时，操作人员应拒绝执行并通知指挥人员，操作人员对任何人发出危险信号均必须听从。

【020404002】什么是起重搬运索具？起重搬运索具主要包括哪些？

答案：起重搬运索具是绳缆及与绳缆配套使用的器材的统称，主要包括麻绳、钢丝绳、卸扣、钢丝绳夹头等。

【020404003】吊环的使用注意事项有哪些？

答案：（1）使用吊环时，应检查丝杆有无弯曲现象，丝扣是否符合要求，丝牙是否完整。

（2）吊环拧入螺孔时一定要拧到底，以免丝杆受力弯曲。

（3）若起吊中使用两个以上的吊环时，钢丝绳之间的夹角一般不超过 60°，以防止吊环受过大的水平拉力而造成弯曲变形，甚至断裂。特殊情况可使用平衡梁。

（4）使用两个以上的吊环时，要注意环的方向，使环径呈直线，不得孔对孔。

【020404004】千斤顶的使用注意事项有哪些？

答案：（1）千斤顶使用前应先擦洗干净，检查各部分是否完好灵活。油压式千斤顶的安全栓有损坏、螺旋式千斤顶或齿条式千斤顶的螺纹或齿条的磨损量达

20%时，禁止使用。

（2）千斤顶应设置在平整坚固处，在松软地面应铺垫板加大承压面积。千斤顶顶部与重物接触面应垫木板。千斤顶应与荷重面垂直，其顶部与重物的接触面间应加防滑垫层。

（3）使用液压千斤顶时，禁止人员站在千斤顶安全栓的前面，以免安全栓射出伤人。

（4）千斤顶安放平稳后，要先将重物稍稍顶起，检查有无异常情况再继续顶起。

（5）千斤顶操作时要检查千斤顶与荷重面是否垂直，并应随重物上升及时在下面加垫保险枕木架。使用千斤顶顶升重物的过程中，应随重物的上升在物体下面垫保险枕木架，以防千斤顶突然倾斜或回油引起活塞突然下降而发生事故。

（6）千斤顶的顶升高度不能超过额定顶升高度。油压式千斤顶的顶升高度不得超过限位标志线；螺旋式及齿条式千斤顶的顶升高度不得超过螺杆或齿条高度的 3/4。

（7）用几台千斤顶同时顶升一物体时要统一指挥，升降速度要均匀一致，避免升降时物件倾斜而造成事故。几台千斤顶同时使用时，由于千斤顶的顶升速度不一致，通常按照允许载荷的 50%～75%考虑荷重。

（8）使用千斤顶时，顶升质量不能超过千斤顶的额定负荷，否则容易损坏千斤顶而发生危险。当千斤顶不能顶起重物时，应查明原因，不能任意加长手柄或增加人数强行顶升。

（9）油压式千斤顶放低时，只需微开回油门使其缓慢下放重物，不能突然下降，以免损坏千斤顶内部皮碗，发生重物突然倾倒的危险。

（10）禁止将千斤顶放在长期无人照料的荷重下面。

【020404005】手拉葫芦的使用注意事项有哪些？

答案：（1）使用前应检查吊钩、手拉链、起重链、传动装置及刹车装置是否良好。吊钩、链轮、棘轮、倒卡等有变形时或手拉链直径磨损量达 10%时，禁止使用。

（2）两台及两台以上手拉葫芦起吊同一重物时，重物的质量应不大于每台手拉葫芦的允许起重量。

（3）手拉葫芦起重链不得打扭，手拉葫芦刹车片禁止沾染油脂。操作时，人员不准站在手拉葫芦的正下方。

（4）手拉葫芦不得超负荷使用。起重能力在 5t 以下的允许 1 人拉链，起重

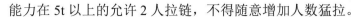

能力在 5t 以上的允许 2 人拉链，不得随意增加人数猛拉。

（5）吊起重物如需在空中停留较长时间，应将手链拴在起重链上，并在重物上加保险绳。禁止用手拉葫芦长时间悬吊重物。

（6）在使用中如发生卡链情况，应将重物垫好后方可进行检修。

（7）悬挂手拉葫芦的架梁或建筑物应经过计算，否则不得悬挂。

【020404006】滑轮的使用注意事项有哪些？

答案：（1）严格按照滑轮的安全起重负荷使用，不允许超载。

（2）滑轮必须定期进行检查，发现下列情况之一时，滑轮应报废：① 变形、裂纹或轮缘破损；② 轮槽不均匀磨损达 3mm；③ 轮槽壁厚磨损达壁厚的 20%；④ 轮槽底部直径磨损量达钢丝绳直径的 50%；⑤ 其他损伤钢丝绳的缺陷。

（3）滑轮的直径与钢丝绳的直径之比一般不得小于 9。

（4）受力变化较大的场所和高处作业中，不宜使用吊钩式滑轮而应使用吊环式滑轮。

（5）使用吊钩式滑轮，必须对吊钩采取封口或采取绑扎钢丝绳的保险措施。

（6）滑轮组使用中，两滑轮中心间的最小距离不准超过表 2-4-1 的规定。

表 2-4-1　　　　　　　　　　滑轮中心最小允许距离

滑车起质量（t）	1	2	10～20	32～50
滑轮中心最小允许距离（mm）	700	900	1000	1200

（7）滑轮不准拴挂在不牢固的结构物上。线路作业中使用的滑轮应有防止脱钩的保险装置，否则必须采取封口措施。

（8）拴挂固定滑轮的桩或锚，应按土质不同情况加以计算，使之埋设牢固可靠。如使用的滑轮可能着地，则应在滑轮底下垫以木板，防止异物进入滑轮内。

【020404007】抱杆的使用注意事项有哪些？

答案：（1）抱杆在使用前应认真检查绳索、滑轮及其他部位是否完好无损。

（2）抱杆在起吊前要试验其承载能力是否符合机具本身的使用说明，不得超载使用；当重物起吊离开地面时，要检查机具各部分是否正常，确认无误后方可继续起升。

（3）抱杆底部与地面接触的部分要垫牢两层枕木，以防止其沉陷，抱杆底脚要与地面密合，如有缝隙需加垫木楔使其紧密，以避免滑动。

（4）缆风绳的固定点要距离抱杆远一些，最小距离一般不得小于抱杆高度的

1.5~2 倍。

（5）卷扬机至抱杆底部导向滑轮的距离要大于抱杆高度，且最小距离要大于 8m。

（6）在起吊过程中要有专人检查缆风绳和地锚的受力情况，发现异常及时处理。

（7）在起吊过程中，重物不得与抱杆相碰撞；操作人员要服从统一安排，听从统一指挥，集中精力，细心作业。

（8）重物不准在空中停留过久，如必须长时间停留时，要在重物下面搭设枕木垛，使其平稳下落在上面，以保证抱杆的安全。

【020404008】起重机的使用注意事项有哪些？

答案：（1）驾驶室内不得存放易燃物，电动起重机驾驶室内应铺橡胶绝缘垫。

（2）未经负荷试验合格的起重机禁止使用。

（3）操作人员在起重机开动及起吊过程中的每个动作前均要发出信号，非操作人员不得进入操作室或驾驶室。

（4）起重机禁止同时操作 3 个动作，在接近满负荷的情况下不得同时操作 2 个动作。

（5）悬臂式起重机在接近满负荷的情况下禁止降低起重臂。

（6）起重机的主、副钩换用时，在主、副钩达到相同高度时，只准操作 1 个吊钩的动作，不得双钩同时操作。

（7）所有起重机均应执行大风等紧急情况下的安全措施，风力超过 5 级禁止起吊作业。

（8）露天作业的轨道式起重机，工作结束后要将起重机锚定住。

（9）汽车起重机行驶时，应将臂杆放在支架上，吊钩挂在挂钩上并将钢丝绳收紧。禁止在车辆行驶过程中操作。

（10）汽车起重机及轮胎式起重机作业前应先支好全部支腿后方可进行其他操作；作业完毕后，应先将臂杆放在支架上，然后方可起腿。汽车式起重机除具有吊物行走性能者外，均不得吊物行走。

【020404009】起重作业的基本操作方法有哪些？

答案：起重作业的基本操作方法有撬、拨、滑、滚、转、扳、顶、提 8 种。

【020404010】起重机械的选择要注意哪些内容？

答案：（1）起重机械类型选择。起重机械类型的选择应充分考虑技术上的合理性、先进性、经济性及现实的可能性，根据吊件质量、吊装高度及现场道路的条件，确定施工前必须对施工地点、行进道路进行详细勘察。如必须通过正式公路，就不能用履带式车辆运输；如地下水位高，就采用旱船法运输；如施工地点有高压线，施工前就要联系停电或采取措施；如施工地周围障碍较多，应尽量少用机械而采取其他施工方法；如施工现场无法接入电源，就不能选用电动机械等。

（2）起重机械型号选择。当起重机械类型确定后，就要根据以下 3 个工作参数来选择起重机械的型号：

1）起重量。起重机械的起重量必须大于所吊装件的质量与索具质量之和。

2）起重高度。起重机械的起重高度必须大于等于吊索高度、设备高度、吊装余裕度和基础或阻碍物高度之和。

3）起重半径。起重半径是指起重机旋转中心至吊钩间的直线距离。起重半径等于旋转轴心至起重臂根绞点间的距离、设备中心至其边缘的距离与起重臂根部绞点至设备边缘的距离之和。

【020404011】钢丝绳夹头的使用方法是什么？

答案：钢丝绳夹头如果操作方法正确，其连接强度可以达到钢丝绳自身强度的 80%。使用钢丝绳夹头时，应将 U 形部分卡在绳头一边，不得在钢丝绳上交替布置；最后一个钢丝绳夹头与安全绳卡之间的距离约为 500mm，并设一个安全弯；绳头应距离安全绳卡之间应留足 140～160mm，如图 2-4-3 所示。如两根钢丝绳搭接，钢丝绳夹头应一正一反地卡牢。U 形螺栓的螺母应均匀拧紧，直至钢丝绳直径压扁 1/3 左右。

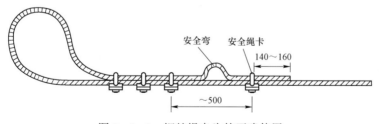

图 2-4-3 钢丝绳夹头的正确使用

【020404012】平衡梁的作用是什么？

答案：平衡梁的作用是增加起重机的有效提升高度，扩大吊装范围，改变吊索的受力方向，以避免因吊点不合理造成重物的挤压或弯曲变形。在吊装大型精密设备或超长机件时，就需要使用平衡梁，以保持机件平衡并确保机件不受绳索挤压。

【020404013】千斤顶的作用是什么?

答案: 千斤顶的作用是用较小的力量把重物顶高、降低或移动。

【020404014】简述圆木人字抱杆的组成。

答案: 圆木人字抱杆由两根圆木组成,在两根圆木顶部的交叉处一般搭成 25°～35° 的夹角,并用直径 13～19mm 的钢丝绳在交叉处绑扎两层,每层不少于 10 圈;在抱杆顶部交叉处正下方系挂起重滑轮组,在其中一根圆木的底部设置一个转向滑轮,使起重滑轮组出头端经转向滑轮引到卷扬机进行牵引;抱杆下部两脚之间用钢丝绳连接固定。当人字抱杆为斜立时,应注意在抱杆倾斜方向的前方要用钢丝绳将抱杆两脚根部固定,以防抱杆受力后根部向后移动。

【020404015】抱杆的缆风绳应如何进行调整?

答案: 安装抱杆时,要对缆风绳的长短(松紧)进行调整,以确保缆风绳具有一定的预紧力。常用的调整方法有以下三种:① 花篮螺栓调整,如图 2-4-4(a)所示,由于花篮螺栓的调整范围有限,这种方法一般用于小型抱杆的缆风绳调整;② 手拉葫芦调整,如图 2-4-4(b)所示,这种方法适用于抱杆工作时间不长时的调整,室内作业时用得较多;③ 滑轮组配合卷扬机调整,如图 2-4-4(c)所示,这种方法调整范围大,可适用于各种吊装作业。

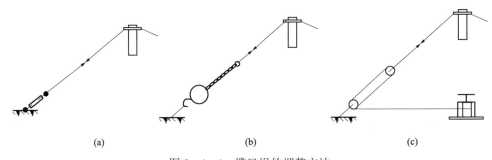

图 2-4-4 缆风绳的调整方法
(a)花篮螺栓调整;(b)手拉葫芦调整;(c)滑轮组配合卷扬机调整

【020404016】滑轮的作用有哪些?

答案:(1)定滑轮安装在固定位置的轴上,它只是用来改变绳索的受力方向,但不能改变绳索的速度,也不能省力。定滑轮通常作为导向滑轮和平衡滑轮使用。

(2)动滑轮安装在运动的轴上,与被牵引重物一样升降或移动,但不能改变用力的方向。使用动滑轮时,因设备或构件由两根钢丝绳分担,故每根钢丝绳所受的力为重物质量的 50%。

（3）导向滑轮也称开门滑轮、转向滑轮。它同定滑轮一样，只能改变钢丝绳的走向，既不能省力，又不能改变速度。使用时，将钢丝绳的中间部分从开口处放进去。导向滑轮通常用在起重抱杆的底脚处。

（4）滑轮组是由一定数量的定滑轮和动滑轮通过绳索穿绕而组成的。当利用滑轮组提升或移动重物时，必须将一个滑轮固定在某一固定支点上（定滑轮），其他滑轮则以绳索连接重物（动滑轮）。它具有定、动两种滑轮的特点，同时又能改变力的方向，而且省力，用多组滑轮组起吊设备或构件，其牵引力会更小。

【020404017】地锚的作用是什么？

答案：地锚又称地龙或桩锚，用于固定各种抱杆的缆风绳、导向滑轮、卷扬机及运输拖拉绳的滑轮组等，是起重吊装作业经常用到的特殊装置。

【020404018】起重滚动操作的注意事项有哪些？

答案：（1）滚动速度一般不宜过快，滚杠的直径与牵引力有关，直径大则牵引力可用小，一般木质滚杠为10～15cm为宜，钢质滚杠为5～15cm为宜。

（2）滚杠间的净距离，至少要保持10cm，一般情况为25～50cm。当然，每一工作中，滚杠间的净距离要根据被拖设备的荷重、外形尺寸、走道的材质、滚杠的直径、牵引力的大小来决定。

（3）滚动搬运时的牵引可以是人力或机械。当使用两台卷扬机进行牵引时，卷扬机的速度应基本相同，并由专人统一指挥。

（4）当设备经过的道路凹凸不平时，应用枕木或钢轨铺设滑道，以保证设备平稳、安全。

【020404019】起重重物绑扎的注意事项有哪些？

答案：（1）根据被吊重物的重量合理选择索具和吊具。

（2）根据被吊重物的形状、重心位置正确选择吊点，以确保吊运过程中重物的稳定性。

（3）用于绑扎的绳索不得用插接、打结或绳夹固定连接的方法缩短或加长。

（4）绑扎时，在重物的锐角处要用木板、橡胶垫等软物或半圆管进行保护，以防吊索损坏；如属凹腹件，在凹腹处要填方木等，保证绳索受力后重物绑绳处不发生变形。

（5）采用穿套绑扎法时的吊索应有足够的长度，以保证吊索与铅垂方向的夹角不超过45°。

（6）吊运大型或薄壁重物时，要充分考虑重物的强度，必要时应采取加固措施。

（7）绑扎时，应考虑吊索拆除是否方便，重物就位后吊索是否会被压坏。

【020404020】起重吊点确定的方法主要有哪些？

答案：（1）试吊法选择吊点。对于一般的吊装物件，如形状规则，可通过目测和简单的计算确定吊件的大致重心位置，通过试吊反复调整吊绳的绑点位置，最终将物件吊平衡。此种方法适用于吊装要求不高的物件，且在试吊时，物件距离地面的高度不得大于 500mm。

（2）有起吊吊耳的物件。配电柜、控制箱等设备，厂家在制造时大都设计配置了吊耳，此类设备吊装比较简单，施工时仅需要选择两根同等长度、满足吊件荷重要求的吊索，用卡环连接即可进行吊装。但在利用吊耳前，必须清楚此吊耳设计时作用，如确系吊装吊耳，则还须对吊耳进行外观检查，对一些重要精密件的吊耳，除外观检查外，还须根据吊装中吊耳的受力大小和方向进行强度核算。

（3）形状规则物件的吊点选择。形状规则物件的重心比较容易确定，如长（正）方形、柱状设备的重心是和物件的形心一致的，在水平吊装时，设备吊点可选择在重心点或重心点两侧的同等位置。

（4）两（多）台起重机吊同一物件时吊点的选择。两（多）台起重机吊同一物件时，主要考虑两（多）台起重机的负荷分配及设备的强度，以保证起重机不超负荷，设备不发生永久变形。在两（多）台起重机抬吊时，辅助起重机除满足吊装负荷外，更重要的是防止设备发生永久变形，其力矩稍大于设备的弯矩即可。

五、案例分析题

【020405001】某 32m 长的行车大梁，如何将其转动 90°？

参考答案

（1）用千斤顶顶高大梁，在大梁的重心位置下面搭设一个枕木垛，其底面积大小应能承受大梁全重，且确保大梁不会倾斜。

（2）在枕木垛上平整地放上 3 层不小于 10mm 的厚钢板，中间一块稍小于上下两块，并在上、下两层中间涂上黄油，再在钢板与大梁之间码上一层道木。

（3）用人力或卷扬机在大梁端部推动大梁，即可转动至任一角度。转动时，要求道木及转盘必须保持水平。

行车大梁旋转示意图如图 2-4-5 所示。

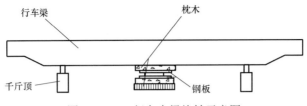

图2-4-5 行车大梁旋转示意图

【020405002】以倒落式人字抱杆组立门型应急抢修铁塔为例,介绍应急抢修铁塔的组立方法。

参考答案

(1)吊点布置。吊点绳的布置方式对索具受力影响不大,主要影响的是抢修塔塔身强度。在起立过程中塔身的抗弯力矩要大于吊点绳的受力。根据受力分析结果,吊点绳的布置方式为采用两点吊。

(2)牵引系统布置。牵引系统由总牵引绳、滑车组、牵引动力装置及其地锚组成。为保证组立抢修塔安全和受力合理,总牵引地锚出土点至抢修塔塔脚中心的距离 S 不能小于 1.2 倍抢修塔全高,经综合受力分析,取推荐值为 $S=2.6H$(H 为抢修塔重心高度)。

牵引方式常用复滑车组单头牵引。为防止滑车组的牵引绳子打绞,在动滑车上应悬挂重锤。牵引绳一端连接抱杆脱帽环,一端连接滑轮组的动滑轮。滑轮组的动滑车与牵引侧锚桩相连,动滑车侧与牵引钢绳相连,滑轮组滑轮间的距离应满足起吊完成后两滑轮互不碰撞,有足够的余地。总牵引地锚应位于线路中心线上或线路转角二等分线上,使牵引钢绳对地夹角不大于30°,地锚埋深根据设计要求。牵引机具地锚尽量和总牵引地锚在一条线上,如果地形不允许,则必须设置转向滑车,地锚深度按设计要求。

门型应急抢修塔组立现场布置图如图2-4-6所示。

(3)抱杆系统布置。现场操作时,人字抱杆摆放到位后,将抱杆脚与底座相连接,再将两抱杆头部合拢置于杆塔结构中心线上,再安装抱杆脱帽环。为了方便抱杆脱帽环的安装,抱杆头部应利用马凳等设备将抱杆支起。人字抱杆是整体起立抢修塔的关键,现场主要对抱杆截面、抱杆有效高度、前移距和初始角进行选取。抱杆截面主要根据立塔过程中抱杆允许受的压力进行选择;抱杆有效高度推荐值为 $h=0.9\sim1.1H$;抱杆前移距指的是抱杆脚至抢修塔塔脚中心的距离,推荐值为 $a=0.25\sim0.35H$;抱杆初始角推荐值为 70°,初始角过小抱杆不容易脱落,过大时抢修塔还没有立起抱杆就脱落了。

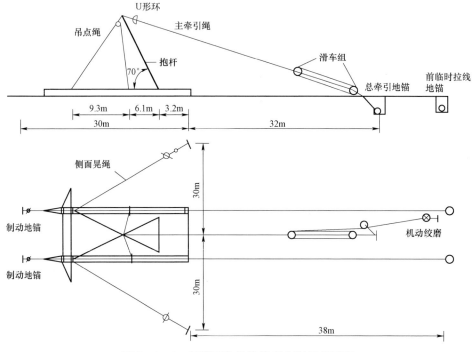

图 2-4-6　门型应急抢修塔组立现场布置图

（4）制动绳的布置方式及地锚至塔脚中心的距离。制动系统的作用是在抢修塔起立过程中起制动作用。制动系统包括制动绳、滑车组、制动装置和地锚，这主要取决于抢修塔的重量、制动绳的受力大小等。制动绳至塔脚中心的距离不影响制动绳受力，主要考虑看管制动系统人员的安全，即此距离不得小于 1.2 倍塔全高。制动绳的布置方式常采用手扳葫芦，制动绳一端用卸扣锁住塔脚，另一端与制动滑轮组的动滑轮相连，滑轮组的定滑轮与制动地锚相连。制动地锚位于主杆的延长线上，距离立柱中心不小于 1.2 倍杆高。

（5）四方临时拉线的布置。四方临时拉线可以采用滑车组、手扳葫芦等方式调节控制，临时拉线主要用于电杆两侧及后方侧，其上端应绑扎在电杆杆身靠近上吊点（两吊点或三吊点时）的下方。临时拉线展放时应注意在电杆起立后不与制动绳、永久拉线等交叉打绞。临时拉线收紧装置一般采用复滑车组，临时拉线及其滑车组的钢丝绳长度应计算准确，避免塔起立后钢丝绳不够长或者过长甚至滑车组钢绳不能发挥作用。侧面临时拉线地锚在牵引方向两侧布置，反向临时拉线地锚布置在牵引反方向，地锚坑与杆塔中心的距离不应小于塔全高的 1.2 倍。

（6）永久拉线布置。抢修塔组立后主要靠拉线平衡纵向和横向荷载，因此拉线的搭设方案对抢修塔的安全至关重要。拉线布置方案有很多种，单层拉线时，单杆塔、上字型塔、门型塔永久拉线不得少于 4 根。单杆塔、上字型塔的布置形式为顺线路与横线路相互垂直地打十字拉线。门型塔的布置形式为顺线路两侧打交叉拉现货其他形式拉线，但需要检验。采用 X 拉线对地夹角不宜大于 60°。设双层拉线时，采用外八字或 X 拉线，顶层斜外侧设 4 根拉线，下层斜外侧设 4 根拉线，拉线对地夹角不宜大于 60°，前后侧拉线夹角宜为 90°，具体布置如图 2-4-7 所示。

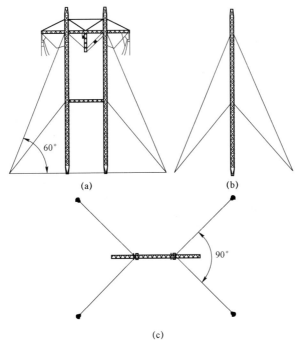

图 2-4-7 双层拉线外八字拉线示意图
（a）正视图；（b）侧视图；（c）俯视图

【020405003】330kV 变压器如何旋转 180°？

参考答案

（1）先在变压器下面以木板或钢板垫实，再用 4 只 100t 的液压千斤顶顶在变压器四角，利用变压器本身的牛腿将其顶起。

（2）变压器被顶起一定高度后，在其下部穿入 6～7 根钢轨作为滑道，钢轨之间用钢管填充。滑道的尺寸要与上转盘相配并略大于上转盘底面积。

（3）在轨道上加一块 36mm 厚的钢板作为变压器旋转的上转盘，在钢轨和钢板之间涂上黄油。钢板的尺寸要与变压器底面相配并略大于变压器底面积。

（4）将牵引绳绑扎在变压器对角的两个吊耳上，检查无误后，用两台卷扬机或其他牵引力，缓慢将其旋转180°，如图 2-4-8 所示。

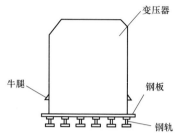

图 2-4-8 变压器旋转 180°

【020405004】钢筋混凝土预制梁如何吊装？

参考答案

预制梁一般都设有吊环，因此，在吊装时只需用两根等长、等径的钢丝绳与吊环和吊钩连接就可起吊。对于没有设置吊环的预制梁，一般用千斤绳兜住起吊，两根钢丝绳应兜在梁的重心对称位置上，以保证起吊后梁呈水平状态，同时，两根钢丝绳之间的夹角不能大于60°，如图 2-4-9 所示。

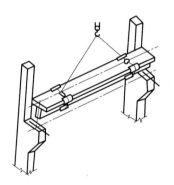

图 2-4-9 钢筋混凝土
预制梁的吊装

【020405005】如何移动抱杆？

参考答案

移动抱杆的动力可借助卷扬机来牵引。当抱杆的移动方向为卷扬机一侧时，则可将原有的起重绳索固定在导向滑轮上，然后启动卷扬机，抱杆就会向卷扬机一侧移动，如图 2-4-10（a）所示。当抱杆的移动方向为卷扬机反方向时，可在抱杆的根部另装一导向滑轮，用一根绳索绕过该导向滑轮，绳索的一头连接到与抱杆移动方向相同的方向的地锚上，另一头则与吊钩相连，然后启动卷扬机，吊钩上升，抱杆就会向卷扬机远端一侧移动，如图 2-4-10（b）所示。抱杆移动时，要放长与移动方向相反一侧的缆风绳，使抱杆向移动方向倾斜15°～20°，然后启动卷扬机以移动抱杆的下部，同时收紧移动方向的缆风绳，如此一收一紧，直至将抱杆移动到需要的位置。移动时，操作人员要听从指挥，以确保抱杆的稳定性。

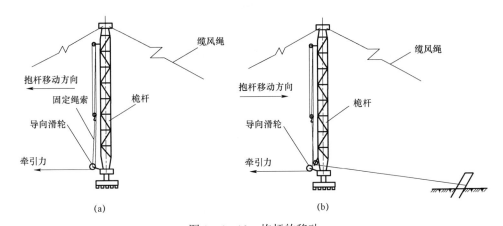

图 2-4-10　抱杆的移动

（a）同方向移动抱杆；（b）反方向移动抱杆

课题五

应急救援现场交通管理与应急驾驶

一、单选题

【020501001】应急驾驶是在（　　）下的一种驾驶状态。

（A）特殊情况；　　（B）紧急情况；　　（C）越野状态；　　（D）恶劣环境。

答案：B

【020501002】在接近弯道时制动减速，待确认对方无来车或已知道己车已进弯道时，加大油门驶过弯道，这就是（　　）。

（A）入弯减速，出弯加速；　　　　（B）近弯制动，离弯加油；

（C）弯前减速，弯中加速；　　　　（D）弯前减速，弯后加速。

答案：C

【020501003】车辆越过障碍物的方法一般采用（　　）。

（A）飘移法；　　（B）惯性法；　　（C）收油法；　　（D）快速通过法。

答案：B

【020501004】在越过沟槽形障碍物时可采取切线横越的方式，即车辆和沟槽只要不形成（　　）的夹角接近，先用一侧车轮下沟或上沟。

（A）锐角；　　（B）钝角；　　（C）平角；　　（D）直角。

答案：D

【020501005】急于赶路时，可采用（　　）的方法，可保证车辆安全快速地在蜿蜒的山路上行驶，但这样会有些费油。

（A）入弯减速，出弯加速；　　　　（B）近弯制动，离弯加油；

（C）弯前减速，弯中加速；　　　　（D）弯前减速，弯后加速。

答案：A

【020501006】雪地驾驶时，无论是起动还是正常行驶，都要记住（　　）。

（A）早给油；　　（B）晚收油；　　（C）少给油；　　（D）多给油。

答案：C

【020501007】雨天直接影响行驶安全的主要因素是视线受阻和（　　），如雨水洒落使车窗和后视镜模糊不清，潮湿路面光线反射、路面打滑等。

（A）刹车带水；　　（B）路面变化；　　（C）车辆漏水；　　（D）雨量变化。

答案：B

【020501008】车辆防抱死制动系统在制动过程中可自动调节车轮制动力，防止车轮抱死以取得最佳制动效果，简称（　　）。

（A）ABS；　　（B）ESP；　　（C）ASR；　　（D）ACC。

答案：A

【020501009】以下不属于车辆脱困用常规装备的是（　　）。

（A）绞盘；　　（B）车载电台；　　（C）拖车带；　　（D）拖车钩。

答案：B

【020501010】车辆行驶中制动突然失灵或失效时，驾驶人要沉着镇静，以控制方向为第一应急措施，再迅速利用（　　）或驻车制动进行减速。为发挥最大制动作用，使用驻车制动器时不可将操纵杆一次性拉紧。

（A）抢挡；　　（B）油门；　　（C）熄火；　　（D）漂移。

答案：A

【020501011】对于转向失控的车辆，最有效的控制方法是（　　）。

（A）轻踩刹车；　　　　　　（B）发动机制动；

（C）平衡制动；　　　　　　（D）控制好方向。

答案：C

【020501012】车辆轮胎上205/55R1691V的型号标记中，V的含义是（　　）。

（A）速度级别；　　（B）花纹类型；　　（C）轮胎直径；　　（D）轮胎类型。

答案：A

【020501013】车辆轮胎胎压一般为2.2~2.6bar，其中1bar等于（　　）kPa。

（A）10；　　（B）75；　　（C）100；　　（D）150。

答案：C

【020501014】有些道路经重载货车反复碾压，形成两道很深的车辙，轻型车辆应尽可能使两侧车轮一侧沿车辙、一侧沿（　　）部分行驶。

（A）路基边缘；　　（B）另一侧车辙；　　（C）较平整；　　（D）中间凸起。

答案：D

【020501015】山区道路应尽量避免停车，确实需要时应选择（　　）、视线好的安全地段。

（A）上坡路段；　　（B）下坡路段；　　（C）相对平直；　　（D）相对宽阔。

答案：C

【020501016】车辆在山区道路跟车行驶时，与前车应（　　）安全距离。

（A）适当减小；　　（B）保持；　　（C）适当加大；　　（D）根据情况确定。

答案：C

【020501017】车辆在山区道路超车时，应选择宽阔的（　　）路段，打开左转向灯，提前鸣笛，在确认前车同意后超越。

（A）平直；　　（B）缓下坡；　　（C）陡下坡；　　（D）缓上坡。

答案：D

【020501018】车辆在禁止超车或不具备超车条件的路段（　　）超车。

（A）严禁；　　（B）不准；　　（C）慎重；　　（D）不可。

答案：A

【020501019】车辆通过山区危险路段，应谨慎驾驶，避免停车，在较窄的山路上行车时，若（　　）的一方车辆不让行，则应提前减速并选择安全的地方避让。

（A）远离山体；　　（B）靠近山体；　　（C）上坡路段；　　（D）下坡路段。

答案：B

【020501020】平时在山区行车时应注意道路旁的（　　）标志，在此路段不要停车。

（A）谨防落石；　　　　　　　　　（B）禁止停车；

（C）连续弯道；　　　　　　　　　（D）事故多发路段。

答案：A

【020501021】在极端糟糕的陷车情况下，车辆轮胎压力最小可以降低到（　　）kPa，这是很多轮胎在静止条件下能够保持附着在轮圈上的最低压力要求。

（A）20；　　（B）30；　　（C）40；　　（D）60。

答案：C

【020501022】在大多数情况下，（　　）kPa 是调整车辆胎压的最低极限，因为 40kPa 压力下轮胎很容易损坏，如脱出轮圈或胎壁被刺破。

（A）20；　　（B）30；　　（C）40；　　（D）60。

答案：D

【020501023】沙地驾驶车辆的要诀就是保持（　　）。

（A）低胎压；　　（B）高摩擦力；　　（C）动力；　　（D）低速度。

答案：C

【020501024】车辆在爬山或经过泥泞地带时尽可能以（　　）进行冲击，这就要求在驶入前勘察好冲击路线。

（A）高速；　　（B）直线；　　（C）弧线；　　（D）制动。

答案：B

【020501025】常见的四驱车爬坡极限通常为（　　），车身设计、分动箱齿轮、轮胎的抓地力、地面的干硬湿滑对爬坡都有影响。

（A）20°～25°；　　（B）25°～30°；　　（C）30°～35°；　　（D）35°～40°。

答案：C

【020501026】如遇到上坡中途车辆动力不足无法继续前进，可立即停住挂入（　　），利用发动机的牵引力，配合点刹，保持方向盘正直，慢慢退回到坡下。

（A）空挡；　　（B）低速挡；　　（C）高速挡；　　（D）倒挡。

答案：D

【020501027】车辆在极陡的坡道上挂一挡上坡，如果坡太陡，发动机转速不断下降，以至随时可能熄火的时候，应（　　）。

（A）②③①④；　　（B）①②③④；　　（C）③②①④；　　（D）④①③②。

注：① 在车辆将后溜而未溜的瞬间；② 迅速踏下离合器踏板解脱发动机动力；③ 同时迅速踏下油门踏板增加发动机转速；④ 放松离合器接通动力。

答案：A

【020501028】车辆一旦在坡上发生打滑或后退，应迅速在车辆将要后退的一瞬间挂上倒挡，同时接合离合器，利用发动机的（　　）减缓后退车速，并且连续点刹，绝对不要把刹车踩死，保持原来的上坡路线退下来。

（A）牵引力；　　（B）牵阻力；　　（C）转速；　　（D）惯性力。

答案：B

【020501029】在急流中须防止车辆被冲翻，车辆以顺着水流（　　）的方向渡水前进，是比较安全的方法。

（A）小于30°；　　（B）45°；　　（C）大于45°；　　（D）0°。

答案：B

【020501030】车辆发生侧滑时，应立即松抬制动踏板。同时向侧滑的（　　）转动方向盘，并及时回转进行调整，修正方向后继续行驶。

（A）同方向；　　（B）反方向；　　（C）左方；　　（D）右方。

答案：A

【020501031】冲锋舟的船外机必须正确、牢固安装，否则会造成因船外机固定不牢而从（　　）弹出，造成严重伤害或损失。

（A）尾管中；　　（B）艉板上；　　（C）船舷上；　　（D）船内。

答案：B

【020501032】冲锋舟的船外机结束行驶后，应先关闭电锁，拆除油管，将发动机叶轮搬离水面后（　　），或拆除发动机至包装箱内。

（A）解锁定位销；　　　　　　　　（B）移入舟内；

（C）锁定定位销；　　　　　　　　（D）旋转90°。

答案：C

【020501033】冲锋舟的船外机结束行驶后，油箱需（　　），放置在安全地点。

（A）拧紧供油阀；　　　　　　　　（B）拧紧呼吸阀；

（C）松开固定螺丝；　　　　　　　（D）清洗干净。

答案：B

【020501034】冲锋舟艉板的垂直高度应符合要求，过高会造成（　　）。

（A）接触不到水面；　　　　　　　（B）操作困难；

（C）重心不稳；　　　　　　　　　（D）冷却水供给不足。

答案：D

【020501035】冲锋舟的船外机启动前油管应（　　）并充满燃料。

（A）预热；　　（B）固定；　　（C）理顺；　　（D）排空。

答案：D

【020501036】冲锋舟的船外机启动前应将（　　）系于船外机上。

（A）安全绳；　　（B）钢丝绳；　　（C）后备绳；　　（D）安全带。

答案：A

【020501037】冲锋舟的船外机的磨合期一般为（　　）h，如果是二冲程船外机，在磨合期间要特别注意二冲程机油的配比。

（A）10；　　（B）24；　　（C）50；　　（D）72。

答案：A

【020501038】做好航行中的（　　）是完成冲锋舟航行和保障任务的重要条件之一，也是避免机械或人员溺水事故的有效措施。

（A）安全工作；　　（B）路线规划；　　（C）设备检查；　　（D）航速控制。

答案：A

【020501039】冲锋舟的操作手必须是经过学习、训练，掌握机械性能和安全驾驶知识，熟悉水上航行规则，有（　　），会排除常见故障的驾驶员。

（A）资格证书；　　　　　　　　（B）实际驾驶经验；

（C）维修维护技能；　　　　　　（D）单独操作能力。

答案：D

【020501040】冲锋舟操作手的视野不允许被任何东西所阻挡，尤其是（　　）。

（A）正前方；　（B）侧后方；　（C）右前方；　（D）左前方。

答案：A

【020501041】驾驶冲锋舟时，一般将（　　）km 视为危险的能见距离。

（A）0.5；　（B）1；　（C）1.5；　（D）2。

答案：B

【020501042】如果在（　　）的情况下使用冲锋舟船外机，不要突然加速。

（A）载物；　（B）载人；　（C）载重很轻；　（D）载重很重

答案：C

【020501043】冲锋舟上使用过的零件或工具，应妥善放置在适当的位置，以防（　　）。

（A）丢失；　（B）生锈；　（C）伤人；　（D）落水。

答案：D

【020501044】冲锋舟载重要均匀，使舟底与水面（　　），以取得良好的航行效果。

（A）稍微倾斜；　（B）接近平行；　（C）垂直；　（D）小于30°。

答案：B

【020501045】冲锋舟最好不要在夜里和恶劣的天气环境下出航，除非正确地安装和使用了（　　）。

（A）照明系统；　　　　　　　　（B）紧急呼叫系统；

（C）地理信息系统；　　　　　　（D）导航系统。

答案：D

【020501046】冲锋舟靠岸时应（　　）靠近码头。

（A）顺水；　（B）逆水；　（C）横向；　（D）匀速。

答案：B

【020501047】冲锋舟（　　）是实施快速、安全救援行动的关键环节。

（A）安全驾驶； （B）过硬质量； （C）驾驶水平； （D）操作水平。

答案：A

【020501048】在雾、雨、雪、雹等不良天气现象中，（ ）对能见距离的影响最大，而且持续时间较长。

（A）雾； （B）雨； （C）雪； （D）雹。

答案：A

【020501049】若条件允许时，最好将冲锋舟的进入点选在激流的（ ）。进入前，先将舟通过系溜绳固定，再通过放松系留绳使舟顺水漂流至预定地点。

（A）正面； （B）侧面； （C）下游； （D）上游。

答案：D

【020501050】至少应教会（ ）名冲锋舟的船外机起动和操作副驾驶，以顶替因突发事故而不能操作的主驾驶。

（A）1； （B）2； （C）3； （D）4。

答案：A

【020501051】冲锋舟的船外机启动后，立即推（ ）拉杆以打开风门。

（A）回风门； （B）进风门； （C）油门； （D）刹车。

答案：A

【020501052】冲锋舟的船外机启动时，将船外机怠速油针向反时针方向旋转，可使混合气（ ）。

（A）变稀； （B）不变； （C）变浓； （D）均匀。

答案：C

【020501053】冲锋舟一般采用（ ）的方法离岸。

（A）倒退调头； （B）旋转调头； （C）直线前进； （D）旋转向前。

答案：A

【020501054】驾驶冲锋舟时，对（ ）要及早发现，及早报告，合理避障，妥善除障。

（A）险情； （B）障碍； （C）设备故障； （D）水文水情。

答案：B

【020501055】夜暗条件下，冲锋舟已有的障碍程度增加，（ ）变得异常困难。

（A）良好照明； （B）搜寻被困人员；

（C）及时发现障碍； （D）驾驶。

答案：C

【020501056】在夜暗条件下操舟，尽可能在白天选定航行路线，并在两岸选择明显的固定目标或航灯作为分辨方向的（　　）标记。

（A）特殊；　（B）主要；　（C）依据；　（D）横渡。

答案：D

【020501057】在夜暗条件下操舟，（　　）应当用钩镐探测水深情况，发现问题及时报告。

（A）驾驶员；　（B）主操作手；　（C）副操作手；　（D）乘员。

答案：C

【020501058】四冲程船外机磨合期后须更换四冲程机油，以后通常是每（　　）更换一次机油。

（A）行驶 2000km；　　　　　　（B）行驶 5000km；

（C）运行 100h；　　　　　　　（D）运行 1000h。

答案：C

【020501059】如果冲锋舟是水冷的船外机则要在水里启动，否则容易造成（　　）的磨损和机器的过热。

（A）变速器；　（B）汽缸；　（C）活塞；　（D）水泵叶轮。

答案：D

【020501060】混合好的燃油很容易变质，建议混合好的燃油存放时间不要超过（　　）。

（A）1 个月；　（B）3 个月；　（C）半年；　（D）1 年。

答案：A

二、多选题

【020502001】突发事件现场的特点决定了应急救援现场交通的紧急性和重要性，以及应急救援现场交通管理的（　　）。

（A）严重性；　（B）紧迫性；　（C）特殊性；　（D）复杂性。

答案：BCD

【020502002】现场负责人发现有人员受伤或交通事故等情况又无法处理时，应及时拨打 110、119、120、122 等报警电话，详细说明（　　）及联系电话，并派人到路口接应。

（A）事发地点；　　　　　　　　（B）车辆号牌；

（C）灾害程度；　　　　　　　　（D）人员伤亡情况。

答案：ACD

【020502003】当陆路不能到达应急救援现场时，需要使用到冲锋舟、橡皮艇等水上交通工具，甚至需要架设简易（　　）等。

（A）浮桥；　　（B）滑梯；　　（C）索道；　　（D）拦河坝。

答案：AC

【020502004】应急驾驶包括日常驾驶的三要素或者三步骤，虽然这三要素有时会是同时进行的，但可以依据细微差别给其排序，即（　　）。

（A）路线选择；　　（B）道路勘察；　　（C）方向控制；　　（D）动力选择。

答案：BCD

【020502005】应急驾驶的原则是（　　）。

（A）安全保障；　　（B）快速通过；　　（C）完好无损；　　（D）有效到达。

答案：ABD

【020502006】因山区道路的交通动态与平原及市区的交通动态差别很大，路上常有小型机动车辆或放牧人、畜等，加之道路崎岖、坡陡弯多，所以驾车驶入山区道路后，应特别注意（　　）。

（A）"连续转弯"标志；　　　　（B）主动避让；

（C）适时减速；　　　　　　　（D）提前鸣笛。

答案：ABCD

【020502007】车辆通过山路弯道时，要按照（　　）的规则，提前降低车速。避免在转弯时换挡，以确保双手能有效地控制方向盘。

（A）减速；　　（B）闪灯；　　（C）鸣笛；　　（D）靠右行。

答案：ACD

【020502008】崎岖凹凸地面主要包括（　　）等。

（A）戈壁滩；　　（B）乱石堆；　　（C）干河床；　　（D）山区碎石路。

答案：ABCD

【020502009】沙地主要包括（　　）等。

（A）沙漠；　　（B）流动沙丘；　　（C）海滩；　　（D）工地沙堆。

答案：ABCD

【020502010】车辆在雪地行驶时，（　　）易引起侧滑。

（A）紧急刹车；　　（B）转向不足；　　（C）转向过度；　　（D）速度过快。

答案：ABC

【020502011】风、雨、雪等复杂气象条件下行车，应开启（　　）。

（A）近光灯；　（B）远光灯；　（C）示宽灯；　（D）后位灯。

答案：ACD

【020502012】在救援水域航行的冲锋舟必须根据（　　），采取切实可行的避障处置措施。

（A）障碍类型；　（B）障碍高矮；　（C）障碍程度；　（D）障碍距离。

答案：AC

【020502013】预防车辆爆胎的正确方法主要有定期检查轮胎、（　　）、更换有裂纹或损伤较深的轮胎。

（A）保持标准气压；　　　　　（B）更换有裂纹或损伤较深的轮胎；

（C）保持较高气压；　　　　　（D）及时清理轮胎沟槽里的异物。

答案：ABD

【020502014】车辆常见的备胎种类有（　　）。

（A）标准备胎；　　　　　　　（B）全尺寸备胎；

（C）非全尺寸备胎；　　　　　（D）充气式备胎。

答案：BCD

【020502015】车辆停好准备换备胎时，三角警示牌在一般道路上应放在（　　）m以外，高速上应放在（　　）m以外，一般道路在能见度较低的雨雾天气或者夜晚，警示牌应在150m以外。

（A）50；　（B）100；　（C）150；　（D）200。

答案：AC

【020502016】在车辆的检查和保养中，需要（　　）后，对车辆轮胎定期进行换位。

（A）间隔一定时间；　（B）行驶一段距离；　（C）5年；　（D）1万km。

答案：AB

【020502017】在冬季或者经常下雪的地方行车时可使用冬季轮胎，因为这种轮胎比一般轮胎（　　）。

（A）胎肩较宽；　（B）材料较软；　（C）花纹细密；　（D）花纹粗大。

答案：ABC

【020502018】关于雪地驾驶的注意事项，以下说法正确的是（　　）。

（A）夜晚上雪山相对白天更安全一些；

（B）可以轻踩油门，狠踩刹车；

（C）不要尝试去翻越雪山；

（D）行车时不要制动、转向同时进行。

答案：ACD

【020502019】按照材质可将防滑链分为（　　　）。

（A）铁质防滑链；　　　　　　　（B）钢制防滑链；

（C）牛筋防滑链；　　　　　　　（D）橡胶防滑链。

答案：ACD

【020502020】松车辆轮胎螺栓时，需用到随车工具中的套筒扳手，应记住（　　　）的规则。

（A）向左松；　　（B）向右松；　　（C）向左紧；　　（D）向右紧。

答案：AD

【020502021】方向盘的有效控制合理调整对保持正确合理的车辆姿态至关重要，而车辆在行进中的姿态控制直接关联（　　　）等影响到整体安全的因素。

（A）视野变化；　　（B）重心变化；　　（C）整车位移；　　（D）驾驶姿态。

答案：BC

【020502022】应急驾驶时最有效的姿势是身体坐直。在这种姿势下，身体最容易保持稳定，（　　　）时最灵活。

（A）转向；　　（B）取物；　　（C）制动；　　（D）离合。

答案：ACD

【020502023】当汽车前轮接触障碍物的一瞬间，惯性被分解成（　　　），汽车的动力成为它们合力向中间方向作用力。

（A）向下的力；　　（B）向上的力；　　（C）向后的力；　　（D）前进的力。

答案：BD

【020502024】冲锋舟是防汛抢险活动中的一种高效实用水域交通工具，冲锋舟动力多用（　　　）驱动，也可用（　　　）操行。

（A）螺旋桨；　　（B）船外机；　　（C）船内机；　　（D）桨。

答案：BD

【020502025】根据舟体所用材料不同，冲锋舟分为（　　　）。

（A）玻璃钢板冲锋舟；　　　　　　（B）木制冲锋舟；

（C）橡胶布冲锋舟；　　　　　　　（D）钢制冲锋舟。

答案：AC

【020502026】冲锋舟主要用于（　　　）等。

（A）抗洪抢险；　　　　　　　　　（B）水上救援；

（C）竞技比赛；　　　　　　　　　　（D）政府机构执行海事任务。

答案：ABD

【020502027】冲锋舟的主要特点有（　　　）。

（A）操纵性好；　　　　　　　　　（B）航行稳定；

（C）安装简易；　　　　　　　　　（D）反应速度快。

答案：ACD

【020502028】冲锋舟存在一定客观局限性，如（　　　）、抗风浪能力不强等。

（A）油耗大；　　　　　　　　　　（B）附属仪器少；

（C）冷机时不易启动；　　　　　　（D）摇摆度大。

答案：BCD

【020502029】装卸冲锋舟要注意（　　　），防止碰撞出现舟体变形。

（A）舟体平衡；　　（B）固定牢靠；　　（C）防止重压；　　（D）防止碰撞。

答案：ABCD

【020502030】冲锋舟操作手和乘船人员必须身着救生衣，操作手要注意判断（　　　），遇浅滩或障碍物必须将发动机搬起做浅水行驶，避免发动机叶浆损坏。

（A）速度；　　（B）水流；　　（C）水深；　　（D）发动机温度。

答案：BC

【020502031】驾驶冲锋舟时，操作手严禁酒后驾驶，以免（　　　）。

（A）影响判断能力；　　　　　　　　（B）影响快速反应能力；

（C）威胁行驶安全；　　　　　　　　（D）影响公司声誉。

答案：ABC

【020502032】当操作手以大于怠速的速度操作冲锋舟时，任何（　　　）都不许挡住操作手的视野。

（A）障碍；　　（B）树木；　　（C）乘员；　　（D）负载。

答案：CD

【020502033】冲锋舟在行驶过程中，应保证冲锋舟上的每个人员都按规定入座。不允许任何人坐在或骑在不是设计用来作为人员入座的冲锋舟的其他部分，这些部分包括（　　　）。

（A）甲板；　　（B）舟尾；　　（C）船舷；　　（D）座位。

答案：ABC

【020502034】操作手的错误操作可能会对冲锋舟的（　　　）造成不良影响。

（A）速度；　　（B）安全；　　（C）稳定；　　（D）操控。

答案：BCD

【020502035】冲锋舟在使用时，应确保包括（　　）在内的所有基础设备都已经安放在甲板上，并为可能出现的危险预备附加的安全设备。

（A）船桨；　　（B）抽水泵；　　（C）救生衣；　　（D）发电机。

答案：AB

【020502036】冲锋舟配置的（　　），应妥善放置在适当的位置，以防落水。

（A）发动机；　　（B）座椅；　　（C）备件；　　（D）工具。

答案：CD

【020502037】根据我国有关法律规定，突发事件现场需要实行交通管制，对交通实行（　　）。

（A）临时性限制；　　（B）限行；　　（C）同行政管理；　　（D）特殊管理。

答案：AD

【020502038】冲锋舟横过激流时，要（　　）。

（A）准确把握航向；　　　　　　（B）均匀分布载重；

（C）准确控制油门；　　　　　　（D）沉着应对熄火。

答案：ABCD

【020502039】车辆坡道行驶，应提前观察（　　），减挡要及时、准确、迅速，避免拖挡行驶致使发动机动力不足。

（A）路况；　　（B）冲坡速度；　　（C）坡道长度；　　（D）轮胎状况。

答案：AC

三、判断题

【020503001】应急救援现场交通管理应具备夜间闪光警示灯、反光警示围栏、彩旗、哨子等警示用品。　　　　　　　　　　　　　　　　（　　）

答案：√

【020503002】应急驾驶，顾名思义是在紧急情况下的一种驾驶状态。（　　）

答案：√

【020503003】应急驾驶一般会面对恶劣天气、复杂地形、意外情况，这就要求做到及时、快速、有效到达。　　　　　　　　　　　　　　　（　　）

答案：√

【020503004】应急驾驶所采取的姿势与日常驾驶基本相同，不同的是越野驾驶中常遇到大起大伏的路面，汽车的姿态是不断变化的。　　　　　（　　）

答案：×

【020503005】应急车辆的座位一般装置得较高，而且不像轿车的座位有较大的倾斜度。　　　　　　　　　　　　　　　　　　　　　　（　　）

答案：√

【020503006】为了减少颠簸，在应急驾驶时，一定要使后背紧贴座椅背，不要留有前后摆动的余地。　　　　　　　　　　　　　　　　　　　（　　）

答案：×

【020503007】标准驾驶惯性法就是在接近障碍物时停止加速，待前轮接触障碍物后，加大油门使车轮克服障碍。　　　　　　　　　　　　　　（　　）

答案：√

【020503008】应急驾驶人员必须熟练掌握山区道路、隧道、特殊路面等特殊道路的行车方法和注意事项。　　　　　　　　　　　　　　　　　（　　）

答案：√

【020503009】在山路上驾车，大部分人的感觉是比长时间在平直的公路上行驶疲劳。　　　　　　　　　　　　　　　　　　　　　　　　　　（　　）

答案：×

【020503010】车辆在山路上行驶要尽可能地保持良好的视线，视点要远且要尽量看清路面情况和路边环境。　　　　　　　　　　　　　　　（　　）

答案：√

【020503011】车辆下坡时应适当控制车速，充分利用发动机进行制动，不可空挡滑行。　　　　　　　　　　　　　　　　　　　　　　　　（　　）

答案：√

【020503012】陡坡主要包括山区、水坝、铁路护坡等。　　　　（　　）

答案：√

【020503013】车辆上大坡应注意一定要迎着坡上，切不可侧向行驶，一旦侧坡超过 20°，车辆就可能发生侧翻滚，后果极其严重。　　　　　　（　　）

答案：×

【020503014】理论上，如果车辆轮胎打滑，就要松开油门踏板，以恢复牵引力。　　　　　　　　　　　　　　　　　　　　　　　　　　　（　　）

答案：√

【020503015】有 ABS 系统的车辆在刹车时有一定的转向能力，因此要充分利用好这种能力。　　　　　　　　　　　　　　　　　　　　　　（　　）

答案：×

【020503016】发现车辆轮胎漏气时，驾驶人应紧握方向盘，慢慢制动减速，极力控制行驶方向，尽快驶离行车道。　　　　　　　　　（　　）

答案：√

【020503017】行车中发动机突然熄火时，若不能再次起动，应开启右转向灯，将车快速滑行到路边停车检查熄火原因。　　　　　　　　（　　）

答案：×

【020503018】车辆突然发生倾翻时，驾驶人应双手紧握方向盘，双脚钩住踏板，背部紧靠座椅靠背，稳定身体，避免自身在车内撞伤，进而注意避免因车体变形而遭挤压受伤。　　　　　　　　　　　　　　　（　　）

答案：√

【020503019】车辆发动机着火时应迅速停熄发动机，用灭火器或覆盖法灭火，紧急时可开启发动机罩后灭火。　　　　　　　　　　（　　）

答案：×

【020503020】作为一名驾驶人员，无论是进行正常驾驶还是进行应急救援，首要责任是行车安全，安全是驾驶员的生命线，不管在什么环境下，时刻都要敲响警钟，认真吸取他人的交通事故教训，自觉遵守交通法规，保障道路畅通和救援顺利。　　　　　　　　　　　　　　　　（　　）

答案：√

【020503021】装有动力转向装置的车辆，突然出现转向不灵或转向困难时，可继续驾驶，直到找到并选择安全地点停车。　　　　　　（　　）

答案：×

【020503022】应急驾驶时，车辆非常缓慢地通过可使车辆发生倾斜的障碍物时，最好解开安全带，不要限止身体左右摇摆。　　　　　　（　　）

答案：√

【020503023】应急驾驶时，正确把握方向盘的方法是左手握住方向盘9点位置，右手自然握住方向盘3点的位置。　　　　　　　　　（　　）

答案：√

【020503024】冲锋舟应设有专用仓库，指定专人负责维护管理。　（　　）

答案：√

【020503025】冲锋舟存放时，不需要支架固定，但必须对凸起部位用废旧轮胎做保护，防止表面磨损。　　　　　　　　　　　　　（　　）

答案：×

【020503026】放低冲锋舟艉板，能使前向推力增加，提高航速。　（　　）

答案：×

【020503027】冲锋舟的燃油按规定的号数和比例调剂好并注入油箱，不可注满。　（　　）

答案：×

【020503028】冲锋舟船外机的螺旋桨被稻草、电线等缠绕后，往往会出现动力降低甚至死机的现象。　（　　）

答案：√

【020503029】冲锋舟四冲程船外机的新机器在运输过程中是不含机油的，所以需确认好再启动。　（　　）

答案：√

【020503030】冲锋舟一般采用边旋转边调头的方法离岸。　（　　）

答案：×

【020503031】冲锋舟在航行中，水冷的船外机一般情况下允许长时间使用高速运行。　（　　）

答案：×

【020503032】冲锋舟在渡江河时，舟首应偏向下游或与波浪成适合角度，严禁与波浪平行。　（　　）

答案：×

【020503033】舟船操作手必须熟悉水上航行的交通规则，远离来往航行船舶。　（　　）

答案：×

【020503034】安全第一是在应急救援乃至日常工作生活中的首要原则，在应急驾驶中更是如此。　（　　）

答案：√

【020503035】决定安全与否的因素有很多，但关键因素还是人。　（　　）

答案：√

【020503036】应急驾驶人员必须有一个严肃认真的态度，确保应急驾驶的安全。　（　　）

答案：√

【020503037】有效到达指的是在应急驾驶的过程中要做到快速有效和节约时间，还要保证到达指定地点后，车辆、人员、装备都要状态正常、完好无损，

能够马上展开后续的救援行动。 （ ）

答案：×

【020503038】应急响应机制运转后，应立即组织交通安全管理人员赶赴抢修现场，随后根据实际需要分批增援、替换轮动。 （ ）

答案：√

【020503039】在船外机启动前，必须详细阅读操作说明书中的启动前检查项目表。 （ ）

答案：√

【020503040】车辆换胎时车应停靠在安全位置，避免转弯处停车，不影响其他车辆正常行驶，地面应平坦坚硬便于轮胎更换。 （ ）

答案：√

四、问答题

【020504001】应急救援现场交通管理应具备什么条件？

答案：（1）无线网络功能的笔记本电脑（用于车辆 GPS 定位）或已安装定位仪器的车辆、对讲机等通信工具、通信录。

（2）应急照明器具、急救包及药品、应急食品等。

（3）安全帽、防雨（保暖）服、警示服等个人防护用品。

（4）脱困板、防滑链等防滑材料和脱困器具。

（5）夜间闪光警示灯、反光警示围栏、彩旗、哨子等警示用品。

（6）"交通指挥"和"安全监督"字样的袖标，配备车辆检修的常用工器具。

【020504002】应急驾驶的原则是什么？

答案：（1）安全保障。安全第一是在应急救援乃至日常工作生活中的首要原则，在应急驾驶中更是如此。决定安全与否的因素有很多，如驾驶人员的身体状态、心理素质、驾驶能力技巧、车辆装备的保养状态、路线的选择、道路情况、天气情况等。但关键因素还是人。人员装备的状态、车辆保养的状态由人决定，路线的选择、道路的勘察、不同天气状况下的装备选择、驾驶方式都是由人来决定和完成的，这就是平时所说的态度决定一切。所以，要求应急驾驶人员必须有一个严肃认真的态度，确保应急驾驶的安全。

（2）快速通过。快速通过指的是在应急救援过程中通过对各种路况的正确应对，对各种驾驶技巧的正确应用，快速安全及时地把人员、物资、装备运送到指定位置，为进一步的应急救援行动创造条件和节约时间。

（3）有效到达。有效到达指的是在应急驾驶的过程中不仅要做到安全第一和节约时间，还要保证到达指定地点后，车辆、人员、装备都要状态正常、完好无损，能够马上展开后续的救援行动。如果在救援途中或到达现场后车辆受损、人员疲惫、装备损坏，则无法完成既定的救援行动，导致救援失败。

【020504003】什么是应急驾驶的道路勘察？

答案：宏观的道路勘察路线选择可以借助地图、卫星图、前方通报等做出合理的选择；狭义的道路勘察也就是驾驶进行过程中的道路勘察。通过对视野内的道路情况、车辆情况、地形地貌、路牌标示等随时随地做出判断调整，在正常道路行驶中已经成为驾驶人员下意识自主完成的步骤，而在应急驾驶中，这个过程就变得更加重要。在突然出现陡坡、泥潭、积水坑、河流、车辙甚至道路消失、暴雨冲刷山路、江河冲刷路基等情况时，道路勘察成为应急驾驶必要且必需的第一环节。所以，在准备通过特殊路段时，先要勘察路况，判断能不能过、怎么过，行进方向、挡位动力选择都要在驶入特殊路段时提前做出合理判断和选择。

【020504004】应急驾驶前的准备工作有哪些？

答案：不管驾驶哪种车辆，应急驾驶前，一定要准备好出行装备并对车辆进行一次彻底的全面检查，确保装备齐全、车况良好才能上路。

（1）车辆全面检查。常规检查燃料、机油、冷却液、助力油、玻璃水，重点检查轮胎、备胎胎压和轮胎磨损是否正常，轮胎上有没有扎钉子。另外，检查灭火器、千斤顶和更换轮胎的工具是否在车上，最好带一个轮胎充气泵用作不时之需。检查发动机、刹车、ABS 和电路情况。检查电压是否正常、电解液面是否正常、蓄电池有无破损、有无足够电量等。

（2）准备出行装备。

1）文本证件。包括身份证、驾驶证、车辆行驶证、车辆保险单（注意保险地域范围）、养路费及购置税/车辆使用税缴费凭证、各种人身保险单/卡（意外险、医疗险等）等。

2）小药箱+急救包。包括速效救心丸（硝酸甘油）、云南白药、红花油、消炎药、止泻药、感冒发烧药、止痛药、消毒药、止血绷带、体温、驱蚊虫药水、创可贴、眼药水等应急药品。

3）车辆工具及备件。包括全套随车工具、汽车急救工具包、启动电源、备用轮胎、备用油桶、一把补胎锥和几根补胎塞条、水桶、工兵铲、防滑链、充气泵、防盗棍锁等。汽车急救工具包里装有拖车带、充电线、反光安全背心、安全三角警示牌、手套、保险丝、手电筒等。

4）电子通信装备。包括 GPS（GPS+指南针+最新公路地图）、对讲机、车充电源。

5）应急救援行动所需的其他装备。

【020504005】泥泞地面驾驶的一般要求是什么？

答案：（1）一般泥地用分动箱 4H、变速箱 2 挡或 3 挡，使用固定的油门即可顺利通过。但车辆一旦不慎驶入沼泽地，不论使用何种传动方式，车辆都会慢慢下沉，此时只有迅速求助外力协助拖离。

（2）在硬底的烂泥路上，使用分动箱 4H 或 4L 加油前进，虽紧握方向盘，车身仍略呈蛇行浮游，此种情况只要不偏离车道即可，只需有心理上的准备。

（3）在地基松软、轮胎微有下陷的泥地，使用分动箱 4L、变速箱 1 挡，把稳方向盘缓缓加油前进即可通过。

（4）在软泥地的前进中，若发现一旁有地面下陷情况，致车身倾斜又无法迅速通过时，通常是倒车后，在路沟上放置石块、木板等硬物，然后以分动箱 4L 固定油门前进。

（5）若泥地的距离较长，必须保持一定速度的冲势；在行进途中，若遇有小的横阻硬物，直接碾过即可。

（6）加装防滑链、换上抓地力强的轮胎、减少轮胎的气压，均可以改善泥地打滑的情况。

【020504006】涉水路面驾驶的一般要求是什么？

答案：四驱越野车由于电器系统与进气排气位置较高，而有较佳的涉水能力，一般的四驱越野车涉水能力约与轮胎高度相等。涉水行驶前探查了解水深，除了河床底部凹凸不平不易掌握外，积水道路街头和街尾的水深有时差别极大，需注意涉水路面驾驶时不可太快，以免激起水花溅湿电路导致熄火。当水深可能淹没排气管时，分动箱用 4L，变速箱用 2 挡或 1 挡，稳住油门使发动机保持较高转速，避免水中换挡，以此方法可使排气压力大于水压不致进水，涉水深度可达排气管口以上 20cm。在急流中须防止车辆被冲翻，车辆以顺着水流 45°的方向渡水前进，是比较安全的方法。

【020504007】冰雪路面驾驶的一般要求是什么？

答案：（1）尽量避免在冰雪路面上驾驶，因为不知道堆积的雪层下面隐藏着什么。若必须在冰雪路面上行驶，最好是沿道路两旁的标志物，如树木、电杆等，在道路中央行驶。

（2）冰雪路面比其他路面更滑，特别是在路面有一层坚硬的冰层（俗称桐油凌）时。一定要放缓车速，减小油门，精细地体会油门大小和轮胎附着力的关系，任何时候都不要使牵引力超过轮胎的附着力，否则寸步难行。

（3）在冰雪路面上发生侧滑的可能性很大，要随时准备用方向盘灵活回转纠正侧滑。在冰雪路面上制动效能极差，在接近障碍物或下坡时，应当提前用发动机牵阻力将车速降至可控制的范围，避免紧急刹车。

【020504008】雪地驾驶的注意事项是什么？

答案：（1）不到迫不得已，不要尝试翻越雪山。尤其是交通部门已经下达封山指令，不要强行上山，也不要偷偷走小路遛上去。下达封山指令时，山上一定已经堵了很多车，上去后的结果很有可能是进退两难。

（2）做好充分的准备，包括足够的食物、汽油、防滑链、手电筒及安装防滑链的工具。确保喇叭和灯光一切正常。可使用冬季轮胎，因为这种轮胎比一般轮胎在胎肩部位设计的宽且材料也比较软，轮胎的花纹也比较密比较细，有助于在雪地驾驶。

（3）夜晚上雪山相对白天更安全一些。晚上车辆都会打起灯光，在盘山路的弯角可以非常清楚地知道弯角另外一侧是否有车，这比按喇叭要管用。夜晚驾驶员感觉不到自己就在悬崖边上，不会由于惧高而引起操作失误。

（4）不要猛踩油门、狠踩刹车。由于山上破路很多，路面由于积雪或者结冰附着力很差，油门和刹车过猛都会让轮胎发生滑动，一旦车辆发生侧滑想补救很困难。刹车时最好选择降挡来减速，这实际上是通过变速箱将轮胎的转速降下来。对于没有 ABS 的车辆要用点刹的方式刹车。

（5）由于路面附着力太低，车辆打滑无法起动时，最好的办法是装上防滑链。1 挡不能起步可以尝试少给油 2 挡起步。无论是起动还是正常行驶，都要少给油。应逐渐地换入低挡，当车速达到 60km/h，从 3 挡换到 1 挡会使轮胎打滑。

（6）行车时不要制动、转向同时进行，当轮胎接近锁止点时，会失去转向能力。一定要在直线行驶时刹车，然后松开刹车后再转向。有 ABS 的车辆在刹车时有一定的转向能力，但最好不要依赖这种能力。过弯前减速，过弯后加速，不要弯中踩刹车。

【020504009】应急驾驶中，紧急情况的处置原则是什么？

答案：遇紧急情况避险时，应沉着冷静，坚持先避人后避物的处理原则进行处置。即使可能与前方车辆发生碰撞，驾驶人员应先制动减速，后转向避让，以防急转向造成车辆侧滑相撞或在离心力作用下发生倾翻事故。

【020504010】画图说明子午线轮胎换位的方法和注意事项。

答案：（1）花纹无方向斜交轮胎的换位。由于轮胎在使用中，前轮磨损比后轮重，可采用图2-5-1（a）所示的方法进行换位。这种轮胎换位就是将同一车桥上的轮胎对换，可使轮胎的左右侧面磨损均匀。经过一段时间的使用后，前轴换下的轮胎可予以报废、翻新或作为备胎使用，新轮胎则装在前轮上。

（2）子午线轮胎的换位。子午线轮胎应保持在车辆的同一侧使用，即保持相同的旋转方向，可采用图2-5-1（b）和图2-5-1（c）所示的方法进行换位。子午线轮胎由于内部的结构原因，旋转走向是固定的，如若交叉换位必然会改变它的旋转方向，其结果会引起轮胎不平衡，使车辆失去操纵稳定性，出现行驶不顺、振动、发摆、发飘等现象，且不利于轮胎散热，易发生爆胎事故，因此子午胎只能单边换位。此外，应特别注意子午胎与斜交胎不能混装。

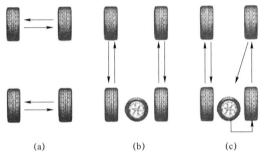

（a）　　　　　　　　　（b）　　　　　　　　　（c）

图2-5-1　轮胎换位方法

（a）斜交胎换位；（b）子午线轮胎前后换位；（c）子午线轮胎与备胎前后换位

【020504011】冲锋舟船外机的安装步骤是什么？

答案：（1）两名操作手从箱内将船外机抬至冲锋舟的艉板以外。

（2）将悬挂支架卡入艉板，移动船外机至艉板中心。

（3）用手旋紧固定螺杆（航行30min后应再次拧紧）。

（4）将安全绳的一端系于冲锋舟体上。

（5）调整悬挂倾斜角，使船外机与水面垂直。

（6）检查安装水位线，确保安装水位线与水面接近。

【020504012】如何启动冲锋舟船外机？

答案：在船外机启动前，详细阅读操作说明书中的启动前检查项目表、特殊操作说明和发动机磨合程序，并严格按照下列程序操作：

（1）把油管插座插在船外机的油嘴插座上，并确保锁紧。

（2）用手挤压手阀数次，直到油路充满燃油变硬为止。

（3）转动手柄，使箭头指向"慢速"位置。

（4）将离合器手柄放在"空挡"；禁止挂挡启动。

（5）转动手柄，使箭头指向"起动"位置。

（6）拉出阻风门杆调整风门。

（7）将怠速油针向反时针方向旋转1/4圈，使混合气变浓。

（8）将启闭杆放在"锁紧"的位置。

（9）先慢拉起动绳待启动器适合后，再快速拉出启动绳；重复以上动作，直至启动为止。

（10）启动后，立即推回风门拉杆以打开风门。

【020504013】如何驾驶冲锋舟横过激流？

答案：溃口附近地区，洪水借助堤内外水位的大落差直泻而下，不仅流速大，波浪高，而且流向复杂。冲锋舟紧急救援的时机一般选择在水域流速为 2.5～3.5m/s 时，冲锋舟在救援时不可避免地要经常往返穿梭于激流中，操舟时稍有不慎，就有可能导致舟体倾覆，人员落水。因此，横过激流时，要准确把握航向、均匀分布载重、准确控制油门、沉着应对熄火。

【020504014】如何在激流下定点驾驶冲锋舟？

答案：激流下的定点驾驶是将激流中的冲锋舟按照预定的路线行驶至预定的地点，在救援被困在激流中的房顶、树木上的人员时经常会遇到这样的情况。在操作时应注意：

（1）正确选定进入点，准确把握航速、航向。

（2）若条件允许时，最好将冲锋舟的进入点选在激流的上游。进入前，先将冲锋舟通过系溜绳固定，再通过放松系留绳使舟顺水漂流至预定地点。

【020504015】如何在驾驶冲锋舟时及时避障与除障？

答案：在救援水域航行的冲锋舟经常会遇到各种障碍，如水下或露在水面的树木、电杆、房屋等，处理不当会撞舟、挂机；纵横交错的架空电线可能会挂人落水或造成触电；四处飘散的各种漂浮物，时间稍长会缠绕螺旋桨；被淹地面高低不平的地势，有可能造成冲锋舟搁浅。因此，必须根据障碍类型、障碍程度，采取切实可行的避障处置措施。操作时应特别注意合理寻找避障路线，及早发现障碍，及早报告，合理避障，妥善除障。

冲锋舟船外机的螺旋桨被稻草、电线等缠绕后，往往会出现动力降低甚至死机的现象，应立即停机并挂机排除故障。若排除故障难度较大，可联系另一冲锋舟将其带至浅水处或高地后再排除。

【020504016】如何在夜暗条件下安全驾驶冲锋舟？

答案：（1）尽可能在白天选定航行路线，并在两岸选择明显的固定目标或航灯作为分辨方向的横渡标记。条件允许时，可在靠岸点设置专用指示灯。

（2）航行时，应经常观察周围的地形、地物，辨别和掌握方向，副操作手应当用钩镐探测水深情况，发现问题及时报告。

（3）加强指挥联络，注意航行情况，群机航行时应保持适当的间隔距离，避免碰撞或失去联络。尽量沿白天路线行动，同时还应保持 3 舟一组的队形，沿灯光前进。

（4）航行中，操作手要思想集中，注意观察，保持低速，处理问题要果断。

【020504017】在浓雾中驾驶冲锋舟的处理原则是什么？

答案：（1）因为浓雾中观测、判断速度变慢，要将冲锋舟的速度降下来，从而为避免碰撞留有更多时间，便于采取各种操纵措施。

（2）利用一切有效手段瞭望观察，对新的碰撞态势能及时做出预测和识别，及早发现一切有碍航行的信息，以便及早判断碰撞危险，及早避让。

【020504018】如何停止冲锋舟的船外机运行？

答案：（1）转动手柄至"慢速"位置。

（2）将离合器手柄放在"空挡"位置。

（3）拔出钥匙或按下熄火按钮，保持到发动机停车为止。

【020504019】冲锋舟的船外机动力不足的现象、原因是什么？如何处理？

答案：（1）现象：明显感觉前推动力不足，发动机声音沉闷，速度下降。

（2）原因：冲锋舟严重超载或者螺旋桨被杂物缠住。

（3）处理方法：控制在额定载荷范围内，停舟清理杂物。

【020504020】画图说明冲锋舟编队常见队形。

答案：驾驶冲锋舟时，可以根据水面搜救的需要进行编队航行，常见的编队队形有三角形编队、一字形编队、S 形编队、纵形编队等，如图 2-5-2 所示。

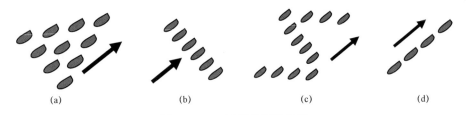

(a)　　　　　　　(b)　　　　　　　(c)　　　　　　　(d)

图 2-5-2　冲锋舟编队队形

（a）三角形；（b）一字形；（c）S 形；（d）纵形

课 题 六

应急电源与应急供电

一、单选题

【020601001】以下场合可以使用小型应急发电机的是（　　）。

（A）加油站附近；　　　　　　（B）空旷的操场；

（C）密闭的地下室；　　　　　　（D）配电线路附近。

答案：B

【020601002】高压汞灯灯泡熄灭后，需冷却（　　）min，待管内水银压力降低后，方可再启动使用，以免损坏灯泡。

（A）4～8；　　（B）5～10；　　（C）7～15；　　（D）10～20。

答案：B

【020601003】高压钠灯电源电压不宜超过其额定电压的（　　）。

（A）+3%～−7%；　　（B）±5%；　　（C）±7%；　　（D）+7%～−10%。

答案：B

【020601004】金卤灯具的再次启动间隔为（　　）min，须待灯具冷却后再启动。

（A）5～10；　　（B）5～15；　　（C）10～15；　　（D）10～30。

答案：D

【020601005】以下可作为应急电源的是（　　）。

（A）风力发电机；　　　　　　（B）燃油发电机；

（C）光伏发电；　　　　　　　（D）燃气发电机。

答案：B

【020601006】小型汽油发电机的启动操作顺序为（　　）。

（A）断开出口开关→打开燃油阀→关闭阻风门→合上点火开关→手动启动→打开阻风门；

（B）断开出口开关→打开燃油阀→打开阻风门→合上点火开关→手动启动

→关闭阻风门；

（C）关闭阻风门→打开燃油阀→断开出口开关→合上点火开关→手动启动
→打开阻风门；

（D）合上点火开关→打开燃油阀→关闭阻风门→断开出口开关→手动启动
→打开阻风门。

答案：A

【020601007】小型汽油发电机的停机操作顺序为（　　）。

（A）停止负荷运行→断开出口开关→关闭燃油阀门→关闭点火开关→开启阻
风门；

（B）停止负荷运行→断开出口开关→关闭燃油阀门→关闭点火开关→关闭阻
风门；

（C）关闭燃油阀门→关闭点火开关→停止负荷运行→断开出口开关→开启阻
风门；

（D）关闭燃油阀门→关闭点火开关→停止负荷运行→断开出口开关→关闭阻
风门。

答案：B

【020601008】高压设备发生接地时，室内不得接近故障点（　　）m以内，
室外不得接近故障点（　　）m以内。

（A）1，4；　　（B）3，5；　　（C）4，6；　　（D）4，8。

答案：D

【020601009】为了保障人身安全，将电气设备正常情况下不带电的金属外壳
接地称为（　　）。

（A）工作接地；　　（B）保护接地；　　（C）工作接零；　　（D）保护接零。

答案：B

【020601010】照明灯具的螺口灯头接电时，（　　）。

（A）相线应接在中心触点端上　　（B）零线应接在中心触点端上；

（C）可任意接；　　（D）相线，零线都接在螺纹端上。

答案：A

【020601011】接地线应用多股（　　），其截面积不得小于25mm²。

（A）漆包线；　　（B）软铁丝；　　（C）软铜线；　　（D）屏蔽线。

答案：C

【020601012】导线截面选择时必须满足导线中的负荷电流不应大于导线允许

载流量，线路末端的电压降不应大于额定值的（　　）。

（A）2.5%；　（B）5%；　（C）7.5%；　（D）10%。

答案：B

【020601013】绑扎线应选用与导线相同金属的单股线，其直径不应小于（　　）mm。

（A）1.5；　（B）2；　（C）2.5；　（D）3。

答案：B

【020601014】绝缘电阻表应根据被测电气设备的（　　）来选择。

（A）额定功率；　（B）额定电压；　（C）额定电阻；　（D）额定电流。

答案：B

【020601015】水泥电杆埋在地下的深度，一般为杆长的 1/6，最低不得少于（　　）m。

（A）1；　（B）1.5；　（C）2；　（D）3。

答案：B

【020601016】单股铜芯导线直接连接时，先将两导线芯线线头相交成 X 形，互相绞合 2～3 圈后扳直两线头，将每个线头在另一芯线上紧贴并绕（　　）圈，用钢丝钳切去余下的芯线，并钳平芯线末端。

（A）2；　（B）3；　（C）4；　（D）6。

答案：D

【020601017】单股铜芯导线 T 型连接时，将支路芯线的线头与干线芯线十字相交，在支路芯线根部留出（　　）mm，顺时针方向缠绕支路芯线，缠绕 6～8 圈后，用钢丝钳切去余下的芯线，并钳平芯线末端。

（A）2；　（B）5；　（C）7；　（D）10。

答案：B

【020601018】铝芯导线间的压接管压接时，应将两根线头相对插入并穿出压接管，使两线端各自伸出压接管（　　）mm。

（A）10～15；　（B）15～20；　（C）20～25；　（D）25～30。

答案：D

【020601019】设备不停电时，人身与 10、35、110kV 带电体间的安全距离分别不得小于（　　）m。

（A）0.7、1.2、1.5；　　　　（B）0.7、1.0、1.5；

（C）0.8、1.2、1.5；　　　　（D）0.85、1.25、1.5。

答案：B

【020601020】DC 电源的正极颜色为（　　）。

（A）黄色；　　（B）绿色；　　（C）红色；　　（D）蓝色。

答案：C

【020601021】（　　）不属于应急发电车机组运行中需要监视的项目。

（A）冷却液温度；　　　　　　　（B）润滑油压力；

（C）润滑油油位；　　　　　　　（D）机组燃油油位。

答案：C

【020601022】架空低压配电线路的导线在针式绝缘子上的固定，普遍采用（　　）。

（A）金具连接法；　　　　　　　（B）螺栓压紧法；

（C）绑线缠绕法；　　　　　　　（D）线夹连接法。

答案：C

【020601023】没有钳接工具时，可采用插接法连接档距内的导线接头，接头长度不应小于（　　）mm，一般用于连接 LJ−35 型及以上导线。

（A）200；　（B）250；　（C）300；　（D）350。

答案：B

【020601024】在绑扎铝导线时，应在导线与绝缘子接触处缠绕（　　）。

（A）铝包带；　（B）黑胶布；　（C）绝缘胶布；　（D）黄蜡带。

答案：A

【020601025】某照明灯具的防护等级为 IP65，是指（　　）。

（A）防尘、防水滴；　　　　　　（B）防有害粉尘堆积、防雨；

（C）完全防尘、防低压水喷射；　（D）完全防尘、防高压水喷射。

答案：C

【020601026】当低压架空线用铜芯绝缘线时，架空线的导线截面积最低不得小于（　　）mm²。

（A）10；　（B）16；　（C）25；　（D）35。

答案：A

【020601027】当架空线路采用铝芯绝缘线时，其截面积不小于（　　）mm²，跨越铁路、公路、河流、电力线路档距内的架空绝缘铝线最小截面积不小于（　　）mm²。

（A）10，20；　（B）16，35；　（C）25，35；　（D）10，35。

答案：B

【020601028】1kV 及以下架空线路通过居民区时，导线与地面的距离在导线最大弛度时，应不小于（　　）m。

（A）5；　　（B）6；　　（C）7；　　（D）8。

答案：B

【020601029】低压架空线路的档距一般为（　　）m，最大不得大于（　　）m，线间距离应大于 0.3m。

（A）60，75；　　（B）50，60；　　（C）40，50；　　（D）30，35。

答案：D

【020601030】特别潮湿的场所、导电良好的地面、锅炉或金属容器内的照明，电源电压不得大于（　　）V。

（A）12；　　（B）24；　　（C）36；　　（D）48。

答案：A

【020601031】用于人身保护的剩余电流动作保护器，其额定漏电动作电流应不大于（　　）mA。

（A）50；　　（B）30；　　（C）10；　　（D）100。

答案：B

【020601032】关于现场应急低压配电网，以下说法错误的是（　　）。

（A）动力配电箱与照明配电箱宜分别设置，如合置在同一配电箱内，动力和照明线路应分路设置，照明线路接线宜接在动力开关的上侧；

（B）移动式配电箱、开关箱的箱体应装设在坚固的支架上，固定式配电箱、开关箱的下皮与地面的垂直距离应大于 1.3m，小于 1.5m；

（C）配电箱、开关箱内的工作零线应通过接线端子板（或保护零线端子板）连接；

（D）开关箱中必须设置剩余电流动作保护装置，应急现场所有用电设备，除作保护接零外，必须在设备负荷线的首端处安装剩余电流动作保护装置。

答案：C

【020601033】采用 TT 系统供电时，若面向负荷从左向右，其相序排列为（　　）。

（A）N、U、V、W；　　　　　（B）U、N、V、W；

（C）U、V、N、W；　　　　　（D）U、V、W、N。

答案：B

【020601034】应急低压架空线路所使用的电杆应为专用混凝土杆或木杆。当使用木杆时，木杆不得腐朽，其梢径应不小于（　　）mm。

（A）90；　　（B）100；　　（C）130；　　（D）200。

答案：C

【020601035】室内水平明敷导线距地面不低于（　　）m，垂直敷设导线距地面不低于（　　）m，否则应将导线穿在管内加以保护。

（A）1.2，1.2；　　（B）1.8，1.3；　　（C）2.0，1.5；　　（D）2.5，1.8。

答案：D

【020601036】《电力安全事故应急处置和调查处理条例》规定，（　　）确定的重要电力用户，应当按照国务院电力监管机构的规定配置自备应急电源，并加强安全使用管理。

（A）省级以上地方人民政府有关部门；

（B）市级以上地方人民政府有关部门；

（C）县级以上地方人民政府有关部门；

（D）供电企业。

答案：C

【020601037】事故造成重要电力用户供电中断的，重要电力用户应当按照有关技术要求迅速启动（　　）；启动无效的，（　　）应当提供必要的支援。

（A）应急响应，电力调度；　　　　　　（B）自备应急电源，电网企业；

（C）应急预案，电网企业；　　　　　　（D）自备应急电源，地方人民政府。

答案：B

【020601038】大面停电事件发生后，电网企业大面积停电事件应急处置领导小组及其办公室立即启动（　　）。

（A）应急预案；　　（B）应急响应；　　（C）应急预警；　　（D）应急救援。

答案：B

【020601039】根据电网企业大面积停电事件应急响应分级标准，当发生重大、特别重大事件，省级电网企业启动Ⅰ级、Ⅱ级响应时，受到影响的省会城市以及地、市、县电网企业应（　　）。

（A）启动Ⅰ级响应；　　　　　　　　　（B）启动Ⅱ级响应；

（C）启动Ⅲ级响应；　　　　　　　　　（D）不必启动应急响应。

答案：A

【020601040】根据《国家大面积停电事件应急预案》规定的监测预警机制，

明确（　　）是大面积停电事件监测的责任主体。

（A）电力企业；　　　　　　　　（B）电力运行主管部门；

（C）能源局派出机构；　　　　　　（D）应急指挥部。

答案：A

二、多选题

【020602001】灾害救援现场临时用电的特点有（　　）。

（A）移动设备多，负荷变化大；　　（B）交叉作业多，触电风险高；

（C）保护动作时间复杂；　　　　　（D）控制极数各异。

答案：ABCD

【020602002】应急低压配电线路采用架空线路，具有（　　）等特点。

（A）设备简单，造价低；

（B）易于检修和维护；

（C）易受环境影响、安全可靠性较差；

（D）利用空气绝缘，建造比较容易。

答案：ABCD

【020602003】关于灾害现场应急供电，以下说法正确的是（　　）。

（A）应急配电线路可采用架空线路、电缆线路、平行集束导线等，其中多采用架空线路形式；

（B）应急线路一般都是临时性用电，临时用电不准使用裸导线；

（C）与常规线路相比，平行集束导线改变了周围的磁场和电场分布，使其电抗减小，增加了线路电压损耗；

（D）接地装置是接地体（埋入地下并与大地直接接触的一组金属导体）和接地引下线（连接电气设备接地部分与接地体的金属导体）的总称。

答案：ABD

【020602004】应急配电线路安装剩余电流动作保护装置时，应选择的条件有（　　）。

（A）负荷电流；　　　　　　　　（B）保护动作电流；

（C）保护动作时间；　　　　　　（D）控制极数。

答案：ABCD

【020602005】应急发电车进行定期保养时，一般应更换"三滤"，"三滤"是指（　　）。

（A）机油滤芯器；　　　　　　　（B）柴油滤芯器；

（C）空气滤芯器；　　　　　　　（D）油水分离器滤芯器。

答案：ABC

【020602006】（　　　）属于应急发电车的日常维护项目。

（A）清扫表面灰尘；　　　　　　（B）更换机油；

（C）检查柴油油量；　　　　　　（D）检查蓄电池电解液容量。

答案：ACD

【020602007】可以采用（　　　）方式为灾害救援及重大保电活动提供应急供电。

（A）应急发电机组；　　　　　　（B）市电供电；

（C）移动式应急变电站；　　　　（D）简易输电线路。

答案：ABCD

【020602008】应急发电车具有（　　　）等优点，是在突发事件情况下提供应急供电保障的重要应急电源设备。

（A）反应速度快；　　　　　　　（B）供电容量大；

（C）接线简单；　　　　　　　　（D）运行可靠。

答案：ABCD

【020602009】金卤灯具有（　　　）等优点，广泛应用于大型公共场所的室内照明。

（A）光效高；　　（B）光色好；　　（C）寿命长；　　（D）启动间隔短。

答案：ABC

【020602010】LED（Light Emitting Diode）灯具有（　　　）等优点。

（A）节能；　　（B）环保；　　（C）长寿；　　（D）光效高。

答案：ABCD

【020602011】卤钨灯适用于（　　　）等场所照明。

（A）开关频繁；　　　　　　　　（B）需迅速启动；

（C）需要调光；　　　　　　　　（D）照度要求高。

答案：ABCD

【020602012】以下可以作为救援现场便携式应急电源的有（　　　）。

（A）便携式柴油发电机；　　　　（B）小型汽油发电机；

（C）小型太阳能发电机；　　　　（D）手摇式交直流一体充电机。

答案：ABCD

【020602013】需要紧急照明时，选择照明装备要看清（　　　）等技术参数及指标要求。

（A）光通量；　（B）光照度；　（C）电功率；　（D）防护等级。

答案：ABCD

【020602014】导线连接的方式很多，常用的有（　　）等。

（A）绞接；　（B）螺栓连接；　（C）焊接；　（D）压接。

答案：ABCD

【020602015】当导线不够长或需要分接支路时，要将导线和导线进行连接，单股铜芯导线的连接方法可以采用（　　）。

（A）管压接；　（B）直线连接；　（C）T形连接；　（D）焊接。

答案：BCD

【020602016】导线绝缘层破损和导线接头连接后均应恢复绝缘层，恢复后的绝缘强度不应低于原有绝缘层，常用（　　）作为恢复导线绝缘层的材料。

（A）黄蜡带；　（B）涤纶薄膜带；　（C）黑胶带；　（D）铝包带。

答案：ABC

【020602017】电网大面积停电事件应急预案应当对应急组织指挥体系及职责，应急处置的各项措施，以及（　　）等应急保障做出具体规定。

（A）人员；　（B）资金；　（C）物资；　（D）技术。

答案：ABCD

【020602018】事故可能导致破坏电力系统稳定和电网大面积停电的，电力调度机构有权决定采取（　　）等必要措施。

（A）启动应急响应；　　　　　（B）拉限负荷；

（C）解列电网；　　　　　　　（D）解列发电机组。

答案：BCD

【020602019】重大活动电力安全保障工作的总体目标是（　　）。

（A）确保重大活动期间电力系统安全稳定运行；

（B）确保重点用户供用电安全；

（C）杜绝造成严重社会影响的停电事件发生；

（D）确保不因大面积停电事件造成重大人身伤亡事故发生。

答案：ABC

【020602020】重点用户应从（　　）等方面开展重大活动电力安全保障风险评估。

（A）用电设施的运行状况、定期试验情况；

（B）电气运行人员配置情况；

（C）应急预案、应急演练情况；

（D）自备应急电源配置情况。

答案：ABCD

【020602021】电网企业应从（　　）等方面开展重大活动供电保障风险评估。

（A）电网及设备运行评估；

（B）网络安全评估；

（C）电力设施保卫和反恐怖防范风险评估；

（D）应急能力评估和用户侧安全评估。

答案：ABCD

【020602022】电网企业的基本责任包括（　　）。

（A）及时化解各类风险；　　　　　（B）及时处置各类突发事件；

（C）保障电网安全运行；　　　　　（D）对用户连续可靠供电。

答案：ABCD

【020602023】供电企业的应急管理是一个复杂的管理过程，这个过程涉及
（　　）等多个方面。

（A）安全生产；　　　　　　　　　（B）应急处置；

（C）营销服务；　　　　　　　　　（D）新闻舆情。

答案：ABCD

【020602024】发生公共卫生事件时，电网企业应着力做好（　　）。

（A）重要用户的供电保障；　　　　（B）优质的供电服务；

（C）损毁电力设施的迅速修复；　　（D）应急医疗设施的应急供电。

答案：ABD

【020602025】电网企业大面积停电事件应急预案，应对包括应急队伍、应急
物资与装备、（　　）、备用调度、通信与信息、技术保障、经费保障及其他保障
等应急保障措施做出明确安排。

（A）备用变电站；　　　　　　　　（B）应急电源；

（C）黑启动；　　　　　　　　　　（D）应急预案。

答案：BC

【020602026】灾害现场的应急供电设备用电量大、需求各异，（　　）。

（A）既有单相设备，又有三相设备；

（B）既有交流设备，又有直流设备；

（C）既有24、36V，又有220、380V；

（D）既有工频设备，又有中频设备。

答案：ABCD

【020602027】以下说法正确的是（　　）。

（A）柴油发电机常作为一级负荷的第二或第三电源；

（B）柴油发电机作为应急电源可实现重要负荷的无间断供电；

（C）重要用户应该预先在低压供电母线上预设外接发电机接口；

（D）作为应急电源时，柴油发电机持续供电时间长，且不受电网故障影响。

答案：ACD

【020602028】下列属于白炽灯的是（　　）。

（A）碘钨灯；　　　　　　　　（B）荧光灯；

（C）溴钨灯；　　　　　　　　（D）钠灯。

答案：AC

【020602029】在低压系统中，造成触电事故的原因主要有（　　）。

（A）错接线；

（B）停电后，不经验电即进行操作；

（C）不按规程要求敷设临时接地线；

（D）不按规程要求穿戴防护用品。

答案：ABCD

【020602030】长期不使用的柴油机应急发电车，应（　　）。

（A）断开蓄电池电源开关；　　（B）停止全车用电；

（C）定期检查和启动运转试验；　（D）收起液压支腿。

答案：ABC

三、判断题

【020603001】电力系统的灾害承载体不仅是电力系统自身，还包括与其相关的社会环境。　　　　　　　　　　　　　　　　　　　　　　（　　）

答案：√

【020603002】作为应急电源，柴油发电机组不能与市电电网直接连接，必须通过安全的自动切换开关实现电力连接。　　　　　　　　　　　（　　）

答案：√

【020603003】柴油发电机在发动机运转时不可往油箱加注燃料或燃油。

（　　）

答案：√

【020603004】应急发电车停机后可以立即进行保养作业。　　　（　　）

答案：×

【020603005】应急发电车应急保电时应防止市电反送。　　　（　　）

答案：√

【020603006】小型应急发电机可以在密闭的室内使用。　　　（　　）

答案：×

【020603007】应采用安全电压的场所，也可以用剩余电流动作保护装置代替。

（　　）

答案：×

【020603008】LED（Light Emitting Diode）发光二极管，是一种能够将电能转化为可见光的固态的半导体元件。　　　（　　）

答案：√

【020603009】LED 可以直接发出红、黄、蓝、绿、青、橙、紫、白色的光，也可实现丰富多彩的多种变化组合显示效果。　　　（　　）

答案：√

【020603010】大型泛光照明设备必须设置急停按钮。　　　（　　）

答案：√

【020603011】卤钨灯具有照度高、显色性好等特点，广泛应用于普通公共场所照明，也可用于多粉尘、腐蚀性的特殊场合。　　　（　　）

答案：×

【020603012】卤钨灯就是填充气体内含有部分卤族元素或卤化物的充气白炽灯。　　　（　　）

答案：√

【020603013】低温环境下，充电式灯具的锂电池会因低温而降低性能，缩短使用寿命。　　　（　　）

答案：√

【020603014】专业应急抢险灯具都要设计防护功能，不同灯具防护等级不同，一般不低于 IP65。　　　（　　）

答案：√

【020603015】照明灯具的光通量是指照射在单位面积上的光的通量。

（　　）

答案：×

【020603016】自发电应急照明设备运行时，设备外壳必须进行可靠接地。 （   ）

答案：√

【020603017】高压钠灯启动时间长，但透雾性能好。 （   ）

答案：√

【020603018】安全电压是指不佩戴任何防护设备，接触时对人体各部位不造成任何损害的电压，我国的安全电压是 36V。 （   ）

答案：×

【020603019】隧道、人防工程、高温、有导电灰尘、比较潮湿或灯具离地面高度低于 2.5m 等场所的照明，电源电压不应大于 36V。 （   ）

答案：√

【020603020】救援现场临时用电架空线路的导线不得使用裸导线，一般采用绝缘铜芯导线。 （   ）

答案：√

【020603021】救援现场用电采取分级配电制度，配电箱一般分三级设置，即总配电箱、分配电箱和开关箱，开关箱中剩余电流动作保护装置的额定剩余动作电流应大于 30mA，额定剩余电流动作时间应大于 0.1s。 （   ）

答案：×

【020603022】三相四线制应急配电线路各种金属构架、金属箱体、金属电器安装板及配电箱内电器的正常不带电的金属底座、外壳等必须做保护接零，保护零线应经过接线端子板连接。 （   ）

答案：√

【020603023】由于铝极易氧化，而且铝氧化膜的电阻率很高，所以铝芯导线不采用铜芯导线的连接方法，常采用螺钉压接法（单股芯线）和压接管压接法（多根铝芯线）等。 （   ）

答案：√

【020603024】室内明敷导线穿墙或过墙要用瓷管（或塑料管）保护，瓷管（或塑料管）两端出线口伸出墙面不小于 10mm。 （   ）

答案：√

【020603025】室内低压配线所有穿管线路，管内导线最多只能有一处接头。 （   ）

答案：×

【020603026】护套线在同一墙面上转弯时，必须保持相互垂直，弯曲导线要均匀，弯曲半径不应小于护套线宽度的 3 倍。 （ ）

答案：√

【020603027】一般对低压设备和线路，绝缘电阻应不低于 0.5MΩ，照明线路应不低于 0.25MΩ。 （ ）

答案：√

【020603028】重点电力用户应结合重大活动情况，确定重要负荷范围，提前配置满足重要负荷需求的不间断电源和应急发电设备，保障不间断电源完好可靠。 （ ）

答案：√

【020603029】大面积停电发生及受影响区域的地方人民政府及有关单位可以不经请示、不等上级政府指示，立即自动启动应急响应，按照职责分工和相关预案开展先期处置工作。 （ ）

答案：√

【020603030】在易燃、易爆场所的照明灯具，应使用密闭形或防爆形灯具，在多尘、潮湿和有腐蚀性气体的场所的灯具，应使用防水防尘型灯具。（ ）

答案：√

四、问答题

【020604001】为什么采用柴油发电机组作为救援现场应急电源？

答案：大多情况下，广泛采用柴油发电机作为应急电源，因为柴油发电机组的运行不受电力系统运行状态的影响，是独立可靠的电源。柴油发电机组自启动迅速，当检测到正常工作电源失电信号后，柴油发电机组自动启动，并通过自动切换开关将备用电源切换为工作电源，为重要负荷继续供电。另外，柴油发电机组结构紧凑，辅助设备简单，热效率高，功率大，经济性好，可以长期运行，以满足长时间事故停电的供电要求。

【020604002】柴油发电机组作为应急电源需具备哪些功能？

答案：（1）自启动功能。可以在工作电源失电后，快速自启动带负荷运行。

（2）带负荷稳定运行功能。柴油发电机组自启动成功后，无论是在接带负荷过程中，还是在长期运行中，都可以做到稳定运行。柴油发电机组有一定的承受过负荷能力和承受全电压直接启动异步电动机能力。

（3）自动调节功能。柴油发电机组无论是在机组启动过程中，还是在运行中，当负荷发生变化时，都可以自动调节电压和频率，以满足负荷对供电质量的要求。

（4）自动控制功能。柴油发电机组应可实现以下自动控制功能：

1）供电母线电压自动连续监测功能。

2）自动程序启动、远方启动、就地手动启动。

3）在运行状态下的自动检测、监视、报警、保护功能。

4）自动远方、就地手动、机房紧急手动停机。

5）蓄电池自动充电功能。

（5）模拟试验功能。柴油发电机组在备用状态时，能够模拟供电母线电压低至 25% 额定电压或失压状态，实现快速自启动。

（6）并列运行功能。具备多台柴油发电机组之间的并列运行，程序启动指令的转移，或单台柴油发电机与保安段工作电源之间的并列运行及负荷转移，以及柴油发电机组正常和事故解列功能。

【020604003】UPS 装置由哪些功能元件组成，有何作用？

答案：UPS 装置电气接线示意图如图 2-6-1 所示。

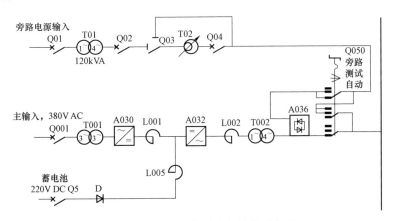

图 2-6-1　UPS 装置电气接线示意图

各元件的作用如下：

（1）整流器。整流器由隔离变压器（T001）、可控硅整流元件（A030）、输出滤波电抗器（L001）和相应的控制板组成。

整流器又称充电器，为 12 脉冲三相桥式全控整流器，其原理为通过触发信号控制可控硅的触发控制角来调节平均直流电压。输出直流电压经整流器电压控制板检测，并将测量电压和给定值进行比较产生触发脉冲，该触发脉冲用于控制可控硅导通角维持整流器输出电压在负荷变动的整个范围内保持在容许偏差之内。隔离变压器用于改变交流电压输入的大小，以提供给整流器一个合适的电压值。输出滤波电抗器用来过滤 DC 电流，减少整流器输出的波纹系数，由一个电感线圈组成。控制板用来提供触发可控硅的脉冲，脉冲的相位角是可控硅输出电压的一个函数。控制板把整流器输出的电压量与内部的给定量相比较产生一个误差信号，该误差信号用于调整可控硅整流器的导通角。若整流器的输出电压降低，控制板产生信号增加可控硅的导通角，从而增加整流器的输出电压至正常值，反之亦然。整流器输入电压的允许变化率不小于额定输入电压的 −20%～30%。允许频率变化率不小于额定输入频率的 ±10%。整流器具有全自动限流特性，以防止输出电流超过安全的最大值，当限流元件故障时，其后备保护能使整流器跳闸。

（2）逆变器（A032）。逆变器由逆变转换电路、滤波和稳压电路、同步板、振荡器等部分组成。逆变器的功能是把直流电变换成稳压的符合标准的正弦波交流电，并具有过负荷、欠压保护。逆变器的输入由整流器直流输出及带闭锁二极管的蓄电池直流馈线并联供电。当整流器输出电源消失时，切换至蓄电池直流馈线供电。逆变器组成如图 2−6−2 所示。

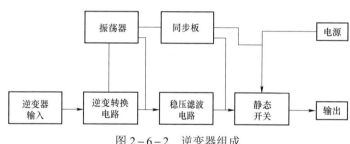

图 2−6−2　逆变器组成

逆变转换电路由 4 个可控硅和换向电容、电感等组成，通过控制 4 个可控硅交替动作，将直流电转换为方波，然后通过稳压滤波电路输出稳定的交流电。同步板的作用是将逆变器的输出和旁路输入的正弦波相位和频率进行比较，并通过振荡器控制逆变器的输出，使逆变器的频率、相位和旁路输入电压的频率和相位相同，从而保持逆变器和旁路电源同步。通过频率检波器检验逆变器输出和旁路电源输入的频率是否足够接近以致同步，相位检验电路检查同频和同相条件是否存在，来判断是否允许和旁路电源进行切换。

在正常情况下，逆变器和旁路电源必须保持同步，并按照旁路电源的频率输出。当逆变器的输出和旁路电源输入频率之差大于 0.7Hz 时，逆变器将失去同步并按自己设定的频率输出，如旁路电源和逆变器输出的频率差小于 0.3Hz 时，逆变器自动地以每秒 1Hz 或更小的频差与旁路电源自动同步。

逆变器内部的振荡器通过提供可控硅的选通信号，产生合适频率的方波选通脉冲以控制电源开关电路，产生一个频率为 50Hz 的矩形波（方波），经过稳压滤波电路进行滤波整形后，形成正弦波（频率为 50Hz）。

当逆变器输出发生过电流，过电流倍数为额定电流的 120% 时，自动切换至旁路电源供电。当直流输入电压小于 176V 时逆变器自动停止工作，并自动切换至旁路电源供电，防止逆变器在低压情况下运行而发生损坏。

（3）旁路变压器。旁路变压器由隔离变压器（T01）和调压变压器（T02）串联组成。隔离变压器输入侧设 ±5% 的抽头。隔离变压器的作用是防止外部高次谐波进入 UPS 系统。调压变压器的作用是把保安段来的交流电压自动调整在规定范围内。

（4）静态切换开关（A036）。静态切换开关由一组并联反接可控硅和相应的控制板组成，其原理图如图 2−6−3 所示。由控制板控制可控硅的切换，当逆变器输出电压消失、受到过度冲击、过负荷或 UPS 负荷回路短路时，会自动切至旁路电源运行并发出报警信号，总的切换时间不大于 3ms。逆变器恢复正常后，经适当延时切回逆变器运行，切换逻辑保证手动、自动切换过程中连续供电。也能手控解除静态切换开关的自动反向切换。静态切换开关的切换期间无供电中断，具有

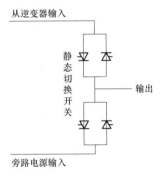

图 2−6−3　静态切换开关原理图

先合后断的功能，因此，静态切换开关的切换必须满足同步条件，即旁路电源与逆变器输出电压的频率和相位应相同。

（5）手动旁路切换开关（Q050）。手动旁路切换开关专为在不中断 UPS 负荷电源的前提下检修 UPS 而设计的，具有先闭后开的特点，以保证主母线不失电。

手动旁路切换开关为电子互锁式设计，当需要维修时将逆变器切换至静态旁路，闭合维修开关即可；也可以直接闭合维修开关，负荷零扰动切换至静态旁路工作。可以设置逆变器输出与旁路电源的同步控制装置，以保证逆变器输出与旁路电源同步。如果频率偏离限定值，逆变器应保持其输出频率在限定值之内。当频率恢复正常时，逆变器自动地以每秒 1Hz 或更小的频差与电源自动同步。同步

闭锁装置能防止不同步时手动将负荷由逆变器切换至旁路。UPS 控制屏上设有同步指示。手动切换时，逆变器输出和旁路同步。逆变器故障或外部短路由静态切换开关自动切换时则不受此条件的限制。

手动旁路切换开关有 AUTO、TEST、BYPASS 3 个位置。

1）AUTO 位置。负荷由逆变器供电，静态切换开关随时可以自动切换，为正常工作状态。

2）TEST 位置。负荷由手动旁路供电。静态切换开关和负载母线隔离，但和旁路电源接通，逆变器同步信号接入。可对 UPS 进行在线检测或进行自动切换试验。手动旁路切换开关的 TEST 位置有两个功能：① 当从旁路切换到主回路时，为防止主回路与旁路电源不同步，可先将手动旁路切换开关切到 TEST 位置，可检测出主回路与旁路的电源是否同步，若同步，则可切到 AUTO 位置，若不同步则不切换；② 当手动旁路切换开关在 TEST 位置时，可直接关闭 UPS 主机，对主机进行检修等操作，并不影响负荷的不间断供电。

3）BYPASS 位置。负荷由手动旁路供电。静态切换开关和负荷母线隔离，静态切换开关和旁路电源隔离，逆变器同步信号切断。可对 UPS 进行检测或停电维护。

【020604004】UPS 有哪些运行方式？正常运行方式是怎样的？

答案：UPS 电源系统为单相两线制系统。运行方式有正常运行方式、蓄电池运行方式、静态旁路运行方式、手动旁路运行方式。正常运行时，由工作电源向 UPS 供电，经整流器后送给逆变器转换成交流 220V、50Hz 的单相交流电向 UPS 配电屏供电。220V 蓄电池作为逆变器的直流备用电源，经逆止的二极管后接入逆变器的输入端，当正常工作电源失电或整流器故障时，由 220V 蓄电池继续向逆变器供电。当逆变器故障时，静态切换开关会自动接通旁路电源，但这种切换只有在 UPS 电源装置电压、频率和相位都和旁路电源同步时才能进行。当静态切换开关需要维修时，可操作手动旁路切换开关，使静态切换开关退出运行，并将 UPS 主母线切换到旁路电源供电。

UPS 正常运行方式示意图如图 2-6-4 中实线所示，手动旁路切换开关在 AUTO 位置。交流输入（整流器市电）通过匹配变压器送到相控整流器，整流器补偿市电波动及负荷变化，保持直流电压稳定。交流谐波成分经过滤波电路滤除。整流器供给逆变器能量，同时对电池进行浮充，使电池保持在备用状态（依赖于充电条件和电池型号决定浮充电或升压充电）。此后，逆变器通过优化的脉宽调制将直流转换成交流通过静态切换开关供给负荷。

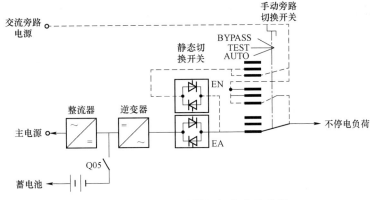

图 2-6-4　UPS 正常运行方式示意图

【020604005】简述飞轮储能系统工作原理，作为应急电源有何优势？

答案：飞轮储能系统是一种机电能量转换的储能装置，通过电动机/发电机互逆式双向变换，实现电能与高速运转飞轮的机械动能之间的相互转换与储存，通过调频、整流、恒压与不同类型的负荷接口。飞轮储能系统主要包括转子系统、轴承系统和转换能量系统。目前应用的飞轮储能系统多采用磁悬浮系统，以减少电机转子旋转时的摩擦，降低机械损耗，提高储能效率。飞轮本体是飞轮储能系统的核心部件，其示意图如图 2-6-5 所示。

代替蓄电池储能的磁悬浮飞轮储能 UPS 常用于重要负荷应急供电保障工作，其原理如图 2-6-6 所示。市电输入正常时，UPS 通过其内部的有源动态滤波器对市电进行稳压和滤波，向负荷设备提供高品质的电力保障，同时对飞轮储能装置进行充电，UPS 利用内置的飞轮储能装置储存能量；在市电输入质量无法满足 UPS 正常运行要求，或者在市电输入中断的情况下，UPS 将储存在飞轮储能装置里的机械能转化为电能，继续向负荷设备提供高品质并且不间断的电力保障；在 UPS 内部出现问题影响工作的情况下，UPS 通过其内部的静态切换开关切换到旁路模式，由市电直接向负荷设备提供不间断的电力保障；当市电恢复时，则立即切换到市电通过 UPS 供电的模式，继续向负荷设备提供高品质且不间断供电，并且继续对飞轮储能装置进行充电。

虽然飞轮储能系统受制于机械储能，仅仅能提供 30s～1min 的电力供给，但由于目前市电电网的可靠性逐步提高，重要负荷一般具有双路甚至多路供电，工作电源和备用电源的切换时间可在 10s 内完成，因此飞轮储能 UPS 完全可以满足应急情况下的电力供应，也能满足柴油发电机组自启动并带负荷运行的时间间隔内的电力供应。而且飞轮储能系统提供电能质量高、运营成本低、节省空间、绿色环保、不受充放电次数限制等优势，具有广泛的应用空间。

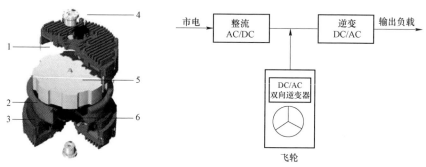

图 2-6-5　飞轮本体示意图
1—磁力空间；2—气隙电枢；3—真空电轨；
4—轴承套件；5—飞轮转子；6—内腔

图 2-6-6　磁悬浮飞轮储能 UPS

【020604006】简述应急照明的重要意义。

答案：（1）在特殊自然灾害下完成保、供电任务不可或缺。电网企业在自然灾害等突发事件抢险救援体系中担负着重要的作用，也为其他单位开展救援工作提供重要的支持作用。灾害发生第一时间的首要任务就是提供照明及救援设备的电源支持，同时电网企业在恢复电网抢修中也不能缺少高质量的应急照明。

（2）突发情况维稳。在突发事件发生后，为抢险救援提供光明，为受灾群众点燃希望之光尤其重要和迫切。电网企业在第一时间提供现场应急照明，能够较大程度上稳定人心，有助于救灾工作的有序开展。

（3）保证现场人员安全。突发事件中，由于环境恶劣、现场复杂、风险点更多，尤其是在夜间抢修的情况下，如果现场照明不足，会存在安全风险。因此，高质量充足的现场应急照明不可或缺。

【020604007】室内应急照明灯具安装应满足哪些基本要求？

答案：（1）220V 照明灯头离地高度的要求：

1）在潮湿、危险场所及户外应不低于 2.5m。

2）在不属于潮湿、危险场所的生产车间、办公室、商店及住房等一般不低于 2m。

3）如因生产和生活需要，必须将电灯适当放低时，灯头的最低垂直距离不应低于 1m。但应在吊灯线上加绝缘套管至离地 2m 的高度，并应采用安全灯头。若装用日光灯，则日光灯架应加装盖板。

4）灯头高度低于上述规定而又无安全措施的车间、行灯和机床局部照明，应采用 36V 及以下的电压。

（2）照明开关、插座、灯座等的安装要求：

照明开关应装在火（相）线上。这样，当开关断开后灯头处不存在电压，可减少触电事故。开关应用拉线开关或平开关，不得采用床头开关或灯头开关（采用安全电压的行灯和装置可靠的台灯除外）。为使用安全和操作方便，开关、插座距地面的安装高度不应小于下列数值：

1）拉线开关为 1.8m。

2）墙壁开关（平开关）为 1.3m。

3）明装插座的离地高度一般不低于 1.3m，暗装插座的离地高度不应低于 0.15m，居民住宅和儿童活动场所均不低于 1.3m。

4）为安装平稳、绝缘良好，拉线开关和吊灯盒等均应用塑料圆盒、圆木台或塑料方盒、方木台固定。木台四周应先刷防水漆一遍，再刷白漆两遍，以保持木质干燥，绝缘良好。塑料盒或木台若固定在砖墙或混凝土结构上，则应事先在墙上打孔埋好木榫或塑料膨胀管，然后用木螺丝固定。

5）普通吊线灯具质量不超过 1kg 时，可用电灯引线自身作吊线；灯具质量超过 1kg 时，应采用吊链或钢管吊装，且导线不应承受拉力。

6）灯架或吊灯管内的导线不许有接头。

7）用电灯引线作吊灯线时，灯头和用灯盒与吊灯线连接处，均应打一背扣，以免接头受力而导致接触不良、断路或坠落。

8）采用螺口灯座时，应将火（相）线接顶芯极，零线接螺纹极。

五、案例分析题

【020605001】模拟事件背景：×年×月×日晚×时，A 省部分地区遭受大风、暴雪恶劣天气，局部地区风力 7～9 级，阵风 10 级。恶劣天气造成 A 省电网北部多条输电线路舞动跳闸，500kV××线 3 基铁塔倒塔，强送不成，同时引发 B 市多条 220kV 线路掉闸，造成市区及 C 县、D 县等地多处大面积停电。B 市电网损失负荷 500MW，减供负荷达到事故前总负荷的 23% 以上，受影响用户达××万户，其中多个重要、高危客户受到停电影响，农网和配电网也遭受严重影响，多条线路跳闸。

灾情发生后，A 省电力公司本部统一指挥开展应急救援抢修工作，应急救援基干分队克服复杂路况到达倒塔现场，进行现场勘察，设立现场应急指挥部，开通应急通信系统，搭建营地提供应急供电和后勤保障。同时，B 市供电公司立即组织应急抢修服务队开展应急救援，调配应急发电车支援重要客户，开展受损线路的紧急抢修工作。相关部门开展事件信息报告及新闻披露工作。

演练工作内容：本作业项目是应急情况下进行 0.4kV 架空线路架设及接户线安装作业，为灾区重要用户提供应急供电和照明。作业内容包括横担、金具及绝缘子安装、三相四线制架空导线安装（放线、紧线、导线固定）、接户线安装、室内配电安装、应急供电操作等，应急低压配电线路示意图如图 2-6-7 所示。作业现场预设 ϕ190mm×15m 拔梢混凝土杆 4 基（两端终端拉线已预设）。

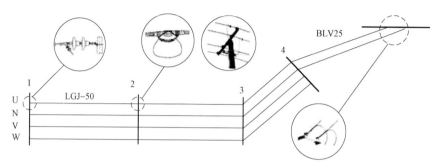

图 2-6-7　应急低压配电线路示意图

要求团队配合在规定的时间内全部完成以下任务：

（1）架设 0.4kV 低压架空线路 1 段（LGJ-50、3 个档距，3×30m），导线两端留 300mm 余线剪断。

（2）在 4 号杆处安装接户线下接横担，接 U 相 220V 单相接户线（BLV-25）连接于建筑物外墙（已预设）入户横担。

（3）在线路始端 1 号杆处，用 BLV-25 导线作为应急电源接入线，连接于 U 相架空线，并通过 1 号配电箱与应急发电机连接。

（4）在接户线下连接 2 号配电箱，与应急安置房连接。

（5）在彩钢板安置房进行户内低压配电箱安装、室内配线、照明回路安装（开关、灯具）、墙壁插座安装等。要求从进户配电箱空气断路器出线端，经 PVC 敷设护套线穿墙（穿墙孔已预设）接入板房内墙安装的户内配电箱，在配电箱内安装 1 个总断路器（DZ47LEC32），安装负荷断路器 2 个（DZ47-63C10），分别控制照明回路和插座回路，负荷回路采用护套线经塑料线槽布线形式，将方形线槽固定在板房内壁预设的布线木板（宽 300mm、厚 20mm）上，在指定位置安装白炽灯 1 盏并由跷板开关控制、安装墙壁插座 1 个，电路连接完成并确认无误后，逐级合上断路器及控制开关，低压配电回路投入运行。安置板房内低压配电接线示意图如图 2-6-8 所示。

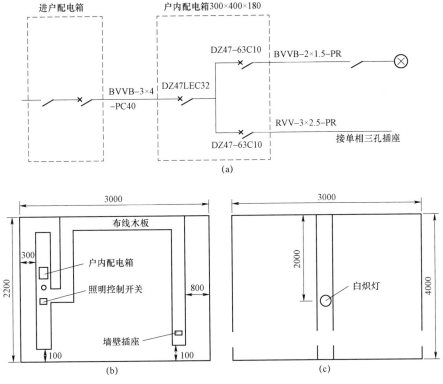

图2－6－8　安置板房内低压配电接线示意图

（a）电路示意图；（b）侧墙安装布线位置平视图；

（c）吸顶安装位置仰视图

（6）所有安装工作完成并检查核对无误后，经倒闸操作，由应急发电机通过应急线路提供电源，为受灾用户提供应急供电，并启动应急照明。

根据上述材料，试分析某应急低压配电网搭建演练工作流程。

参考答案

（1）作业风险分析。

1）物体打击。杆上作业时，操作人员应选择所需工作点的合适位置，站稳，系好安全带；杆上作业时，任何工具、材料都要用绳索传递，防止高处落物；高处作业区地面工作点要装设遮栏和安全警示牌；高处作业时，安全带、安全绳应事先进行检查，确保合格；使用中安全带的挂钩应挂在结实牢固的构件上，并采用高挂低用的方式，严禁低挂高用，作业过程中应随时检查安全带是否牢固，转移作业位置时不得失去安全保护；高处作业一律使用工具袋；严禁高处抛物。

2）触电。使用合格的验电器及正确的验电方法；检查接地线电压等级、截面，防止缠绕接地，正确装、拆接地线。

3）高处坠落。地面人员不宜在作业点垂直下方活动。杆上作业人员应防止落物伤人，使用的工具、材料应使用工具袋或传递绳传递；必须做好导线防脱措施，以防导线发生意外下落；杆上作业转位时，不得失去安全带保护；攀登平稳，手脚不乱；正确使用防坠器。

（2）确定作业流程。将作业流程分为线路架设、接户线安装及室内低压配线两个作业模块，流程如图2-6-9所示。

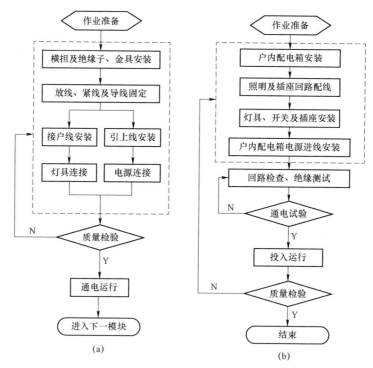

图2-6-9　作业流程图
（a）线路架设、接户线安装；（b）室内低压配线

（3）0.4kV应急配电网搭建危险点分析及预控措施见表2-6-1。

表 2 - 6 - 1　　　　　0.4kV 应急配电网搭建危险点分析及预控措施

序号	危险点	预控措施
1	机械伤害，物体打击	正确使用剪类、钳类、刀类工具，防止操作者及他人受伤
		操作过程中作业人员互相提示，防止互相伤害
		正确佩戴安全帽、手套
		登杆前应检查确认拉线、拉桩及杆根牢固可靠
		放线、紧线设备及工具设备应合格，满足荷重要求
		放线、紧线工作应由专人指挥和监护，统一信号
		放线时每基电杆上均应安装相匹配的放线滑轮，专人监护
		导线展放或卡挂时，作业人员不要站在导线下方或内角侧
		严禁带张力剪断导线
2	高处落物，高处坠落	杆上作业时，操作人员应选择所需工作点的合适位置，站稳，系好安全带
		杆上作业时，任何工具、材料都要用绳索传递，防止高处物
		高处作业区地面工作点要装设遮栏和安全警示牌
		使用梯子时，梯子应坚固完整，有防滑措施，使用单梯时与地面的倾斜角度约为 60°
		高处作业时，安全带、安全绳应事先进行检查，确保合格。使用中安全带的挂钩应挂在结实牢固的构件上，并采用高挂低用的方式，严禁低挂高用，作业过程中应随时检查安全带是否牢固，转移作业位置时不得失去安全保护
		高处作业一律使用工具袋
		严禁高处抛物
3	触电	配电箱箱体接地正确、牢固
		使用低压验电笔验电时，手不能触及笔尖带电部分
		正确使用绝缘电阻表测量绝缘电阻
		安装布线及导线连接时，应确认上级断路器在断开位置，并验电确无电压方可进行作业
		发电机外壳可靠接地，引出线采用三芯护套线并用单相三孔插头连接发电机
		剩余电流动作保护装置应进行试验确保完好，安装接线正确
		室内送电前，在室内外配电箱断路器处悬挂"禁止合闸，有人工作"标示牌
		送电时遵守安全工作规定，逐级、逐回路送电
		工作负责人、工作监护人及工作班成员认真履行安全职责，杜绝违章指挥、违章作业

（4）应急配电网搭建场地应现场勘查，应满足的条件见表 2-6-2。

表 2-6-2   应急配电网搭建场地条件

序号	检查项目	要　　求
1	场地环境	作业场地开阔，环境整洁，地面平整，无杂物，空中无干扰，地面作业区设置遮栏和警示牌
2	电杆	预设电杆必须符合质量要求，拉线、拉桩、杆根牢固可靠
3	安置板房	活动板房应安装牢固，基础可靠，覆面板安装完好，表面平整、无脱落，走线木板安装牢固。板房外环境整洁，场地平整，无杂物，板房内干燥整洁，无污染
4	入户电源	板房送电前，进户电源良好，电压等级与要求一致，作业前断路器在断开位置

（5）作业人员配置及要求见表 2-6-3。

表 2-6-3   作业人员配置及要求

序号	分工	姓名	职责	备注
1	工作负责人（工作监护人）		（1）作业前检查场地条件是否符合要求。 （2）作业前进行危险点告知，向全员交代保证安全的组织措施和技术措施。 （3）与工作组成员协调配合，正确安全地实施作业，遵守操作规程，正确使用安全防护，及时纠正不安全行为	
2	工作组成员		（1）服从工作负责人或工作监护人的工作安排。 （2）遵守安全规章制度，遵守劳动纪律。 （3）与工作负责人协调配合，正确安全地实施作业，遵守操作规程，正确使用电工工具和劳动防护用品	

（6）工器具、材料。

0.4kV 应急架空线路架设及接户线安装作业所需装备、工器具及材料明细见表 2-6-4。

表 2-6-4 　　　　0.4kV 应急架空线路架设及接户线安装作业
所需装备、工器具及材料明细

序号	名称		型号规格	单位	数量	要求
1	装备	便携式发电机		台	1	
2		应急灯具		台	1	
3	工器具（含安全工器具）	紧线器		台	8	
4		卡线器	70	台	8	规格与线材相符，不准代用
5		断线钳		台	2	
6		滑轮		台	8	
7		脚扣（登高板）	35	台	6	
8		安全带	全身	付	6	
9		传递绳		根	4	
10		工具包		个	6	
11		个人随身工具	活络扳手、钳子、十字锣刀、平口锣刀、电笔、剥线钳、尖嘴钳、电工刀	套	6	
12		警示牌		个	4	
13		安全围栏		付	4	
14		压钳	手动液压配模具	台	1	
15		安全帽		顶	20	
16	材料	导线	LGJ-50	m	400	不得有松股、断股、折叠、破损、锈蚀情况
17		导线	BLV-25	m	100	
18		四线担	∠50×5×1500	条	5	
19		耐张线夹	NL-1	个	8	
20		直角挂板	Z-7	个	8	
21		悬式绝缘子	XP-4C	片	8	
22		螺丝	16×300	个	8	
23		螺丝	16×50	个	16	
24		铝包带	1×10	kg	1	
25		U型抱箍	16×200	个	1	
26		圆平垫	$\phi 16$	个	20	

序号	名称		型号规格	单位	数量	要求
27	材料	针式绝缘子	PD-1号	个	4	
28		茶台	ED-2号	个	4	
29		铜芯绝缘线	3×2.5	m	20	
30		并沟线夹	50/25	个	4	
31		茶台连扳	4×40×250	片	8	
32		茶台螺丝	16×120	个	4	
33		砂纸	0号	张	1	
34		导电膏		盒	1	
35		两线担	∠50×5×600	条	3	
36		U型抱箍	φ200	个	3	
37		低压配电箱	400mm×300mm×180mm	个	2	带接地端子
38		开关	DZ47LEC32、剩余电流动作保护装置	个	2	
39		开关	DZ47-63C10	个	4	
40		移动电缆盘	单相	个	1	
41		电缆	末端线鼻已预制	m	足量	
42		开关箱	单相开关、已配线	个	1	

安置板房低压配电回路安装作业所需装备、工器具及材料明细见表2-6-5。

表2-6-5 安置板房低压配电回路安装作业所需装备、工器具及材料明细

序号	名称		型号规格	单位	数量	要求
1	装备	3m×4m 彩钢活动板房	轻钢骨架，夹芯复合板覆面	间	1	
2	工器具（含安全工器具）	钢丝钳（平口钳）	200mm	把	1	
3		尖嘴钳		把	1	
4		一字螺丝刀（磁头）	2×75	把	1	
5		一字螺丝刀（磁头）	3×100	把	1	
6		十字螺丝刀	2号×75	把	1	
7		十字螺丝刀	3号×100	把	1	

续表

序号	名称		型号规格	单位	数量	要求
8	工器具（含安全工器具）	钢锯		把	1	
9		小锤		把	1	
10		剥线钳		把	1	
11		电工刀		把	1	
12		低压验电笔	氖管式/数字式	支	1	
13		工具包		个	1	
14		安全帽		顶	1	
15		电工工具套	5联	套	1	配皮带
16		万用表		只	1	
17		摇表	500V	只	1	
18		钢卷尺	5m×19mm	把	1	
19		直尺	50mm	把	1	
20		铅笔	划线笔	只	1	
21		墨斗	弹线墨斗	个	1	
22		人字梯	1.5m	架	1	
23		苫布	800mm×1200mm	块	1	
24	材料	铜线	BVVB－3×4	m	10	
25		铜线	BVVB－3×2.5	m	10	
26		铜线	BVVB－3×1.5	m	100	
27		铜线	BVVB－2×1.5	m	100	
28		插座	三孔 10A	个	1	明装（带盒）
29		螺口灯座	普通	个	1	
30		跷板开关	单极	个	1	明装（带盒）
31		白炽灯泡	100W	个	1	
32		进户配电箱	800mm×600mm	个	1	（带接地端子）
33		户内配电箱	300mm×400mm	个	1	（带接地端子）
34		剩余电流动作保护装置	DZ47LEC32	个	1	
35		剩余电流动作保护装置	DZ47－63C10	个	2	
36		布线槽板	PVC线槽（24×14）	m	10	
37		布线槽板附件	与24×14槽板配套	个	各10个	（直角、阳角、阴角、三通、堵头）

序号	名称	型号规格	单位	数量	要求
38		PVC 管	40mm	m	2	含弯头、终端等
39	材料	自攻丝	10mm	包	1	
40		钢锯条		把	1	
41		绝缘胶带		圈	2	

（7）主要作业内容及质量要求和安全注意事项。

0.4kV 应急架空线路架设及接户线安装作业主要工作内容、流程、技术要求及注意事项见表 2-6-6。

表 2-6-6 **0.4kV 应急架空线路架设及接户线安装作业主要工作内容、流程、技术要求及注意事项**

序号	项目		作业步骤及内容	质量要求及注意事项
1	作业前的工作		（1）工作负责人（工作监护人）向作业成员明确交代作业内容、范围、要求及人员分工；明确交代安全注意事项、危险点及预控措施，并进行安全技术交底，签署安全技术交底表；会同工作成员检查现场作业条件是否符合作业要求，安全防护措施是否正确完备。 （2）检查确认现场装备、工器具及材料是否满足作业需要。横担、金具、绝缘子须有合格证。表面光洁无裂纹、毛刺、飞边、沙眼、气泡等；镀锌层良好，无锌皮脱落、锈蚀现象，瓷件与铁件组合不歪斜、组合紧密；弹簧销、垫弹力合适，厚度符合规定	（1）所有人员正确佩戴安全帽及工作服，持证作业。 （2）现场作业条件及安全防护措施不完善，不得开始作业。 （3）所有装备、工器具及材料数量充足，状态完好无缺陷
2	应急架空线路安装	横担及金具、绝缘子安装	（1）耐张杆。① 2 名杆上电工登杆，并在工作点合适位置站稳，系好安全带；② 地面电工准备材料起吊工作；③ 杆上人员用传递绳起吊材料，进行横担组装，紧固长螺栓，调整横担平行且垂直于线路方向；④ 起吊并安装连接金具；⑤ 起吊并安装绝缘子，将耐张线夹与悬式绝缘子串相连。 （2）直线杆。① 1 名杆上电工登杆，并在工作点合适位置站稳，系好安全带；② 地面电工准备材料起吊工作；③ 杆上人员用传递绳起吊材料，进行横担组装；④ 起吊并安装连接金具；⑤ 起吊并安装针式绝缘子，针式绝缘子安装在横担上应垂直固定，无松动	（1）耐张杆。横担安装离拉线抱箍50mm；横担两端上下歪斜不应大于20mm；横担两端前后扭斜不应大于20mm；螺栓安装方向正确，垂直方向由下向上穿入；水平方向应顺线路方向，由送电侧穿入；横线路方向，面向受电侧由左向右穿入；悬式绝缘子上的销子一律向下穿；绝缘子串在线路方向和垂直线路方向均应转动灵活；横担安装水平，无明显歪斜，安装后受力无滑动；所有螺母紧固无松动，螺栓紧好后，露出的螺杆不应少于 2 个丝扣。 （2）直线杆。横担安装离杆顶200mm；横担安装在受电侧；所有螺母紧固无松动，螺栓紧好后，露出的螺杆不应少于 2 个丝扣；横担平行且垂直于线路方向；针式绝缘子安装在横担上应垂直固定，无松动；铁横担上的针式绝缘子应有弹簧垫圈或使用双螺母以防松脱；针式绝缘子顶槽与线路方向平行

续表

序号	项目		作业步骤及内容	质量要求及注意事项
2	应急架空线路安装	放线、紧线及导线固定	（1）人力放线。地面配合人员将线盘运至放线地点，支好放线架，在工作负责人的指挥下展放导线。拖线时凡障碍物处应有专门监护人员，发现异常情况应及时处理。用引线拉过滑轮，继续展放直至全线放完。放线时，放线盘及支架应放置平衡稳定，转动灵活，制动可靠，专人监护。不得多根导线同时展放以免加大电杆侧压力造成倒杆事故。展放过程应匀速进行，发现导线磨损、断股时应立即停止并及时处理。 （2）紧线及导线固定。 1）紧线前，工作负责人应检查导线有无障碍物挂住。检查接线头及过滑轮、横担处有无卡住现象，滑轮无跳槽现象，导线无损伤。检查杆塔的拉线及反方向的临时拉线或补强措施设置完毕，符合要求。 2）将耐张杆塔上待紧的导线挂好，直线杆上待紧的导线放在滑轮上。观测弧垂人员到指定位置做好准备。紧线时，先由地面电工用拉动导线的方法收紧余线，然后杆上人员用紧线器拉住导线，防止余线回缩。在紧线端，紧线操作人员用紧线器收紧导线，同时观测弧垂人员紧密配合，调整弧垂至符合要求为止。紧线时应注意一边牵引导线一边观测弧垂，待弧垂接近规定值时放慢紧线速度；紧线时应检查杆塔受力情况，发现倾斜及时调整。 3）导线固定、附件安装。紧线后，必须在耐张杆用调节工具将导线与耐张线夹及绝缘子相连，导线所需过牵引量用调节工具调整，弧垂达到要求时，调节工具应能承受耐张绝缘子串及所带导线重力。线头穿入耐张线夹紧固，回松调节工具时绝缘子串、导线及连接金具受力，所有附件安装完成后，复查绝缘子数量、外表质量、碗口朝向、R 销安装情况、螺栓穿向、销钉开口等是否符合规范要求。直线杆顶端针式绝缘子采用顶绑法将导线绑扎固定	耐张线夹安装正确、牢固；针瓶绑扎后铝包带露出绑扎线 1～2cm；弧垂 300～500mm；线间误差不超过 50（包括 50）mm
3	接户线安装		（1）接户线横担安装。 （2）茶台固定。 （3）接户线敷设。 （4）接户线与接户杆电源线连接（并沟线夹连接）	（1）茶台采用双帽螺栓固定无松动，安装方向正确。 （2）接户线采用绝缘导线 BLV25，用并沟线夹固定引接，引接自 U、N 两线。 （3）两端绑扎长度不少于 8cm，副头无抽动或松动，绑扎起点（从瓷瓶边缘外起）为 10～15cm；绑扎间隙不大于 1mm。 （4）尾线留 50±5cm，并形成狗尾巴花固定在主线上，线头朝下，多余线头之和不大于 70cm。 （5）绝缘层剥削不伤及线芯，剥削长度适当。 （6）引线敷设做到横平竖直，美观大方操作正确，符合工艺要求。弯曲处半径为 8 倍的导线半径，不出现硬折；弯曲位置距离紧固位置 50mm（±5mm）。接户线线头、线夹要打磨清除氧化层、涂电力复合脂

序号	项目	作业步骤及内容	质量要求及注意事项
4	应急电源及引上线安装	（1）引上线线横担安装。 （2）引上线敷设。 （3）引上线与架空线线连接（并沟线夹连接）。 （4）配电箱固定与配线。 （5）发电机连接	便携式发电机接线前检查状态完好，接地良好；周围环境无安全隐患；接线前所有开关在开位；配电箱固定牢靠，开关、线材选择正确；开关进出线连接良好，工艺正确，外观美观；开关进出线连接牢靠，绝缘层剥削长度适当；引上线沿电杆牢固固定；引上线线夹使用正确，连接牢固、规范、美观
5	回路送电倒闸操作	（1）清理作业现场，回收全部工器具及作业材料，清理现场符合送电条件。 （2）对新安装线路及设备进行全面检查，回路测试，接线正确牢靠，回路测试正常。 （3）启动发电机，至工作正常可以带负荷。 （4）按照先送电源侧再送负荷侧的顺序，依次合上各开关，回路送电，运行正常	（1）通电前必须清理作业现场，回收全部工器具及作业材料，清理现场符合送电条件。 （2）通电试验应逐级、逐回路进行。送电严格按先送电源侧再送负荷侧的顺序进行，停电按相反顺序执行。 （3）送电时严格执行操作监护和下令复诵制度。 （4）新安装的剩余电流断路器必须做跳合闸试验3次
6	作业结束后的工作	（1）作业完成后，整理工具材料入库，清理现场。 （2）作业完成后应召开收工会，对作业完成情况、安全规定执行情况及工器具清点回收情况做出总结点评	

安置板房内低压配电回路安装作业主要工作内容、流程、技术要求及注意事项见表2-6-7。

表2-6-7　　　　安置板房内低压配电回路安装作业主要工作
内容、流程、技术要求及注意事项

序号	项目	内　容	备注
1	作业前的工作	（1）工作负责人（工作监护人）向作业成员明确交代作业内容、范围、要求及人员分工；明确交代安全注意事项、危险点及预控措施，并进行安全技术交底，签署安全技术交底表；会同工作成员检查现场作业条件是否符合作业要求，安全防护措施是否正确完备。 （2）检查确认现场装备、工器具及材料是否满足作业需要。横担、金具、绝缘子须有合格证。表面光洁无裂纹、毛刺、飞边、沙眼、气泡等；镀锌层良好，无锌皮脱落、锈蚀现象，瓷件与铁件组合不歪斜、组合紧密；弹簧销、垫弹力合适，厚度符合规定	（1）所有人员正确佩戴安全帽及工作服，持证作业。 （2）现场作业条件及安全防护措施不完善，不得开始作业。 （3）所有装备、工器具及材料数量充足，状态完好无缺陷

序号	项目		内　容	备注
2	户内配电箱安装	箱体安装固定	（1）确定安装位置、高度及安装方式。① 配电箱应为制造商生产的标准配电箱；② 安装场所应干燥、通风、无腐蚀、无灰尘、无振动、无杂物、无安全隐患；③ 配电箱与墙壁接触部分应涂刷防腐漆；④ 安装方式采用明装悬挂式，悬挂安装在板房内侧墙上；⑤ 明装配电箱应不低于 1.8m。 （2）安装固定。采用穿钉固定配电箱，根据板房厚度选取适当长度的穿钉，采用焊接或螺栓连接。首先定位确定四角固定点位置，用手电钻在固定位置处钻孔，其孔径及深度应刚好将穿钉部分穿入，且孔洞应平直不得歪斜。安装穿钉后把箱体固定在紧固件上。 （3）接地。配电箱的箱体、箱门及箱底盘均应采用铜编织带或黄绿相间色铜芯软线可靠接于 PE 端子排，零线和 PE 线端子排应保证一孔一线	安装场所符合要求，应安装在通风、干燥、无振动、无灰尘和有害气体的场所；高度符合要求，配电箱距离地面低于 1.8m；部件齐全，安装牢固，用手触碰无晃动；配电箱垂直偏差不大于 3mm；箱体应正确、可靠接地；箱内外清洁无灰尘杂物等
		断路器安装及配线	（1）断路器安装。① 检查确认剩余电流动作保护装置外观良好无破损，进行接通、断开试验，测试正常；② 在配电箱内安装 3 只剩余电流动作保护装置，安装前确保断路器在断开位置；③ 采用上下两层布置，上层为总断路器，下层从左至右分为插座回路断路器和照明回路断路器；④ 将 3 只断路器卡槽完全对应卡在箱体滑轨上，吻合严密，排列整齐紧密，无歪斜。 （2）箱内配线。用 2.5mm² 的单芯铜线作为连接导线，按照电路图，将 3 只剩余电流动作保护装置按照"一进两出"进行导线连接。① 相线采用红色，中性线采用蓝色；② 按照说明书进行剩余电流动作保护装置接线，防止接错线或装错；③ 分清电源端和负载端，上端电源端由 N、1、3、5 端子引入，下端负载端由 N、2、4、6 端子引出，不可接错；④ 接零系统的零线，应在引入线处或线路末端的配电箱处做好重复接地	（1）导线规格选择正确，颜色无误；剩余电流动作保护装置进出线接线正确无误；正确使用电工刀进行塑料护套线绝缘层剥削，剥削长度不能过长或过短，造成裸露线芯或压接绝缘层；导线线头与接线柱的连接应牢固，线芯必须插入承孔底部，无虚接。 （2）配电箱上配线需排列整齐、清晰、美观、牢固，导线应绝缘良好，无损伤，并绑扎成束；配电箱内的导线不得用接头；开关应排列紧凑牢固，不得倒装；箱内配线与电路图相符，符合作业任务要求
3	照明及插座回路安装	塑料线槽安装及护套线配线	根据电路图要求，在板房内侧墙壁及顶棚预设的布线木板上，采用护套线在 PVC 线槽内进行配线，线路采用明敷方式敷设于板房墙壁及顶棚上。 （1）定位画线。首先以布线木板的中心线与线槽中心线重合确定线槽安装位置及走向，然后用弹线墨斗在木板上画线，并预留照明开关安装盒、明装插座安装盒和吸顶木台的安装位置。 （2）槽底下料。根据所画位置把槽底截成合适长度，平面转角处槽底要锯成 45° 斜角，下料用手钢锯。有接线盒的位置，线槽到盒边为止。 （3）固定槽底和明装盒。用木螺钉把槽底和明装盒用胀管固定好。槽底的固定点位置，直线段小于 0.5m；短线段距两端 0.1m。在明装盒下部适当位置开孔，准备进线口。 （4）下线、盖槽盖。照明回路采用 BVVB－2×1.5 导线，插座回路采用 BVVB－3×2.5 导线，按线路走向把槽盖料下好，由于在拐弯分支的地方都要加附件，槽盖下料时要把长度控制好，槽盖要压在附件下 8～10mm。进盒地方可以使用进盒插口，也可以直接把槽盖压入盒下。直线段对接上面可以不加附件，接缝要接严。槽盖的接缝与槽底接缝错开。把导线放入线槽，槽内不准接线头，导线接头在接线盒内进行。放线的同时把槽盖盖上，以免导线掉落	（1）接线前确保断路器在开位；导线规格型号选择正确，与电路图相符，符合作业任务要求；导线颜色应对应（相线为红色，零线为蓝色，地线为黄绿相间）；槽内导线总截面积不得大于线槽截面积的 60%；线槽内清洁无杂物；槽内导线平整美观。 （2）线槽接口处平直、严密，槽盖齐全、平整、无翘角；每节线槽的固定点至少两个，在转角、分支处和端部应有固定点，或直线段两固定点相距小于 0.5m，短线段两端小于 0.1m。 （3）固定或连接线槽的螺钉或其他紧固件，紧固后其端部与线槽内表面应光滑相接；线槽的出线口应光滑无毛刺；线槽水平或垂直允许偏差为其长度的 2%，全长偏差不超过 20mm；线槽并列安装时，槽盖应便于开启

续表

序号	项目		内 容	备注
3	照明及插座回路安装	灯具、控制开关及插座安装	在指定位置安装照明回路的灯具、翘板开关和插座回路的插座。 （1）白炽灯安装。将灯具木台用木螺钉安装固定在顶棚布线木板上指定位置（顶棚中心），将普通螺口灯座用木螺钉固定在木台上，将导线线头与灯座连接，将白炽灯泡拧到螺口灯座上拧紧。 （2）翘板开关安装。在户内配电箱下方适当位置以明装方式安装翘板开关1个，以控制灯泡。先用木螺钉将开关安装盒固定在木板上，然后将出、入侧导线（相线）与开关连接，将开关固定在安装盒上，盖好开关盖板。 （3）插座安装。在安装示意图指定位置处以明装方式安装单相三孔插座1个。用螺钉把安装盒固定在木板上，打开插座底座，找出导线过插座底座上的穿线孔，把导线用木螺钉固定在安装盒上，相线接右边接线柱，零线接左边接线柱，地线接上端接线柱；盖上插座盖板	（1）灯具安装。牢固可靠，每个灯具固定用的螺钉或螺栓不应少于2个；灯具完好，配件齐全；底座无损伤、变形等，灯头的绝缘外壳不应有破损和漏电；灯头接线正确，相线应接在中心触头的端子上，零线应接在螺纹的端子上。 （2）控制开关安装。开关均应控制相线；开关位置应与灯位相对应，拨向上方为接通；开关的盖板应端正、严密；开关安装的位置便于操作，距地面高度宜为1.3m。 （3）插座安装。插座接线孔要按一定顺序排列，单相三孔插座，保护接地在上孔，相线在右孔，零线在左孔；多孔插座的保护零接或接地线必须可靠接地，不允许接地线与零线并接；相线和零线不可接反；明装插座距离地面不低于1.4m，暗装插座距离地面不低于0.3m；落地插座应具有牢固可靠的保护盖板
4	户内配电箱电源进线安装	PVC管配线	从进户配电箱空气断路器出线端，经PVC管敷设护套线穿墙（穿墙孔已预设）接入板房内墙安装的户内配电箱，并完成导线与两端断路器的连接。 （1）线管下料。根据安装位置示意图，进行PVC管下料及附件选用。PVC管切割可以用手钢锯，也可以用专用剪管钳。 （2）线管敷设及固定。水平走向的线路宜由左至右逐段敷设，垂直走向的宜由下至上敷设；PVC管连接、转弯、分支可使用专用配套PVC管连接附件，连接时应采用插入连接，管口应平整、光滑，连接处结合面应涂专用胶合剂，套管长度宜为管外径的1.5~3倍；管口进入电源箱或控制箱等，管口应伸入10mm；明敷线管可用与管子规格相匹配的管卡、胀管、木螺钉直接固定在墙上。 （3）扫管穿线。 1）穿引丝。使用φ1.2（18号）或φ1.6（16号）钢丝，将钢丝端头弯成小钩，从管口插入。由于管子中间有弯，穿时钢丝要不断向一个方向转动，一边穿一边转，很快就能从另一端穿出。如果管子较多不易穿过，则从管的另一端再穿入一根钢丝，当感觉到两根钢丝碰到一起时，两人从两端反方向转动两根钢丝，使两钢丝绞在一起，然后一拉一送，即可将钢丝穿过去。 2）带线。钢丝穿入管中后可以带线。一根管中导线应为2~5根，按设计所标的根数一次导入。在钢丝上套入一个塑料护口，钢丝尾端做一死环套，将导线绝缘拨去5cm左右，几根导线均穿入环套，线头弯回后用其中一根自缠绑扎；多根导线在拉入过程中，导线要排顺，不能有绞合，不能出死弯，一个人将钢丝向外拉，另一个人拿住导线向里送。导线拉过去后，留下足够的长度，把线头打开取下钢丝，线尾端也留下足够的长度剪断，一般留头长度为出盒100mm左右	（1）管内应清洁、干燥、无杂物；导线穿管前，应先清理管口毛刺刃口，防止穿线时损坏导线绝缘层；导线在管内不应有接头和扭结，接头应设在接线盒内；管内导线包括绝缘层在内的总截面积不应大于管内空截面积的40%。 （2）正确选择所穿导线的型号、规格。铜线和铜芯软线不得低于1.2mm²，铝线不得低于2.5mm²。3根及以上绝缘导线穿于同一根管内，其总截面积（包括外护层）不应超过管内截面积的40%，两根绝缘导线穿于同一根管时，管内径不应小于两根导线外径之和的1.35倍（立管可取1.25倍）。 （3）导线穿好后，应适当留出余量，一般在出盒口留线长度不应小于100mm，箱内留线长度为箱的半周长，以便于接线。 （4）管内穿线困难应查找原因，不得用力强行穿线，否则会损伤导线绝缘层或线芯

续表

序号	项目		内　容	备注
4	户内配电箱电源进线安装	导线连接	在进户配电箱及户内配电箱断路器在断开位置情况下，用低压验电笔在开关下口处验电，且却确无电压，进行导线连接工作	参照"开关电器安装及配线"的质量要求
5	回路检查、绝缘测试		安装完成后，对全部安装工作进行全面检查，确认无误。 （1）从电源侧到负荷侧逐级、逐条回路进行检查。 （2）检查选用导线、开关电器规格型号是否正确。 （3）检查断路器、控制开关、灯具接线是否正确，是否安装牢固。 （4）检查导线与接线柱连接是否可靠牢固。 （5）检查安装任务是否全部完成，是否有遗漏，是否符合电路图要求。 （6）拉开所有回路所有断路器、控制开关，并确认在断开位置。 （7）用 500V 绝缘电阻表对低压配电回路进行逐回路、逐段进行绝缘电阻测量	（1）安装完成后，必须对全部安装工作进行全面检查，检查项目无遗漏。确认无误。 （2）发现影响送电安全的缺陷时应立即整改，未经整改不得带电。 （3）绝缘测试时必须拉开所有回路所有断路器、控制开关，并确认在断开位置方可进行，测量时必须卸下灯泡。 （4）低压单相回路绝缘电阻测量结果应在 0.22Ω 以上。若不合格应继续找原因，不得送电。测量结果有疑问时应再次确认，确实不合格时不查找原因并消除
6	通电试验、投入运行		（1）回路检查及绝缘测试结束后，清理作业现场，回收全部工器具及作业材料，清理现场遗留杂物，保证现场无影响送电的因素。 （2）合上进户配电箱电源进线刀闸及总断路器，验电正常。 （3）合上户内配电箱新安装的总断路器，并对该剩余电流断路器进行安装后的首次测试方可投入使用。① 带负荷分、合三次，不得误动作，用试验按钮试跳三次，应正确动作，各相用 1kΩ 左右试验电阻或 40～60W 灯泡接地试跳三次，应正确动作；② 剩余电流断路器因线路故障分闸后，需查明原因排除故障；③ 因剩余电流动作，需按下后方可合闸，剩余电流断路器的剩余电流指示按钮凸起指示。 （4）按上述方法依次对照明回路和插座回路的剩余电流断路器进行带电测试，然后合闸，验电正常。 （5）合上新安装的跷板开关，并进行两次开合试验，确认电灯工作正常且开关位置与灯的状态切换相符，灯泡发光正常。 （6）用低压验电笔测试新安装的单相三孔插座带电正常	（1）通电前必须清理作业现场，回收全部工器具及作业材料，清理现场符合送电条件。 （2）通电试验应逐级、逐回路进行；送电时严格执行操作监护和下令复诵制度。 （3）新安装的剩余电流断路器必须做跳合闸试验三次。 （4）投入运行后，开关、插座、灯具运行应正常，灯泡正常发光，插座用验电笔测试带电正常，跷板开关开合位置与灯泡状态相对应
7	安全及文明生产			遵守操作规程及安全注意事项；工器具、材料摆放整齐；不损坏工器具；无野蛮作业；无人员受伤；作业完成后，整理工具材料入库，清理现场；作业完成后应召开收工会，对作业完成情况、安全规定执行情况及工器具清点回收情况做出总结点评

课 题 七

电网应急通信保障

一、单选题

【020701001】电网应急通信系统一般都是通过（　　）建立起来的。

（A）固定应急通信系统；　　　（B）卫星通信系统；

（C）单兵通信系统；　　　　　（D）移动应急通信系统。

答案：B

【020701002】卫星通信系统的卫星端在空中起（　　）的作用，即把地面站发上来的电磁波放大后再返送回另一地面站。

（A）岸站；　　（B）地面站；　　（C）中继站；　　（D）用户站。

答案：C

【020701003】卫星通信系统在现有通信网络覆盖不理想或通信网络中断等紧急状况下，可快速建立现场与中心站间的（　　），是一种不可或缺的应急通信手段。

（A）传播渠道；　　（B）传输通道；　　（C）联系信号；　　（D）网络系统。

答案：B

【020701004】为了满足随机、不定点的实时情景的传输要求，单兵通信系统只能采用（　　）配合应急通信车和海事卫星通信系统进行使用。

（A）4G移动通信方式；　　　（B）有线的方式；

（C）无线的方式；　　　　　（D）宽带通信方式。

答案：C

【020701005】海事卫星通信系统具有（　　）的特点，能够很好地保持行进中的视频图像、数据通信，在突发事件应急处置过程中起到重要作用。

（A）覆盖面积大；　　（B）移动性；　　（C）建设快捷；　　（D）抗干扰性。

答案：B

【020701006】应急通信车的主要功能是保障突发事件等特殊情况下的（　　）。

（A）应急指挥能力；　　　　　　（B）通信能力；

（C）运输能力；　　　　　　　　（D）信号可靠性。

答案：B

【020701007】5G 网络是（　　　）网络。

（A）LTE 蜂窝；　　（B）数字蜂窝；　　（C）有线互联；　　（D）数字有线。

答案：B

【020701008】在 5G 网络中，主要依靠（　　　）完成网络部署与运维。

（A）人工方式；　　　　　　　　（B）内容分发方式；

（C）自组织网络技术；　　　　　（D）数字蜂窝系统。

答案：C

【020701009】在 5G 网络中，M2M 通信是（　　　）最常见的应用形式。

（A）互联网；　　（B）智能电网发；　　（C）车联网；　　（D）物联网。

答案：D

【020701010】在 5G 网络中，（　　　）是一种基于蜂窝系统的近距离数据直接传输技术。

（A）D2D 通信；　　　　　　　　（B）M2M 通信；

（C）CDN 网络；　　　　　　　　（D）ICN 网络。

答案：A

【020701011】在 5G 网络中，（　　　）是在传统网络中添加新的层次，即智能虚拟网络。

（A）D2D 通信；　　　　　　　　（B）M2M 通信；

（C）CDN 网络；　　　　　　　　（D）ICN 网络。

答案：C

二、多选题

【020702001】应急通信是突发事件情况下（　　　）的重要基础手段。

（A）迅速应对危机；　　　　　　（B）减少损失；

（C）实施救援；　　　　　　　　（D）稳定局势。

答案：ABD

【020702002】应急通信系统是电网应急平台的核心系统，是（　　　）不可或缺的工具手段。

（A）应急值守；　　　　　　　　（B）现场指挥；

（C）突发事件处置；　　　　　　（D）应急管理。

答案：AC

【020702003】下列属于电网应急通信系统的是（　　　）。

（A）固定应急通信系统；　　　　（B）单兵通信系统；

（C）移动应急通信系统；　　　　（D）电网调度通信系统。

答案：AC

【020702004】卫星通信系统由（　　　）等部分组成。

（A）卫星端；　　（B）地面端；　　（C）中枢端；　　（D）用户端。

答案：ABD

【020702005】应急通信系统中最具有代表性的是（　　　）通信系统。

（A）VSAT 卫星；　　　　（B）单兵；

（C）海事卫星；　　　　（D）网络。

答案：AC

【020702006】VSAT 卫星通信系统主要由（　　　）组成。

（A）同步卫星；　　　　（B）地面中枢站；

（C）地面远端站；　　　　（D）地面监管站。

答案：ABCD

【020702007】海事卫星通信系统由（　　　）组成。

（A）海事卫星；　　（B）岸站；　　（C）船站；　　（D）地面中枢站。

答案：ABC

【020702008】卫星通信系统具有（　　　）等特点。

（A）覆盖面积大；　　　　（B）网络结构简单；

（C）建设快捷；　　　　（D）不易受陆地灾害的影响。

答案：ABCD

【020702009】根据服务对象、工作内容、服务地点的不同，应急通信车可分为（　　　）等。

（A）越野型通信车；　　　　（B）灾情技侦车；

（C）多功能通信指挥车；　　　　（D）单兵通信车。

答案：ABC

【020702010】单兵通信系统是一种集个人通信和战场态势感知能力于一身的轻便、（　　　）的数字化通信系统。

（A）可移动；　　（B）具有保密性；　　（C）抗干扰；　　（D）宽带通信。

答案：ABCD

【020702011】4G 单兵无线通信装备具有（　　　）等优点。

（A）安装方便；　　（B）灵活性强；　　（C）传输信号快；　　（D）便于携带。

答案：ABD

【020702012】4G 单兵无线通信装备主要由（　　　）共同组成。

（A）4G 网络；　　（B）4G 单兵；　　（C）地面站；　　（D）收发端。

答案：ABD

三、判断题

【020703001】电网应急通信系统是根据电网应急值班和突发事件处置对应急通信保障的要求而建立的机动应急指挥通信系统。（　　　）

答案：√

【020703002】应急通信车是固定的应急指挥中心的扩展和延伸，能够将突发事件发生现场的情况迅速反馈到固定的应急指挥中心。（　　　）

答案：√

【020703003】应急通信指挥车除保障救灾现场的通信之外，在条件允许的情况下，还能够为受灾群众提供免费拨打电话、收听广播和收看电视等服务。

（　　　）

答案：×

【020703004】4G 单兵无线通信装备是指在应急通信车不方便到达的地区或需要隐蔽侦察的场合，利用 4G 移动通信网络实现音频图像的实时接入和传输的设备。（　　　）

答案：√

【020703005】4G 单兵无线通信装备可随时完成对指定位置的无线图像监控和现场音频对话。（　　　）

答案：√

【020703006】4G 单兵无线通信装备能通过随身携带的摄像设备或专用摄像头，采集现场视频图像并实时传送到应急指挥中心或应急通信车。（　　　）

答案：√

【020702007】4G 单兵无线通信装备随时接受应急指挥中心各项指令，同时可通过 IP 接口访问应急指挥中心数据库。（　　　）

答案：√

【020703008】卫星系统的地面端是卫星系统与地面公众网的接口，地面用户也可以通过地面站出入卫星系统形成链路。（　　　）

答案：√

【020703009】卫星通信是利用人造地球卫星作为中继站来转发无线电波，从而实现两个或多个地球站之间的通信。 （ ）

答案：√

四、问答题

【020704001】电网应急通信系统应满足哪些需要？

答案：（1）抢险救灾应急通信保障。能够满足应对自然灾害和极端小概率突发事件情况下的电网通信需求，实现受灾现场与应急指挥中心的音频、视频、数据联络，为险情报告、抢险指挥、资源调度等提供支撑手段，保证应急指挥中心与受灾现场之间指令下达、信息上报的及时性和准确性。

（2）重大活动及重要保电任务应急通信保障。提供重大活动及重要保电任务现场与各级指挥中心之间的主用通道或应急备用通道，确保现场与各级指挥中心之间联络顺畅，将活动现场的语音、视频、数据传输到各级指挥中心或经各级指挥中心转发至其他地方，为指挥决策提供现场参考。

【020704002】应急通信车的具体功能主要包括哪些？

答案：应急通信车的技术优势是具有较高的系统集成性、较强的通信兼容性和较全面的辅助功能。具体功能主要包括以下几点：

（1）利用双向卫星通信系统可实现灾害现场与后方应急指挥中心的双向图像、语音、数据实时传输。后方应急指挥中心根据灾害现场传回的灾情数据，可以更准确地判断灾害情况和发展趋势，为救灾决策指挥提供及时可靠的基础支持。

（2）通过远程视频会议系统，可以实现各级组织之间或各级组织与灾害现场等多方视频会商，便于各级组织对救灾工作进行部署和安排。

（3）现场救灾人员能够通过车载卫星通信系统接入互联网和专网，获取和发布灾情信息。

（4）通过车载的电子沙盘等系统，可以快速调取灾区现场及周边的地理信息资料，为救灾指挥、决策提供辅助支持。

（5）通过车载定位导航系统，后方应急指挥中心能够实时监控车辆的行进轨迹。

（6）能够实现蜂窝通信、集群通信、微波通信、超短波通信、卫星电话等多种通信形式的互联互通。

【020704003】VSAT 卫星通信系统主要具有哪些特点？

答案：（1）地面（远端）站天线的直径小，一般在 2m 以下，目前采用较多的是 1.2～1.8m。登山运动员有时用直径 0.3m 的便携式个人地球站。

（2）发射功率小，一般为1～3W。

（3）质量很轻，常用的为几十千克，有的小到几千克，便于携带。

（4）价格低廉，经济实用。

（5）比传统的地面通信手段简单，不需要架设电缆、光缆，也不像微波通信必需每隔50km架设一个中继站。VSAT卫星通信系统中，只要在通信的两端安装必要的设备就可以，而且这种设备的安装也比较简单，建设周期短。

（6）一般的通信系统距离越长费用越高，而VSAT卫星通信与距离没有关系，距离越远越适合采用VSAT卫星通信系统。

（7）不需要架设地面设施，因此，不受地形和气候环境的影响。

（8）组网灵活，容易扩充用，维修方便。

【020704004】根据中枢站和远端站的通信关系，VSAT组网通常分为哪三种?

答案：（1）星状网。星状网指以VSAT网络主站为网络中心，各VSAT端站与主站之间构成通信链路，各VSAT端站之间不构成直接的通信链路。VSAT端站之间构成通信链路时需要通过VSAT主站转发来实现。这类功能均由VSAT主站的网络控制系统参与来完成，如图2-7-1（a）所示。

（2）网状网。网状网指各VSAT端站之间相互构成直接的通信链路，不通过VSAT主站转发。VSAT主站只起到全VSAT网络的控制、管理及VSAT主站和端站之间的通信，如图2-7-1（b）所示。

（3）混合网。混合网为上述两种的混合形式，各小站之间有的可以直接通信有些需经过中枢站转接。

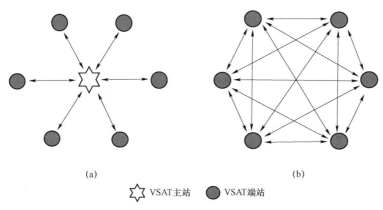

         （a）   （b）

☆ VSAT主站   ● VSAT端站

图2-7-1 VSAT网络结构示意图

（a）星状网；（b）网状网

【020704005】海事卫星通信系统是怎样实现通信的？

答案: 海事卫星船站将通信信号发射给地球静止卫星轨道上的海事卫星,经卫星转发给岸站,岸站再通过与之连接的地面通信网络或国际卫星通信网络,实现与世界各地陆地上用户的相互通信。海事卫星通信系统示意图如图 2-7-2 所示。

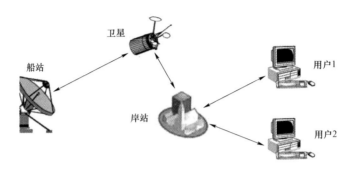

图 2-7-2　海事卫星通信系统示意图

【020704006】常见的单兵模式有哪些？

答案:（1）单兵到应急指挥中心模式。单兵到应急指挥中心模式示意图如图 2-7-3 所示。单兵将收集到的信息通过应急通信车直接发送至应急指挥中心。

图 2-7-3　单兵到指挥中心模式示意图

（2）一发多收模式。一发多收模式示意图如图 2-7-4 所示。单兵将收集到的信息通过应急通信车分别发送至应急指挥车、应急指挥中心、应急指挥分中心。

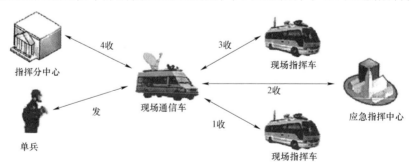

图 2-7-4　一发多收模式示意图

（3）多发一收模式。多发一收模式示意图如图 2-7-5 所示。不同的单兵将收集到的信息分别发送至应急指挥中心或分别通过应急通信车发送至应急指挥中心。

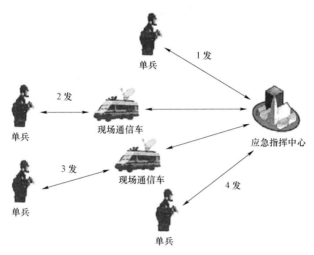

图 2-7-5　多发一收模式示意图

（4）多发多收模式。多发多收模式示意图如图 2-7-6 所示。单兵将收集到的信息通过应急通信车直接发送至应急指挥中心或应急指挥分中心；或者单兵将收集到的信息发送至应急通信车，应急通信车再将信息分别发送至应急指挥中心和应急指挥分中心；或者单兵将收集到的信息发送至应急通信车，应急通信车再将信息发送至应急指挥分中心，应急指挥分中心再将信息发送至应急指挥分中心。

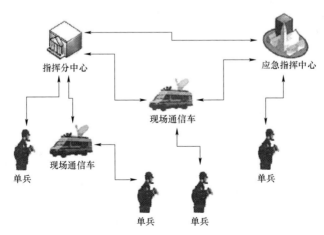

图 2-7-6　多发多收模式示意图

课 题 八

废墟搜救与狭小空间救援

一、单选题

【020801001】（   ）是指在城市、村庄遭受破坏或灾害后变成的荒凉的地方或被破坏的地方上面的垃圾和被破坏物里对被困或被埋人员进行搜索和救援。

（A）废墟搜救；　　　　　　　　（B）狭小空间救援；

（C）地震救援；　　　　　　　　（D）人员搜索定位。

答案：A

【020801002】下列不属于手动破拆工具组的部件是（   ）。

（A）缩冲击臂；　　（B）钳子；　　（C）窄錾刀；　　（D）破锁拔钉器。

答案：B

【020801003】下列不可以用液压动力来驱动的破拆工具是（   ）。

（A）剪切器；　　（B）扩张器；　　（C）冲击钻；　　（D）顶撑器。

答案：C

【020801004】不属于电动破拆工具的是（   ）。

（A）电动冲击钻；　　　　　　　　（B）电动破拆镐；

（C）电动螺丝刀；　　　　　　　　（D）电动剪扩器。

答案：C

【020801005】电动冲击钻使用的额定电压是（   ）V。

（A）110；　　（B）220；　　（C）380；　　（D）36。

答案：B

【020801006】（   ）主要用于在灾害现场，当被困人员身体被障碍物夹住或被压埋时，进行较小规模的破坏、除去障碍物，有效救助被困人员。

（A）电动破拆工具组；　　　　　　（B）液压破拆工具组；

（C）手动破拆工具组；　　　　　　（D）现场搜索设备。

答案：B

【020801007】使用液压剪切器时，被剪材料尽量靠近剪刀（　　）。

（A）根部；　　（B）开口处；　　（C）中间位置；　　（D）尖部。

答案：A

【020801008】扩张器使用完毕后，扩张臂呈（　　），卸掉高压油管压力，盖好防尘盖。

（A）闭合状态；　　（B）开启状态；　　（C）微开状态；　　（D）无要求。

答案：C

【020801009】液压顶撑杆用于（　　）。

（A）支撑重物；

（B）分离开金属和非金属结构；

（C）剪断门框、汽车框架结构或非金属结构；

（D）扩张、剪切、抬升作业。

答案：A

【020801010】（　　）用于发生事故时，剪断门框、汽车框架结构或非金属结构。

（A）液压顶撑杆；　　　　　　　　（B）液压扩张器；

（C）红外热像仪；　　　　　　　　（D）液压剪切器。

答案：D

【020801011】液压顶撑杆使用完毕后，应使顶杆并拢后再反向伸出（　　）mm。

（A）1～3；　　（B）2～4；　　（C）3～5；　　（D）4～6。

答案：C

【020801012】雷达生命探测仪应用了超宽频技术，在搜索被困于废墟中的幸存者时可以穿透（　　）m的混凝土。

（A）2～3；　　（B）4～6；　　（C）3～5；　　（D）5～7。

答案：B

【020801013】音频生命探测仪可接收（　　）Hz频率范围内的信号。

（A）1～1000；　　（B）1～2000；　　（C）1～3000；　　（D）1～4000。

答案：D

【020801014】灾害造成的建筑物倒塌后，会形成（　　），维持这种暂时的安全空间稳定对救援十分有利。

（A）亚稳态结构；　　　　　　　　（B）稳态结构；

（C）非稳态结构；　　　　　　　　（D）不稳定结构。

答案：A

【020801015】雷达生命探测仪融合超宽频谱雷达技术、生物医学工程技术于一体，穿透能力强，能探测到被埋生命体的呼吸、体动等生命特征，并能精确测量到被埋生命体的（　　　），具有较强的抗干扰能力。

（A）音频声波；　　（B）生命状态；　　（C）距离深度；　　（D）红外图像。

答案：C

【020801016】人工搜索定位方法的前提是幸存者能够（　　　），并有能力做出回应。

（A）自主呼吸；　　（B）睁开眼睛；　　（C）听到呼叫；　　（D）有反应意识。

答案：C

【020801017】在废墟中查看情况时要按照（　　　）的顺序查看，以确保救援人员的安全。

（A）从下到上，从外到内；　　　　　（B）从上到下，从外到内；

（C）从上到下，从内到外；　　　　　（D）从下到上，从内到外。

答案：B

【020801018】搜救犬的嗅觉灵敏度是人的（　　　）多万倍。

（A）10；　　（B）20；　　（C）30；　　（D）40。

答案：C

【020801019】可帮助人类进行废墟搜救被困人员的动物是（　　　）。

（A）猫；　　（B）大象；　　（C）犬；　　（D）鹰。

答案：C

【020801020】空气中二氧化碳的含量一般为（　　　），若地震废墟中某个空间的二氧化碳含量超标，就可以根据此信息判断出其中有人在呼吸，或者附近有遇难者。

（A）0.01%；　　（B）0.02%；　　（C）0.03%；　　（D）0.04%。

答案：C

【020801021】根据国内外的经验，在搜救犬搜索定位过程中，每个搜索犬小组由（　　　）个训导员、2条搜救犬和1个负责协调的人员组成。

（A）1；　　（B）2；　　（C）3；　　（D）4。

答案：B

二、多选题

【020802001】下列属于废墟搜救装备的是（　　　）。

（A）破拆工具；　　　　　　　　（B）雷达生命探测仪；

（C）搜救犬；　　　　　　　　　（D）搜救机器人。

答案： ABD

【020802002】下列属于现场搜索设备的是（　　　）。

（A）视频生命探测仪；　　　　　（B）红外热像仪；

（C）液压顶撑器；　　　　　　　（D）雷达生命探测仪。

答案： ABD

【020802003】常见的液压工具包括（　　　）。

（A）液压剪切器；　　　　　　　（B）液压扩张器；

（C）液压顶撑器；　　　　　　　（D）搜救机器人。

答案： ABC

【020802004】液压剪切器的部件主要包括（　　　）等。

（A）扩张头；　　　　　　　　　（B）中心锁轴锁头；

（C）双向液压锁；　　　　　　　（D）手控双向阀及手轮。

答案： BCD

【020802005】仪器搜索定位具体设备主要有（　　　）。

（A）视频生命探测仪；　　　　　（B）液压顶撑器；

（C）红外热像仪；　　　　　　　（D）雷达生命探测仪。

答案： ACD

【020802006】常用的红外热像仪按照其应用方式可分为（　　　）。

（A）救助型热像仪；　　　　　　（B）检测型热像仪；

（C）音频生命探测仪；　　　　　（D）雷达生命探测仪。

答案： AB

【020802007】救助型热像仪在红外方式下一般具有（　　　）三种显示模式。

（A）白热；　　（B）黑热；　　（C）彩色；　　（D）伪彩色。

答案： ABD

【020802008】救助型热像仪主要用于消防救援中的（　　　）等，特别适用于协助消防员在浓烟、黑暗、高温等环境条件下进行灭火和救援作业。

（A）火情侦查；　　（B）人员搜救；　　（C）辅助灭火；　　（D）火场清理。

答案： ABCD

【020802009】检测型热像仪一般应用于（　　　）的检查，具有图像冻结、图像储存、热像还原、操作提示和参数修正功能。

（A）电气设备；　　　　　　　　（B）石化设备；

（C）火场清理；　　　　　　　　（D）工业生产和深林防火。

答案：ABD

【020802010】人员搜索定位是指在灾害现场通过（　　　），确定自然空间或缝隙中幸存者的位置。

（A）寻访；　　（B）呼叫；　　（C）仪器侦查或搜救犬搜索；　　（D）细听。

答案：ABC

【020802011】人工搜索定位具体方法包括（　　　）。

（A）询问知情人；　　（B）看；　　（C）主动喊话；　　（D）细听。

答案：ABCD

三、判断题

【020803001】手动破拆工具组主要应用于消防、地震等抢险作业，适用于各种介质。　　　　　　　　　　　　　　　　　　　　　　　　（　　　）

答案：√

【020803002】冲击钻更换钻头时，应用专用扳手及钻头锁紧钥匙。（　　　）

答案：√

【020803003】在有幸存者或者刚刚遇难人员的地方，二氧化碳浓度要比其他地方低一些。　　　　　　　　　　　　　　　　　　　　　　　（　　　）

答案：×

【020803004】废墟搜救时，在听的过程中，尽量将耳朵贴在砖、石、金属等物体上，因为声音在固体中的传播速度远远小于在空气中的传播速度。（　　　）

答案：×

【020803005】把人从废墟里安全救出，正确做法应是先包扎稳定后再移开重物。　　　　　　　　　　　　　　　　　　　　　　　　　　　　（　　　）

答案：√

【020803006】雷达生命探测仪的信号不能穿透金属障碍物。　　　（　　　）

答案：√

【020803007】雷达生命探测仪在使用时需要导线和探头，需要钻孔和防水。　　　　　　　　　　　　　　　　　　　　　　　　　　　　　　　（　　　）

答案：×

【020803008】检测型热像仪比救助型热像仪能够适应更高的测量温度。

（　　　）

答案：√

【020803009】被困人员遭受塌方物长时间压迫后，坏死的肌肉会产生大量的钾，一旦移开重压，钾会通过血液循环对机体，尤其是内脏产生毒害。（　　）

答案：√

【020803010】因地震、坍塌等灾害造成的狭小空间往往处于一个不稳定的状态，为了救人需要扩大空间时要特别小心，防止二次坍塌。（　　）

答案：√

【020803011】狭小空间由于结构、位置或者内部结构的原因，容易聚集危险的气体、蒸汽、粉尘和烟，容易缺氧。（　　）

答案：√

【020803012】无论情形多么紧急，在听取救援专家意见之前，绝不要轻易进入坍塌的建筑物内。（　　）

答案：√

【020803013】若狭小空间内可能有电气设备，进入前应确认电源是否切断，以防触电。不能确认时，救援人员应穿绝缘鞋、戴绝缘手套。（　　）

答案：√

【020803014】救援人员进入狭小空间后一般不能单独行动，应有救援小组相互支援配合且应随时保持通信联系，及时沟通现场情况和搜救进度。（　　）

答案：√

【020803015】狭小空间救援的特点包括救援难度大、作业风险高、现场秩序混乱、社会影响大等。（　　）

答案：√

【020803016】进入狭窄空间不需要配备特殊装备，注意周边环境、保持高度警惕即可。（　　）

答案：×

四、问答题

【020804001】简述电动冲击钻使用方法和注意事项。

答案：（1）操作前必须查看电源是否与电动冲击钻上的常规额定电压 220V 相符，以免错接到 380V 的电源上。

（2）使用电动冲击钻前应仔细检查机体绝缘防护、辅助手柄及深度尺调节等情况，机器有无螺丝松动现象。

（3）要保护好电动冲击钻导线，严禁满地乱拖，防止轧坏、割破，更不准把导线拖到油水中，防止油水腐蚀导线。

（4）电动冲击钻必须按材料要求装入$\phi 6 \sim \phi 25$mm之间允许范围的合金钢冲击钻头或打孔通用钻头。严禁使用超越范围的钻头。

（5）更换电动冲击钻钻头时，应用专用扳手及钻头锁紧钥匙，杜绝使用非专用工具敲打电动冲击钻。

（6）使用电动冲击钻时不可用力过猛或出现歪斜操作，事前务必装紧合适钻头并调节好电动冲击钻深度尺，垂直、平衡操作时要徐徐均匀用力，不可强行使用超大钻头。

（7）使用电动冲击钻的电源插座必须配备剩余电流动作保护装置，并检查电源线有无破损现象，使用当中发现电动冲击钻漏电、振动异常、高热或者有异声时，应立即停止工作，及时检查修理。

（8）熟练掌握和操作顺逆转向控制机构、松紧螺丝及打孔攻牙等功能。

【020804002】简述液压剪切器的操作步骤。

答案：（1）连接液压剪切器与油泵。

（2）初次使用先转动换向手轮，另一操作者操作油泵供油，先使液压剪切器空载往复几次，排出油缸内空气，并充满油。

（3）被剪材料尽量靠近剪刀根部。

（4）转动换向阀可控制剪刀开合。

（5）工作完毕，使液压剪切器反向运行一小段距离，以放掉高压油。

（6）用毕剪刀口呈微开形状，卸掉高压油管，盖好防尘盖。

【020804003】简述液压扩张器的操作步骤。

答案：（1）连接液压扩张器与油泵。

（2）初次使用先转动换向手轮，另一操作者操作油泵供油，先使液压扩张器空载往复几次，排出油缸内空气，并充满油。

（3）液压扩张器应与可靠支点接触，保证力点在扩张头上。

（4）转动换向阀可控制扩张或夹持。

（5）工作完毕，使液压扩张器反向运行一小段距离，以放掉高压油。

（6）用毕扩张臂呈微开形状，卸掉高压油管，盖好防尘盖。

【020804004】简述液压顶撑杆的操作步骤。

答案：（1）将液压顶撑杆取出，摘下快速接口防尘帽，分别与机动泵或手动泵的阴口和阳口插接牢靠（防尘帽同时相互对接防尘）。与机动泵连接时，要通过带快速接口的液压软管。当油泵供油时，逆时针转动换向手轮时，做回缩动作。

手轮在中位时，液压顶撑杆静止不动。

（2）将液压顶撑杆放在需要撑顶的物体或工作对象之间。应使固定支撑和移动支撑在受力平衡位置，并确保支撑防滑，液压顶撑杆不应倾斜。为此，开始时可以试顶几次再正式开始工作。

（3）操作者转动换向手柄，另一操作者操作油泵供油（手动泵），即可利用液压顶撑杆移动支撑的伸出实现撑顶和扩张。在撑顶过程中，换向手柄回中位时，液压顶撑杆将静止不动。

（4）工作完毕后，使液压顶撑杆并拢后再反向伸出3～5mm，以便下次使用。

（5）打开机动泵或手动泵开关阀，机动泵关闭发动机，脱开快速接口。盖好接口防尘帽，除尘后，用固定装置固定或装箱保存。

【020804005】简述废墟搜救的注意事项。

答案：废墟搜救的注意事项主要包括现场评估安全、挖掘过程要"轻"、救援过程要"慢"、搜寻过程要"静"、转运过程要"稳"。

【020804006】狭小空间救援的特点是什么？

答案：（1）救援难度大、作业风险高。由于作业现场空间狭小，救援人员工作活动受限，有些救援装备施展不开，空间内部环境复杂，加之余震、天气恶劣、光照不足、视线不良等，给救援工作带来困难。

（2）现场秩序混乱、社会影响大。救援现场人员众多，被困者生命出现危险时，被困者亲属情绪激动，容易造成现场秩序混乱。现场媒体跟踪报道不全面的话，可能造成较大负面社会影响。

五、案例分析题

【020805001】案例一：福建省福州市"2.16"建筑坍塌事故救援。2019年2月16日5时50分许，福州市仓山区叶下村一民房坍塌，造成17人被困。应急管理部启动应急响应，指导调度救援工作。福建省应急管理厅和消防救援总队调派5支地震抢险救援专业队、2支搜救犬分队共52辆消防车、285名指战员、9条搜救犬到场处置，福州市政府启动重大灾害事故应急响应机制，成立现场指挥部，调集公安、市政、医疗救护等力量赶赴现场协同处置，先后从废墟中打通11条救援通道，经过近16h持续救援，搜救出全部17名被困人员，其中14人生还。

案例二：山西省乡宁县"3.15"山体滑坡抢险救援。2019年3月15日18时10分许，山西省临汾市乡宁县枣岭乡发生山体滑坡，造成一些建筑被冲垮、33人被埋压。应急管理部持续调度，派出工作组赴现场指导处置，山西省政府启动重大灾害事故应急响应，成立现场指挥部，消防救援、公安、自然资源、医疗救护等部门和当地驻军、武警和社会应急力量第一时间赶到现场开展救援，省应急管理厅和消防救援总队共调集 524 名指战员、18 条搜救犬和千余套救援装备投入救援工作。经过 138h 艰苦奋战，将 33 名被困人员全部救出，其中 13 人生还。

根据上述两个案例描述，请回答以下问题：

（1）应急救援专业队伍到达灾害现场进行废墟搜救的注意事项有哪些？

（2）综合分析上述应急救援的主要经验有哪些？

参考答案

（1）应急救援专业队伍到达灾害现场进行废墟搜救的注意事项主要有：

1）现场评估安全。救援过程中一个很重要的环节是现场评估。如对有无余震、山体滑坡等进行危害性分析，并开展适当的排除行动。救援队员要救别人，首先要做好自身的安全工作，在确保自身安全的前提下开展应急救援工作，而不应做无谓的牺牲。

2）挖掘过程要"轻"。建筑物倒塌后会形成亚稳态结构，所以维持这种暂时的安全空间，并通过及时的医疗和心理救治等措施保持幸存者的生理状态，对救援十分有利。如果贸然登上废墟或动用大型机械挖掘，很可能导致亚稳态结构失衡，对废墟中的幸存者或救援人员造成不必要且不可逆的伤害。

3）救援过程要"慢"。受困人员遭受塌方物长时间压迫后，坏死的肌肉会产生大量的钾，一旦移开重压，钾会通过血液循环对机体，尤其是内脏产生毒害，正确做法应是先包扎稳定后再移开重物。还有为救出幸存者实施现场截肢的情况，这种情况可能是可以避免的。因此，应急救援的一个重要理念就是"尽量保全，不要盲目采取措施"。

4）搜寻过程要"静"。救援人员在现场需要用生命探测仪探测幸存者的讯息，而幸存者在废墟中发出的求救信号或本身生命体征信号可能很微弱，如果环境嘈杂或人太多，会对生命探测仪的信号判断及搜救犬的嗅觉产生干扰。

5）转运的过程要"稳"。从施救现场到救护车，再到转运医院，都要严格按照医疗救助的要求去做。

（2）上述应急救援的主要经验有：

1）充分发挥拳头作用，迅速启动重大灾害事故应急响应机制，第一时间成建制、模块化调集消防救援专业人员、装备及搜救犬到场实施救援。

2）运用先进科技成果，会同公安部门快速精准确定被埋人员位置。针对山体滑坡范围广、体量大及地质结构不稳定特点，科学评估现场灾情，划定被埋人员搜救作业区域，利用搜救犬与侦测仪器相结合、人工搜救与工程机械相结合，抢救出全部被埋人员。

3）在搜救被埋压人员过程中，医疗救护部门及时为其提供生命支持，社会应急力量协同救援，极大提高了被埋人员的生还率。

【020805002】上海市长宁区"5.16"建筑坍塌事故救援。2019 年 5 月 16 日 11 时 17 分许，上海市长宁区昭化路 148 号光之里二期改造建筑工程发生坍塌，造成 25 人被埋压。上海市应急管理局和消防救援总队接到报警后，立即调集 41 辆消防车、300 余名指战员、8 条搜救犬和 10 台工程机械赶赴现场救援。同时，应急管理部启动应急联动机制，协调公安、住建、医疗救护等力量到场协同处置。伴随着坍塌建筑局部结构严重变形，随时可能发生再次坍塌的危险情况，救援人员果断采取"询情与检测同步、搜索与救助并行"的救援方案，将坍塌现场划分为 4 个作业区域，实施交叉搜救。在 14h 内搜救出 25 名被困人员，其中 13 人生还。

根据上述案例描述，请回答以下问题：

（1）灾害现场人员搜索定位的方法有哪些？

（2）本次应急救援的主要经验有哪些？

参考答案

（1）灾害现场人员搜索定位的方法有：

1）询问知情人。救援人员到达事故现场后，应根据倒塌建筑的功能、用途等方面的不同，有针对性地向相关的知情人展开询问调查，并了解被困人员的基本特征（如人数、性别、年龄、所在地点等）。

2）看。救援人员首先要查看废墟表面是否有被砸受伤、身体局部被埋压不能行动的人员或死亡的人员，确保及时发现、及时救助；其次要查看倒塌建筑物承重构件等部位的受损情况，判断是否可能形成被困人员生存的空间，以及楼梯和疏散通道在废墟中大体的分布位置。

3）主动喊话。在搜索被困人员的过程中，救援人员在佩戴防护面具时可以使用大功率的扬声器或其他喊话设备喊话，以得到被困人员的回应。

4）细听。救援人员要仔细倾听废墟中是否有被困人员的呼救声、呻吟声，但在听之前要维持好救援秩序，确保现场环境安静。

（2）本次应急救援的主要经验有：

1）迅速启动应急响应机制，第一时间协调各有关力量到场实施救援。

2）针对坍塌建筑变形严重、情况复杂，且随时可能发生再次坍塌的危险，组织建筑结构等专家科学评估现场灾情，划片搜救、开辟通道，机械与人工救援相结合，为短时间成功处置创造了条件。

单元三

电网常见突发事件
应急处置与救援

课 题 一

电网常见突发事件应急处置与救援概述

一、单选题

【030101001】（　　）是指对尚未发生的、潜在的及客观存在的各种风险根据直接或间接的症状进行判断、归类和鉴定的过程。

（A）风险识别；　　（B）风险管理；　　（C）风险评估；　　（D）风险控制。

答案：A

【030101002】人为误操作引发的事故风险属于电网（　　）。

（A）内部风险；　　　　　　　　（B）外部风险；

（C）局部风险；　　　　　　　　（D）不确定风险。

答案：A

【030101003】各级电网企业应高度重视安全生产和突发事件应急管理工作，在提高电网本质安全的同时，树立（　　）应急理念，强化应急（　　）管理，加强应急体系建设。

（A）预防，常态；　　　　　　　（B）科学，战时；

（C）主动，常态；　　　　　　　（D）主动，救援。

答案：C

【030101004】电网企业应建设形成（　　）统一领导、（　　）分工负责、办事机构牵头组织、有关部门分工落实、党政工团协助配合、企业上下全员参与的应急组织体系，实现应急管理工作的常态化。

（A）应急办，专项处置办公室；

（B）应急处置领导小组，专项事件应急处置领导小组；

（C）应急处置领导小组，专项事件临时响应小组；

（D）公司总部，各级电网企业。

答案：B

【030101005】关于重大事故的应急管理，下列说法错误的是（　　）。

（A）重大事故的应急管理是指事故发生后的应急救援活动；

（B）应急管理是对重大事故的全过程管理；

（C）应急管理应贯穿于事故的全过程，体现"预防为主，常备不懈"的应急思想；

（D）应急管理是一个动态的过程，包括预防、准备、响应和恢复4个阶段。

答案：A

【030101006】现阶段我国应急管理的模式是（　　）。

（A）单项应对模式；　　　　　　（B）分散协调、临时响应模式；

（C）综合协调应急管理模式；　　　（D）综合应急管理模式。

答案：D

【030101007】《生产安全事故应急条例》明确了三项制度、一个机制和四个方面的应急管理保障要求，其中一个机制是（　　）。

（A）应急准备机制；　　　　　　（B）信息报送机制；

（C）第一时间应急响应机制；　　（D）24h应急值班机制。

答案：C

【030101008】各级电网企业应认真贯彻"安全第一、预防为主、综合治理"的方针，按照（　　）并重的要求，建立风险管理长效机制。

（A）管理和救援；　　　　　　　（B）准备和救援；

（C）预防和应急；　　　　　　　（D）预防和准备。

答案：C

【030101009】关于突发事件应急预案，下列表述不正确的是（　　）。

（A）是突发事件应急处置的基本原则；

（B）是突发事件应急响应的操作指南；

（C）是突发事件防控体系的描述文件；

（D）是某一特定事件处置的操作步骤。

答案：D

【030101010】电网企业接收到气象部门恶劣天气的预警信息后，进行汇总、分析、跟踪，由（　　）决定是否发布警信息。

（A）应急领导小组；　　（B）应急办；　　（C）总经理；　　（D）安监部。

答案：A

【030101011】我国突发事件应对工作实行预防为主、（　　）相结合的原则。

（A）预防与救援；　　　　　　　（B）预防与应急；

（C）事前与事后；　　　　　　　（D）准备与应急。

答案：B

【030101012】应急管理工作成为我国公共安全领域国家治理体系和治理能力的重要构成部分，现代应急管理已经发生了由应急处置向（　　）和应急准备为核心的重大转变。

（A）防灾减灾；　（B）防灾救灾；　（C）应急处置；　（D）应急响应。

答案：A

【030101013】为应对突发事件，下列工作中不属于应急准备工作的是（　　）。

（A）制度建设；　（B）培训演练；　（C）灾害监测；　（D）接警。

答案：D

【030101014】完整的突发事件预警信息内容，应包括突发事件名称、预警级别、（　　）、预警期起始时间、影响估计及应对措施、发布单位和时间等。

（A）预警颜色；　（B）事件原因；　（C）预警区域；　（D）危害程度。

答案：C

【030101015】24h 内气温升至 35℃以上，将发布高温（　　）预警。

（A）蓝色；　（B）黄色；　（C）橙色；　（D）红色。

答案：B

【030101016】电网供电中断可能对经济发展和社会稳定产生较大影响，甚至威胁（　　）。

（A）生命财产安全；　　　　　　　（B）大电网安全；

（C）公共安全；　　　　　　　　　（D）国家安全。

答案：D

【030101017】突发事件的应急管理全过程是一个动态的"预防、准备、响应、恢复、（　　）"的 PDCA 闭环管理过程。

（A）再预防；　（B）再准备；　（C）再提高；　（D）再循环。

答案：A

【030101018】无论事故可能造成多大的财产损失，都必须把（　　）作为应急救援工作的出发点和首要任务，最大限度地减少突发事故、事件造成的人员伤亡和危害。

（A）电网安全；　　　　　　　　　（B）保障人民群众的健康和生命财产安全；

（C）社会稳定；　　　　　　　　　（D）设备安全。

答案：B

【030101019】（　　）是应急救援最基本的原则。

（A）统一指挥、步调一致；　　　（B）属地管理、分级响应；

（C）分工负责、保证重点；　　　（D）快速反应、协同应对。

答案：A

【030101020】如转入应急响应状态或规定的预警期限内未发生突发事件，则预警（　　）。

（A）由应急领导小组解除；　　　（B）由应急办解除；

（C）谁发布谁解除；　　　（D）自动解除。

答案：D

二、多选题

【030102001】风险的产生具有（　　）。

（A）客观实在性；　　　（B）主观能动性；

（C）不确定性；　　　（D）偶然性。

答案：ACD

【030102002】电网风险具有（　　）等一般风险的明显特征。

（A）存在的普遍性；　　　（B）潜伏的隐蔽性；

（C）爆发的紧急性；　　　（D）传播的公开性。

答案：ABCD

【030102003】面对风险可以采取（　　）等措施。

（A）回避；　　（B）预防；　　（C）减损；　　（D）转移。

答案：ABCD

【030102004】电网企业的基层工区、班组和职工个人以防范（　　）风险为重点。

（A）电网大面积停电；　　　（B）违章作业；

（C）误操作；　　　（D）人身伤害。

答案：BCD

【030102005】各类电网突发事件的发生，可能对（　　）产生严重威胁。

（A）企业生产经营秩序；　　　（B）人身安全；

（C）社会稳定；　　　（D）国家安全。

答案：ABCD

【030102006】健全和完善电网企业应急管理体系，提高（　　）水平，服务经济社会发展至关重要。

（A）防灾；　　（B）减灾；　　（C）备灾；　　（D）救灾。

答案：ABD

【030102007】电网企业应建立健全以应急组织体系、（　　）为主的应急管理体系。

（A）应急制度体系；　　　　　　（B）应急预案体系；

（C）培训演练体系；　　　　　　（D）科技支撑体系。

答案：ABD

【030102008】电网企业的安全管理体系应由（　　）构成。

（A）风险管理体系；　　　　　　（B）应急管理体系；

（C）事故救援体系；　　　　　　（D）事故调查体系。

答案：ABD

【030102009】电力应急的主要任务是（　　）。

（A）抢修电网恢复供电；　　　　（B）参与社会事件救援；

（C）减小影响降低损失；　　　　（D）防止事故扩大。

答案：AB

【030102010】电网企业应着重从（　　）等方面提升应急能力。

（A）应急队伍能力；　　　　　　（B）综合保障能力；

（C）舆情应对能力；　　　　　　（D）恢复重建能力。

答案：ABCD

【030102011】突发事件应急管理的实质是指突发事件的（　　）等应对活动的全过程。

（A）预防与应急准备；　　　　　（B）监测与预警；

（C）应急处置与救援；　　　　　（D）事后恢复与重建。

答案：ABCD

【030102012】（　　）属于电网应对突发事件应急管理的事先预防准备工作。

（A）编制预案；　　（B）培训演练；　　（C）物资储备；　　（D）发布预警。

答案：ABC

【030102013】任何突发事件都不是无缘无故偶然发生的，都有包含（　　）在内的生命周期。

（A）潜伏期；　　（B）爆发期；　　（C）蔓延期；　　（D）衰退期。

答案：ABCD

【030102014】广义的应急救援，一般是指针对突发、具有破坏力的紧急事件

采取预防、准备、响应和恢复的（　　）。

（A）计划；　　（B）处置；　　（C）活动；　　（D）管理。

答案：AC

【030102015】电网企业应急预案体系由总体预案、专项预案、现场处置方案构成，应满足（　　）的要求。

（A）横向到边；　　（B）纵向到底；　　（C）上下对应；　　（D）内外衔接。

答案：ABCD

【030102016】供电企业应建立舆情（　　）、引导常态机制，主动宣传和维护品牌形象的能力。

（A）控制；　　（B）监测；　　（C）分析；　　（D）应对。

答案：BCD

【030102017】企业应从（　　）等方面强化应急准备能力建设。

（A）预案编制与演练；　　　　（B）应急队伍建设；

（C）装备物资储备；　　　　（D）风险管控。

答案：ABCD

【030102018】以下属于应急管理监测与预警阶段工作内容的是（　　）。

（A）监测、监控；　　　　（B）信息收集、风险分析与评估；

（C）发布预警；　　　　（D）抢险资源调配。

答案：ABC

【030102019】突发事件发生后，先期处置工作包括（　　）等内容。

（A）事故信息报告；

（B）营救受伤害人员，疏散、撤离、安置受到威胁的人员；

（C）控制危险源，标明危险区域，封锁危险场所；

（D）采取其他防止危害扩大的必要措施。

答案：ABCD

【030102020】初判发生特别重大突发事件，事发供电企业应重点开展（　　）工作。

（A）研究启动Ⅰ级应急响应，协调、组织、指导处置工作；

（B）启用应急指挥中心；

（C）开展24h应急值班；

（D）立即采取相应应急措施，按照处置原则和部门职责开展应急处置工作。

答案：ABCD

三、判断题

【030103001】风险是指损失产生的可能性。　　　　　　　　（　　）

答案：√

【030103002】风险的产生具有客观性，不以人们的主观意志为转移。

（　　）

答案：√

【030103003】风险管理的措施大致可概括为事故前的预防、事故中的减损和事故后的补救三类。　　　　　　　（　　）

答案：√

【030103004】突发事件发生时，响应部门应立即启动应急预案，迅速开展应急处置工作。　　　　　　　（　　）

答案：×

【030103005】解决电网突发事件对社会造成的影响只是手段，电网恢复运行才是目的。　　　　　　　（　　）

答案：×

【030103006】应急管理的最终目标是降低和减少灾害带来的损失，应急处置是安全生产的最后防线。　　　　　　　（　　）

答案：√

【030103007】突发事件的应急管理是一个没有起点、没有终点的闭环动态管理过程。　　　　　　　（　　）

答案：√

【030103008】企业内部事件也是突发事件。　　　　　　　（　　）

答案：×

【030103009】企业内部生产事故，如果处置救援不当，也可以发展为突发事件。　　　　　　　（　　）

答案：√

【030103010】每个人都是个人生命安全和身体健康的第一责任人，也是突发事件应急处置的第一响应人。　　　　　　　（　　）

答案：√

四、问答题

【030104001】电网风险具有哪些电网特色？其产生的根源来自哪些方面？

答案：由于电网企业生产涉及发电、输电、配电、用电等多个环节，电网风险具有许多电网特色的特点：

（1）受电力产业链影响严重。由于电能的产、供、销同时进行，电力产业链中任何环节遭受突发灾害，产生的风险都会给整个电网带来巨大冲击，影响电网正常运行。

（2）影响电网的风险来源繁多。违章操作、外部破坏、自然灾害、社会环境等诸多因素都会给电网稳定运行和规划管理带来冲击。

（3）风险可能带来的损失巨大。电网突发事件不但影响生产生活秩序、人身财产安全，还必将带来巨大的经济损失和社会影响，并且会衍生许多其他风险。

电网风险的爆发会给社会生产、生活及自然环境造成巨大影响，其产生的根源有：① 源自电网自身网架结构不合理、发展不平衡及外部环境等因素的影响；② 源自频繁发生的自然灾害的不断冲击；③ 源自经济社会快速发展带来对电网可靠性依赖越来越增强的压力；④ 源自电力应急准备能力不足带来的大面积停电风险等。

【030104002】电网企业应从哪些方面建设完善安全生产风险管理体系？

答案：（1）电网安全风险管理。电网安全风险管理主要是指以防止电网大面积停电为首要任务，系统梳理电网安全隐患和薄弱环节，全面评估电网安全风险，制订落实治理方案和措施，有效提高电网安全风险防范和控制水平。电网安全风险管理的基础是电网安全性评价。

（2）企业安全风险管理。企业安全风险管理主要指各企业结合工作性质和管理范围，从基础管理、安全管理、人员素质等方面，查找安全隐患和薄弱环节，系统分析企业安全风险，采取措施控制人身伤亡、设备损坏、供电安全等各类事故风险。企业安全风险管理的基础是风险评估、安全性评价。

（3）作业安全风险管理。作业安全风险管理主要指工区、班组、个人等结合专业特点和工作实际，辨识作业现场讯在的危险源，有针对性地落实预控措施，控制作业违章、误操作、人身伤害等安全风险，保障作业全过程的安全。作业安全风险管理的关键是危险源辨识和预控。

【030104003】现代应急管理理念已实现由应急处置向防灾减灾和应急准备为核心的重大转变，电网企业应从哪些方面做好应对突发事件的应急准备工作？

答案：（1）完善应急预案体系，针对可能发生的突发事件的特点和危害，进行风险辨识和评估，制订相应的应急预案，并及时进行修订更新，按应急预案要求定期组织开展应急演练。

（2）建立健全突发事件风险评估、隐患排查治理常态机制，掌握各类风险隐患情况，落实防范和处置措施，减少突发事件发生，减轻或消除突发事件影响。

（3）定期开展应急能力评估活动，科学评估应急能力的状况、存在的问题，指导本单位有针对性开展应急体系建设。

（4）加强应急救援基干分队（应急救援队）、应急抢修队伍、应急专家队伍的建设与管理，配备先进和充足的装备，加强培训演练，提高应急能力。

（5）定期开展不同层面的应急理论和技能培训，结合实际经常向全体员工普及应急知识，提高员工应急意识和预防、避险、自救、互救能力。

（6）加强应急物资储备和保障。

【030104004】应急管理全生命周期各个阶段有什么特点？

答案：《中华人民共和国突发事件应对法》将突发事件的应急管理划分为事前（预防与应急准备）、事发（监测与预警）、事中（应急处置与救援）和事后（恢复与重建）4 个阶段，这 4 个阶段的应对过程，构成了突发事件的全过程应急管理，称作应急管理全生命周期。

（1）第一阶段：预防与应急准备。

预防是指在突发事件发生前，通过分析、调查突发事件可能发生的诱因，依法采取各种手段和有效措施来消除突发事件存在的条件，避免突发事件的发生或避免造成人身、财产的损失。

准备是指在突发事件来临前采取的有利于在突发事件发生后实施应急响应行动的活动。在日常工作中做好应对突发事件的各方面准备，包括思想准备、预案准备、组织机构准备、应急保障准备等，以防止突发事件升级或扩大，最大限度地减少突发事件造成的损失和影响。

作为突发事件应急管理全生命周期的第一个环节，其独有的特征主要表现为：

1）前瞻性。突发事件预防与应急准备是在突发事件出现征兆前开始、先发制人采取各种预防措施，做好各种准备，变事后应急为事前预防。

2）主动性。突发事件预防与应急准备是变被动为主动，在突发事件发生之前主动对可能发生的突发事件发起挑战。

3）完整性。要做好突发事件预防与应急准备，既要从宏观规章、制度上入手，又要在微观具体措施上下功夫。

4）长期性。突发事件预防与应急准备在突发事件管理的 4 个环节中是时间最长的一个环节，也是一项长期艰巨的工作。对于现代的应急管理，突发事件预防与应急准备是一项永远不能停止的工作，必须常抓不懈、持之以恒。

（2）第二阶段：监测与预警。

监测即在突发事件发生前对各种危险要素及其表象进行实时、持续、动态监测，收集相关的数据和信息，并通过风险分析与风险评估来研判突发事件发生的可能性。

预警指的是在发现突发事件即将发生或者发生的可能性增大的征兆时，应急管理的主体向潜在的受影响者发出警报的行为。

监测与预警阶段的主要特征为：

1）以人为本。以尊重人的生命安全为前提，保障公民的基本权利，避免因采取应急措施和实施处置行为而损害公众的生命安全。

2）及时性。如果不能及时发现潜在的风险并传递相关的警情，就不能为提前采取响应措施赢得宝贵时间，其存在也就失去了意义和价值。

3）准确性。监测与预警工作必须在参考历史和现实资料基础上，从客观实际出发，分析突发事件相关因素之间的本质联系及突发事件的演化、发展趋势，进行恰当的监测和准确的报警。

4）全面性。预警信息要涵盖所有的利益相关者，不能顾此失彼。

（3）第三阶段：应急处置与救援。

应急处置与救援是应急管理工作最重要的职能之一，是指在突发事件爆发后，为尽快控制和减缓其造成的危害和影响，应急管理主体根据事先制订的应急预案，采取有效措施和应急行动，控制或者消除正在发生的突发事件，最大限度地减少突发事件造成的损失，保护公众的生命和财产安全。应急处置与救援是应急管理的核心，也是应急管理过程中最困难、最复杂的阶段。

应急处置与救援阶段的主要特征为：

1）以人为本。坚持把挽救人的生命和保障人的基本生存条件作为突发事件现场处置的首要任务。

2）区分内外。不能只顾埋头内部抢险救灾，不顾政府及外部各界对民生的关切。

3）整体性。只有各相关部门协同配合，才能及时形成和贯彻科学的决策，迅速解决问题。

4）及时性。将时间作为最重要的因素来考虑，及时抓住控制突发事件态势的各种有利时机。

5）分工负责。按照分层分区、统一协调、各负其责的原则建设事故应急处理体系。

6）保证重点。在电网事故处理和控制中，将保证大电网、主网架的安全放在第一位，优先考虑对重点城市、重点单位、重要用户恢复供电，尽快恢复社会正常秩序。

7）科学合法。充分借鉴和利用各种高科技成果，充分发挥专家队伍和专业人员的决策智力支撑作用，使突发事件的处置能够依法、科学、有序进行。

8）公开性。在处置突发事件过程中，要让公民拥有知情权。

（4）第四阶段：恢复与重建。

恢复与重建是指突发事件被控制后，政府或应急管理部门致力于恢复工作，尽力将社会财产、基础设施、社会秩序和社会心理恢复到正常状态的过程，是应急处置和救援行动结束后，政府或应急管理部门为恢复正常的社会秩序和运行状态所采取的一切措施的总和。是整个应急管理运行机制中的重要环节，也是突发事件应急管理目标的落脚点。

恢复与重建阶段的主要特征为：

1）按照程序，分步进行。恢复与重建工作必须讲求程序，按照轻重缓急要求，根据资源到位情况，周密部署，妥善安排，分步来完成。

2）全面恢复，突出重点。突发事件各种善后措施要全方位展开，全面消除灾害对社会、环境、经济乃至社会公众心理的影响。

3）公平公正，关注弱者。应遵循公平公正的原则，对灾区社会公众进行救助。

4）防灾减灾，寻求发展。应该总结经验，吸取教训，增强整个社会防灾、减灾的能力。

5）善始善终，力求彻底。树立彻底解决的思想，尽量不留后遗症。

【030104005】生产经营企业在什么情形下应及时修订相关应急预案？

答案：生产安全事故应急救援预案应当符合有关法律、法规、规章和标准的规定，具有科学性、针对性和可操作性，明确规定应急组织体系、职责分工以及应急救援程序和措施。

有下列情形之一的，生产安全事故应急救援预案制订单位应当及时修订相关预案：

（1）制订预案所依据的法律、法规、规章、标准发生重大变化。

（2）应急指挥机构及其职责发生调整。

（3）安全生产面临的风险发生重大变化。

（4）重要应急资源发生重大变化。

（5）在预案演练或者应急救援中发现需要修订预案的重大问题。

（6）其他应当修订的情形。

【030104006】我国应急管理体系的核心要素是什么？

答案：我国突发事件应急管理体系的核心是"一案三制"。"一案三制"是指应急预案、应急管理体制、应急管理机制和应急管理法制。

应急管理体制是应急管理机制的组织载体；应急管理机制作为应急管理体系的龙头和起点，是应急管理体制的运行过程；应急管理法制在本质上是应急管理机制及作为其组织载体的应急管理体制的法律表现形式。应急预案是将法律上的应急策略和方法转化为可供操作的具体方案，因此，应急预案本身不是法律，而是法律的执行方案；应急预案本身也不是机制，而是应急管理机制的具体化。

"一案三制"是基于 4 个维度的综合体系，它们具有不同的内涵属性和功能特征。其中，体制是基础，机制是关键，法制是保障，预案是前提，它们共同构成了应急管理体系不可分割的核心要素，共同作用于应急管理的各个层面。"一案三制"的属性特性、功能定位和相互关系见表 3-1-1。

表 3-1-1　　　"一案三制"的属性特征、功能定位和相互关系

"一案三制"	核心	主要内容	所要解决的问题	特征	定位	形态
体制	权力	组织结构	权限划分和隶属关系	结构性	基础	显在
机制	运作	工作流程	运作的动力和活力	功能性	关键	潜在
法制	程序	法律和制度	行为的依据和规范性	规范性	保障	显在
预案	操作	实践操作	应急管理实际操作	使能性	前提	显在

【030104007】简述新时代我国应急管理事业改革发展情况。

答：新中国成立 70 年来，我国安全生产、防灾减灾救灾、抢险救援等各项应急管理事业得到了长足发展。特别是党的十八大以来，以习近平同志为核心的党中央，从实现"两个一百年"奋斗目标和中华民族伟大复兴的战略高度，全面推进应急管理事业迈入新的历史发展阶段。

（1）创新发展了新时代应急管理思想。坚持以人民为中心的发展思想，坚持生命至上、安全第一，确立了发展决不能以牺牲安全为代价的安全发展理念。坚持以防为主、防抗救相结合，坚持常态救灾和非常态救灾相统一，努力实现从注重灾后救助向注重灾前预防转变、从应对单一灾种向综合减灾转变、从减小灾害损失向减轻灾害风险转变，确立了自然灾害防治理念。习近平总书记这些新思想新理念，为新时代应急管理事业改革发展指明了方向、提供了根本遵循。

（2）基本形成了中国特色应急管理体系。累计颁布实施了《中华人民共和国突发事件应对法》《中华人民共和国安全生产法》等 70 多部法律法规。党中央、国务院印发了《中共中央　国务院关于推进安全生产领域改革发展的意见》《中共中央　国务院关于推进防灾减灾救灾体制机制改革的意见》。制定了 550 余万件应急预案。形成了应对特别重大灾害"1 个响应总册 + 15 个分灾种手册 + 7 个保障机制"的应急工作体系，探索形成了"扁平化"组织指挥体系、防范救援救灾"一体化"运作体系。统一指挥、专常兼备、反应灵敏、上下联动、平战结合的中国特色应急管理体制正加快形成。

（3）显著提升了攻坚克难的应急能力。建立了国家综合性消防救援队伍。应急管理部与 32 个部门和单位建立了会商研判和协同响应机制，建立了军地应急救援联动机制，探索形成了一套行之有效的抢险救援技战术打法，有力有序有效应对了一系列超强台风、严重洪涝灾害、重大堰塞湖、重大森林火灾、特大山体滑坡和严重地震灾害，成功实施了各类重特大事故救援行动，最大限度把各种灾害和事故损失降到最低。

（4）稳步实现了安全生产形势持续稳定好转。确立了"安全第一、预防为主、综合治理"的安全生产方针，创造性地建立了安全生产党政同责、一岗双责、齐抓共管、失职追责的责任体系，以及部门"三个必须"的监管责任、企业"五个到位"的主体责任等制度化的工作机制，持续不断深化重点行业领域专项整治。生产安全事故死亡人数从历史最高峰的 2002 年死亡近 14 万人，降至 2018 年的 3.4 万人；生产安全事故起数和死亡人数连续 16 年、较大事故连续 14 年、重大事故连续 8 年实现"双下降"；重特大事故起数从 2001 年的 140 起下降到 2018 年的 19 起。

（5）全面取得了防灾减灾救灾新成效。全国自然灾害因灾死亡失踪人数由新中国成立初期的年均 7200 余人，逐步降至 21 世纪初的年均 3000 余人，2013 年以来降至 1400 人，特别是 2018 年又降至 1000 人以下。党的十八大以来，2013～2018 年全国平均因灾死亡失踪人数、倒塌房屋数量、直接经济损失占 GDP 比重，较 2001～2012 年平均分别降低 86%、84%、59%。

【030104008】如何理解企业内部事件和突发事件之间的关系？

答案：突发事件具有社会性、紧迫性、破坏性和需要公权力介入处置等特点，企业生产经营工作中发生的事件，多数不具有突发事件的核心要素。如果事件只对企业内部产生影响，或其处置不需要公权力介入，只需要由企业内部一个班站、一个车间即可自行解决，这样的事件就不能成为突发事件。但是在实际工作中，往往把一些诸如设备损坏、跳闸、污闪、非重要变电站全站停电等并没有造成、也不可能造成社会影响的企业内部事件错误地当成突发事件。

突发事件与企业内部事件既密不可分，又界限分明。两者其实是结合在一个事件内，是一个事件两个不同的侧面，但又有很清楚的区别。一个事件如果只对企业内部产生影响，就是内部事件，如果同时对社会、用户产生严重影响，就成为突发事件。不要把只影响内不影响外，或对外影响小、不需要公权力介入的事件硬拉入突发事件范畴。

【030104009】如何理解电力应急的主要任务？

答案： 电力突发事件的应急处置，主要包括抢修恢复电力设施和消除停电造成的影响两个方面，电力应急的主要任务包括以下两个方面：

（1）对在电力生产或电网运行过程中发生的，影响电力正常供应或造成人员伤亡的突发事件进行的紧急抢修或救援。

（2）积极参加社会突发事件救援，第一时间为事件处置提供应急供电和应急照明，并服从政府指挥部的安排和调遣，尽快消除停电对社会、用户造成的影响及引起政府和社会各界对事件的关切。

【030104010】电网企业应急管理的宗旨、目标和任务是什么？

答案： 电网企业应急管理的宗旨是贯彻落实国家安全生产法律法规和工作部署，坚持"安全第一、预防为主、综合治理"方针，把防止电网大面积停电事件作为首要任务，把保护人的生命、规范人员行为、提高员工素质作为根本目的，全面推进安全风险管理，深入开展隐患排查治理，加强应急体系建设，提升应急保障能力，完善应急处置机制，有效防止各类事故发生，及时处置各类突发事件，确保安全局面持续稳定，保障电网安全发展。

电网企业应急管理的目标和任务是：不发生对社会造成重大影响的大面积停电事件；不发生重大及以上人身伤亡事故；不发生重大及以上人员责任事故；建设"统一指挥、结构合理、功能齐全、反应灵敏、运转高效、资源共享、保障有力"的应急体系，提高电网应急管理水平和预测预警、信息与指挥、应急队伍、应急保障、培训演练、恢复重建等重要应急环节水平，提高综合应急能力，具备应对处置特别重大灾害灾难的能力。

【030104011】《国家大面积停电事件应急预案》中，明确了电力企业哪些责任？

答案：（1）健全应急指挥机构。电力企业（包括电网企业、发电企业等，下同）建立健全应急指挥机构，在政府组织指挥机构领导下开展大面积停电事件应对工作。电网调度工作按照《电网调度管理条例》及相关规程执行。

（2）开展监测预警。电力企业要结合实际加强对重要电力设施设备运行、发电燃料供应等情况的监测，建立与气象、水利、林业、地震、公安、交通运输、国土资源、工业和信息化等部门的信息共享机制，及时分析各类情况对电力运行可能造成的影响，预估可能影响的范围和程度。电力企业研判可能造成大面积停电事件时，要及时将有关情况报告受影响区域地方人民政府电力运行主管部门和能源局相关派出机构，提出预警信息发布建议，并视情通知重要电力用户。

（3）采取有效预警行动。预警信息发布后，电力企业要加强设备巡查检修和运行监测，采取有效措施控制事态发展；组织相关应急救援队伍和人员进入待命状态，动员后备人员做好参加应急救援和处置工作准备，并做好大面积停电事件应急所需物资、装备和设备等应急保障准备工作。

（4）第一时间信息报告。大面积停电事件发生后，相关电力企业应立即向受影响区域地方人民政府电力运行主管部门和能源局相关派出机构报告，中央电力企业同时报告国家能源局。

（5）迅速开展应急响应。大面积停电事件发生后，相关电力企业和重要电力用户要立即实施先期处置，全力控制事件发展态势，减少损失。电力企业主要承担抢修电网并恢复运行的任务。

（6）落实恢复重建规划。在后期处置阶段，由能源局或事发地省级人民政府根据实际工作需要组织编制恢复重建规划。相关电力企业和受影响区域地方各级人民政府应当根据规划做好受损电力系统恢复重建工作。

（7）强化应急保障措施。

1）电力企业应建立健全电力抢修应急专业队伍，加强设备维护和应急抢修技能方面的人员培训，定期开展应急演练，提高应急救援能力。

2）电力企业应储备必要的专业应急装备及物资，建立和完善相应保障体系。

3）电力行业要加强大面积停电事件应对和监测先进技术、装备的研发，制定电力应急技术标准，加强电网、电厂安全应急信息化平台建设。

4）提高电力系统快速恢复能力，加强电网"黑启动"能力建设。国家有关部门和电力企业应充分考虑电源规划布局，保障各地区"黑启动"电源。电力企业应配备适量的应急发电装备，必要时提供应急电源支援。

5）发展改革委、财政部、民政部、国资委、能源局等有关部门和地方各级人民政府及各相关电力企业应按照有关规定，对大面积停电事件处置工作提供必要的资金保障。

课 题 二

电网常见自然灾害事件应急处置与救援

一、单选题

【030201001】（　　）是指由于自然或人为作用（多数情况下是二者协同作用引起的），在地球表层比较强烈地破坏人类生命财产和生存环境的岩土体移动事件。

（A）地质灾害；　　（B）地震；　　（C）气象灾害；　　（D）洪涝灾害。

答案：A

【030201002】下列不属于地质灾害的是（　　）。

（A）台风；　　（B）滑坡；　　（C）泥石流；　　（D）堰塞湖。

答案：A

【030201003】下列不属于气象灾害的是（　　）。

（A）台风；　　（B）洪水；　　（C）沙尘暴；　　（D）堰塞湖。

答案：D

【030201004】地震开始发生的地点称为（　　）。

（A）震中；　　（B）震源；　　（C）震心；　　（D）震区。

答案：B

【030201005】地球上板块与板块之间相互挤压碰撞，造成板块边沿及板块内部产生错动和破裂，是引起地震的（　　）。

（A）重要因素；　　（B）次要原因；　　（C）主要原因；　　（D）原因之一。

答案：C

【030201006】从地球表层环境变化而言，地震灾害属于（　　）灾害的范畴。

（A）缓变性地质；　　（B）气象；　　（C）地质环境；　　（D）其他。

答案：C

【030201007】下列不属于突发性地质灾害的是（　　）。

（A）滑坡；　　（B）泥石流；　　（C）土地沙漠化；　　（D）地面塌陷。

答案：C

【030201008】（　　　）是指在山区或者其他沟谷深壑，地形险峻的地区，因为暴雨、洪水、暴雪或其他自然灾害引发的山体滑坡并携带有大量泥沙、石块等固体物质的特殊洪流。

（A）泥石流；　　（B）山体崩塌；　　（C）地面塌陷；　　（D）山区洪水。

答案：A

【030201009】（　　　）俗称"走山""垮山""地滑""土溜"等，是比较常见的地质灾害之一。

（A）地震；　　（B）山体滑坡；　　（C）泥石流；　　（D）雪崩。

答案：B

【030201010】（　　　）是指山体斜坡上某一部分岩土在重力作用下，沿着一定的软弱结构面产生剪切位移而整体地向斜坡下方移动的作用和现象。

（A）泥石流；　　（B）山体崩塌；　　（C）地面塌陷；　　（D）山区洪水。

答案：B

【030201011】（　　　）是指地表岩、土体在自然或人为因素作用下向下陷落，并在地面形成塌陷坑（洞）的一种地质现象。

（A）泥石流；　　（B）山体崩塌；　　（C）地面塌陷；　　（D）山区洪水。

答案：C

【030201012】地面塌陷的基本空间条件（先决条件）是（　　　）的存在。

（A）地下空洞；　　　　　　（B）人类工程活动；
（C）自然灾害；　　　　　　（D）山区洪水。

答案：A

【030201013】下列不属于地面塌陷原因的是（　　　）。

（A）地震；　　　　　　　　（B）冰雪融化；
（C）土地沙漠化；　　　　　（D）不合理的人类工程活动。

答案：C

【030201014】大地震发生时，下列说法不正确的是（　　　）。

（A）要尽量用湿毛巾、衣物或其他布料捂住口、鼻和头部，防止灰尘呛闷发生窒息，也可以避免建筑物进一步倒塌造成的伤害；

（B）尽量用最大的力气去呼救呐喊；

（C）用周围可以挪动的物品支撑身体上方的重物，避免进一步塌落，扩大活动空间，保持足够的空气；

（D）几个人同时被压埋时，要互相鼓励，共同计划，团结配合，必要时采取脱险行动。

答案：B

【030201015】雷电交加时，下列做法不正确的是（　　）。

（A）在空旷的野外无处躲避时，应尽量寻找低洼之处（如土坑）藏身；

（B）室内尽量不要洗澡，但太阳能热水器用户可以洗澡；

（C）立即关闭门窗，室内人员应远离门窗、水管、煤气管等金属物体；

（D）对被雷击中人员，应立即采取心肺复苏法抢救。

答案：B

【030201016】下列不属于专业地震救援队伍到达灾区现场后开展的工作是（　　）。

（A）评估救援区域；　　（B）封控现场；　　（C）营救；　　（D）灾区重建。

答案：D

【030201017】在地震现场救援过程中，为了便于工作，专业地震救援队伍需对场地进行区域划分，以下不属于划分的区域的是（　　）。

（A）出入道路；　　　　　　　　（B）医疗援助区；

（C）装备集散区；　　　　　　　（D）休息区。

答案：D

【030201018】遇到山体崩滑时要朝（　　）于滚石前进的方向跑。

（A）平行；　　（B）垂直；　　（C）逆向；　　（D）同向。

答案：B

【030201019】电网企业应对地震等地质灾害应急处置与救援的首要任务是（　　）。

（A）保障员工和人民群众的生命财产安全；

（B）保证电网安全；

（C）保障重要场所、重要客户应急供电及人民群众基本生活用电；

（D）提高应对地震等地质灾害的能力。

答案：A

【030201020】（　　）是指大气对人类的生命财产和国民经济建设及国防建设等造成的直接或间接的损害。

（A）地质灾害；　　（B）地震；　　（C）气象灾害；　　（D）洪涝灾害。

答案：C

【030201021】下列不属于气象次生、衍生灾害的是（　　）。

（A）山体滑坡；　　（B）泥石流；　　（C）地震；　　（D）空气污染。

答案：C

【030201022】日最高气温达到或超过（　　）℃以上的天气，就是高温天气。

（A）35；　　（B）37；　　（C）39；　　（D）40。

答案：A

【030201023】下列不属于高温避险措施的是（　　）。

（A）保证足够的睡眠；

（B）准备一些常用的防暑降温药品，如清凉油、十滴水、人丹等；

（C）在高温条件下的作业人员，应采取防护措施或停止作业；

（D）立即停止高处室外作业，立即停止露天集体活动，并疏散现场人员。

答案：D

【030201024】下列不属于大风避险措施的是（　　）。

（A）注意关闭门窗，远离门窗、水管、煤气管等金属物体；

（B）不要在高大建筑物、广告牌或大树的下方停留；

（C）及时加固门窗、围挡、棚架等易被风吹动的搭建物，妥善安置易受大风损坏的室外物品；

（D）立即停止高处室外作业，立即停止露天集体活动，并疏散现场人员。

答案：A

【030201025】天气气候条件往往能形成或引发、加重洪水、泥石流和植物病虫害等自然灾害，产生（　　）。

（A）反射反应；　　（B）近因效应；　　（C）增减效应；　　（D）连锁反应。

答案：D

二、多选题

【030202001】地质灾害在成因上具备（　　）的双重性，它既是自然灾害的组成部分，也属于人为灾害的范畴。

（A）事故引发；　　（B）自然演化；　　（C）人为诱发；　　（D）违章操作。

答案：BC

【030202002】地质灾害按成因分为（　　）。

（A）自然地质灾害；　　　　　　（B）突发性地质灾害；

（C）缓变性地质灾害；　　　　　（D）人为地质灾害。

答案：AD

【030202003】地质灾害按地质环境或地质体变化的速度分为（　　）。

（A）自然地质灾害；　　　　　（B）突发性地质灾害；

（C）缓变性地质灾害；　　　　（D）人为地质灾害。

答案：BC

【030202004】地质灾害按危害程度和规模大小分为（　　）、小型地质灾害险情和地质灾害灾情。

（A）特大型；　　（B）重大型；　　（C）大型；　　（D）中型。

答案：ACD

【030202005】下列属于特大型地质灾害险情（Ⅰ级）的是（　　）的地质灾害险情。

（A）受灾害威胁，需搬迁转移人数在 1000 人以上；

（B）潜在可能造成的经济损失 1 亿元以上；

（C）因灾死亡 30 人以上；

（D）因灾造成直接经济损失 1000 万元以上。

答案：AB

【030202006】下列属于特大型地质灾害灾情（Ⅰ级）的是（　　）的地质灾害灾情。

（A）受灾害威胁，需搬迁转移人数在 1000 人以上；

（B）潜在可能造成的经济损失 1 亿元以上；

（C）因灾死亡 30 人以上；

（D）因灾造成直接经济损失 1000 万元以上。

答案：CD

【030202007】以下说法正确的是（　　）。

（A）地震袭来时，如果在建筑物内，绝对不能跑，应先找安全的地方躲起来；

（B）为应对地震，应做好预案、宣传教育、培训演练、物资储备、制定逃生路线等应急准备工作；

（C）雷雨天，不能骑摩托车、自行车冒雨狂奔，人在汽车里要关好车门车窗；

（D）24h 内气温将升至 37℃ 以上，将发布高温橙色预警。

答案：BCD

【030202008】下列属于突发性地质灾害的是（　　）。

（A）滑坡；　　（B）泥石流；　　（C）土地沙漠化；　　（D）地面塌陷。

答案：ABD

【030202009】引发山体崩塌的因素大致分为（　　）。

（A）地理因素；　　（B）诱发因素；　　（C）气象因素；　　（D）人为因素。

答案：ABD

【030202010】当（　　）时，容易引发山体崩塌。

（A）岩土体体积较大；　　　　　　（B）岩土体结构松散；

（C）岩土体构造不连续；　　　　　（D）岩土体位于具有一定坡度的部位。

答案：BCD

【030202011】地面塌陷是指地表岩、土体在（　　）作用下向下陷落，并在地面形成塌陷坑（洞）的一种地质现象。

（A）自然因素；　　（B）诱发因素；　　（C）气象因素；　　（D）人为因素。

答案：AD

【030202012】发布地震等地质灾害预警信息后，预警区域内电网企业应急办公室和有关职能部门应做好的预警行动包括（　　）。

（A）启动应急值班，及时收集相关信息并报告上级应急办公室，做好应急新闻发布准备；

（B）按本单位应急预案规定，合理安排电网运行方式，加强对设备设施的巡视和监测和值班；

（C）采取必要措施，加强对重要客户（场所）的供电保障工作；

（D）调集抢险抢修所需应急电源和应急物资，做好异常情况处置准备工作。

答案：ABCD

【030202013】高压电线遭雷击落地时，要当心地面"跨步电压"的电击。以下逃离方法不正确的是（　　）。

（A）双脚并拢，跳着离开危险地带；　　（B）双脚并拢，原地待援；

（C）单脚站立，原地抱头待援；　　　　（D）大踏步快速逃离。

答案：BCD

【030202014】电网企业应对地震等地质灾害应急处置与救援先期处置的措施包括（　　）。

（A）受灾区域电网企业组织应急救援队伍营救受困人员、员工和其他人员，撤离、安置受威胁人员；

（B）做好应急指挥部、政府部门、医疗救助、城市公共交通系统、铁路运输、民航系统、通信、供水、供气、煤矿、危化品、灾民安置点等重要场所、重要客户的应急供电工作；

（C）主动与政府有关部门联系沟通，汇报有关信息、完成相关工作；

（D）初步收集、汇总、上报电网设备设施受损情况，并组织开展抢修工作。

答案：ABCD

【030202015】地震发生后，可采用（　　）等器械或工具移除建筑物残骸，开辟通道，抵达被困人员所在位置，施行营救。

（A）顶升；　　（B）扩张；　　（C）剪切；　　（D）挖掘。

答案：ABCD

【030202016】按照"谁启动、谁结束"的原则，灾情稳定和电网基本恢复正常后，当同时满足（　　）条件时，应急响应结束。

（A）应急救援人员全部到达灾害现场并开始开展应急救援工作；

（B）政府有关部门宣布地震等地质灾害应急响应结束；

（C）受损电力设备、设施基本恢复，电网基本恢复正常接线方式；

（D）政府有关部门宣布被困人员搜救结束。

答案：BC

【030202017】下列属于气象灾害的是（　　）。

（A）干旱；　　（B）洪涝；　　（C）暴雨；　　（D）台风。

答案：ABCD

【030202018】下列有关山体滑坡时的自救方法正确的是（　　）。

（A）沉着冷静，不要慌乱；

（B）要朝垂直于滚石前进的方向跑；

（C）要立刻往滑坡方向的上游逃离；

（D）当无法继续逃离时，应迅速抱住身边的树木等固定物体。

答案：ABD

【030202019】发生地震等地质灾害后，在利用破拆、切割、起吊等装备进行人员救援时，为防止造成二次伤害，可采用（　　）等支撑保护。

（A）救援气垫；　　（B）砖块；　　（C）方木；　　（D）角钢。

答案：ACD

【030202020】在进行地震等地质灾害人员搜救时，可用（　　）等方法寻找被困人员。

（A）听；　　（B）看；　　（C）敲；　　（D）喊。

答案：ABCD

【030202021】气象灾害是指（　　）、大风（沙尘暴）、低温、高温、干旱、

雷电、冰雹、霜冻和大雾等所造成的灾害。

（A）台风；　　（B）暴雨（雪）；　　（C）寒潮；　　（D）地震。

答案：ABC

【030202022】电网企业应对气象灾害的应急响应行动包括（　　）。

（A）组织制订设备抢修方案，跨区域调集应急抢险队伍，调配应急电源、抢险装备和应急物资，协调落实应急物资运输保障，及时向现场派出人员，指导现场抢修，迅速组织力量开展跨区电网和交直流特高压设备设施抢修恢复应急抢险救援工作；

（B）采取一切必要措施，防止发生电网瓦解、大面积停电和人员群伤群亡事件；

（C）做好重要客户的应急供电工作，保障关系国计民生的重要用户（如医院、灾民安置点、救援指挥部等）安全供电；

（D）组织开展对外信息发布、应急通信保障、医疗卫生、后勤保障等工作。

答案：ABCD

【030202023】电网企业应对气象灾害的基本原则包括（　　）等。

（A）以人为本、减少危害；　　　　（B）居安思危、预防为主；

（C）统一领导、分级负责；　　　　（D）快速响应、协同应对。

答案：ABCD

【030202024】下列属于突发气象灾害事件电网企业预测分析主要内容的是（　　）。

（A）事件的危害程度，可能造成的人身伤亡、电网受损、财产损失，可能引发的次生事故灾害等；

（B）事件可能达到的等级，以及需要采取的应对措施；

（C）在组织体系上，自下而上建立具有坚强领导、反应灵敏、高效有序的应急管理体制，确保对气象灾害做到早诊断、早预警、早防范、早处置；

（D）事件对经济发展和社会稳定造成的影响和危害，以及可能引发的舆情。

答案：ABD

【030202025】电网企业应对气象灾害预测分析的主要内容之一是，事件的基本情况和可能涉及的因素，如发生的（　　）、电网和供电影响情况及涉及范围。

（A）时间；　　（B）过程；　　（C）地点；　　（D）危害程度。

答案：AC

【030202026】电网企业应对气象灾害的风险防范措施包括（　　）。

（A）在组织体系上，自下而上建立具有坚强领导、反应灵敏、高效有序的应急管理体制，确保对气象灾害做到早诊断、早预警、早防范、早处置；

（B）在技术手段上，安装各类气象在线监测系统，如线路覆冰、气象（风、雨等）、水库水情在线测量装置等，能够有效对气象灾害程度监测，做到快速反应；

（C）在采取预防和应对措施的同时，应及时分别向应急办公室和各有关职能部门报告；

（D）在设防标准上，在气象灾害易发区，在设计阶段提高输变电设备防御标准，增强电网自身抵御自然灾害的能力。

答案： ABD

【030202027】发布气象灾害预警信息后，受灾区域内的电网企业应采取的预警行动包括（　　）。

（A）按本企业预案规定，合理安排电网运行方式，加强设备巡视、监测和值班，针对可能发生的灾害开展线路走廊清理、设备加固、除（融）冰、水库调度等工作；

（B）及时收集和报送电力设施、设备受损及气象、电网运行等信息，做好相关信息发布的准备；

（C）做好组织应急队伍、应急物资、应急电源、交通运输等的准备工作；

（D）组织应急救援队伍营救受困员工和其他人员，撤离、安置受威胁的人员。

答案： ABC

【030202028】电网企业应对气象灾害的先期处置措施包括（　　）。

（A）启动应急值班；

（B）组织应急救援队伍营救受困员工和其他人员，撤离、安置受威胁的人员；

（C）做好政府部门、应急指挥部、医疗救助、交通系统、灾民安置点等重要场所、重要客户的应急供电工作；

（D）初步收集受损情况，及时汇总并上报，并组织开展应急抢修工作。

答案： ABCD

三、判断题

【030203001】自然灾害是指由于自然异常变化造成的人员伤亡、财产损失、社会失稳、资源破坏等现象或一系列事件。　　　　　　　　（　　）

答案： √

【030203002】自然灾害的形成必须具备两个条件，一是要有自然异变作为诱因，二是要有受到损害的人、财产、资源作为承受灾害的主体。　　（　　）

答案：√

【030203003】火灾是一种常见的自然灾害。　　（　　）

答案：×

【030203004】许多自然灾害，特别是等级高、强度大的自然灾害发生以后，常常诱发出一连串的其他灾害接连发生，这种现象叫灾害链。　　（　　）

答案：√

【030203005】自然灾害的发生时间、地点和规模等的不确定性，在很大程度上增加了人们抵御自然灾害的难度。　　（　　）

答案：√

【030203006】自然灾害具有一定的周期性和重复性。　　（　　）

答案：×

【030203007】自然灾害具有不可避免性和不可减轻性。　　（　　）

答案：×

【030203008】地震中被倒塌建筑物压埋的人，只要神志清醒，身体没有重大创伤，都应该坚定获救的信心，妥善保护好自己，积极实施自救。　　（　　）

答案：√

【030203009】泥石流发生时，要马上沿着与泥石流成垂直方向的山坡上面爬，爬得越高越好，跑得越快越好，特殊情况也可往泥石流的下游走。　　（　　）

答案：×

【030203010】山体滑坡属于自然灾害，人们无法进行防治与预防。（　　）

答案：×

【030203011】泥石流大多伴随山区洪水而发生。　　（　　）

答案：√

【030203012】泥石流比洪水更具有破坏力。　　（　　）

答案：√

【030203013】千万不要将避灾场地选择在滑坡的上坡或下坡。　　（　　）

答案：√

【030203014】地质灾害救援中，在未完全确认已无埋压人员的情况下，一般不得使用大型挖掘机。　　（　　）

答案：√

【030203015】地震救援初期，可先用大型铲车、起重机、推土机等施工机械车辆清除现场。　　　　　　　　　　　　　　　　　　　　（　　）

答案：×

【030203016】地质灾害救援时，要根据滑坡体、泥石流、地面塌陷的方量及危害程度，确定现场警戒的范围，实施现场警戒。　　　　　　　（　　）

答案：√

四、问答题

【030204001】什么是地质灾害？

答案：地质灾害是指由于自然或人为作用，多数情况下是二者协同作用引起的，在地球表层比较强烈地破坏人类生命财产和生存环境的岩土体移动事件。地质灾害在成因上具备自然演化和人为诱发的双重性，它既是自然灾害的组成部分，也属于人为灾害的范畴。

【030204002】地质灾害按危害程度和规模大小如何进行分类？

答案：地质灾害按危害程度和规模大小分为特大型、大型、中型、小型地质灾害险情和地质灾害灾情四级。

（1）特大型地质灾害险情和灾情（Ⅰ级）。受灾害威胁，需搬迁转移人数在1000人以上或潜在可能造成的经济损失1亿元以上的地质灾害险情为特大型地质灾害险情。因灾死亡30人以上或因灾造成直接经济损失1000万元以上的地质灾害灾情为特大型地质灾害灾情。

（2）大型地质灾害险情和灾情（Ⅱ级）。受灾害威胁，需搬迁转移人数在500人以上、1000人以下，或潜在经济损失5000万元以上、1亿元以下的地质灾害险情为大型地质灾害险情。因灾死亡10人以上、30人以下，或因灾造成直接经济损失500万元以上、1000万元以下的地质灾害灾情为大型地质灾害灾情。

（3）中型地质灾害险情和灾情（Ⅲ级）。受灾害威胁，需搬迁转移人数在100人以上、500人以下，或潜在经济损失500万元以上、5000万元以下的地质灾害险情为中型地质灾害险情。因灾死亡3人以上、10人以下，或因灾造成直接经济损失100万元以上、500万元以下的地质灾害灾情为中型地质灾害灾情。

（4）小型地质灾害险情和灾情（Ⅳ级）。受灾害威胁，需搬迁转移人数在100人以下，或潜在经济损失500万元以下的地质灾害险情为小型地质灾害险情。因灾死亡3人以下，或因灾造成直接经济损失100万元以下的地质灾害灾情为小型地质灾害灾情。

【030204003】什么是地震?

答案：地震又称地动、地振动，是地壳快速释放能量过程中造成的振动，期间会产生地震波的一种自然现象。地球在不停地自转和公转，同时地壳内部也在不停地变化，由此而产生力的作用，使地壳岩层变形、断裂、错动，于是便发生地震。

地震波是地震发生时由震源地方的岩石破裂产生的弹性波，主要有两种波：纵波（P 波），传导速度 8～9km/s，最先到达地面，使人感到上下颠簸；横波（S 波），传导速度 4～5km/s，使人感到前后左右摇晃，破坏性极大。地震波发源的地方叫作震源。震源在地面上的垂直投影，地面上距离震源最近的一点称为震中，它是接受振动最早的部位。震中到震源的深度叫作震源深度。通常将震源深度小于 70km 的叫浅源地震，深度在 70～300km 的叫作中源地震，大于 300km 的叫作深源地震。如 1976 年的唐山地震的震源深度为 12km。

地震会造成地面裂缝、塌陷、喷水、冒沙等直接灾害，会造成建筑物倒塌、桥梁断裂、铁轨变形等，还会引发山体滑坡、海啸等；同时会诱发水灾、火灾、瘟疫、精神创伤等次生灾害。

【030204004】地震自救的措施有哪些?

答案：（1）尽量用湿毛巾、衣物或其他布料捂住口、鼻和头部，防止灰尘呛闷发生窒息，也可以避免建筑物进一步倒塌造成的伤害。

（2）尽量活动手、脚，清除脸上的灰土和压在身上的物件。

（3）用周围可以挪动的物品支撑身体上方的重物，避免进一步塌落；扩大活动空间，保持足够的空气。

（4）几个人同时被压埋时，要互相鼓励，共同计划，团结配合，必要时采取脱险行动。

（5）寻找和开辟通道，设法逃离险境，朝着有光亮和更安全宽敞的地方移动。

（6）一时无法脱险，要尽量节省气力；如能找到代用品和水，要计划节约使用，尽量延长生存时间，等待获救。

（7）保存体力，不要盲目大声呼救，当确定不远处有人时，再呼救。在周围十分安静，或听到上面（外面）有人活动时，用砖、铁管等物敲打墙壁，向外界传递消息。

【030204005】地震互救原则有哪些?

答案：（1）先救压埋人员多的地方，也就是"先多后少"。

（2）先救近处被压埋人员，也就是"先近后远"。

（3）先救容易救出的人员，也就是"先易后难"。

（4）先救轻伤和强壮人员，扩大营救队伍，也就是"先轻后重"。

（5）如果有医务人员被压埋，应优先营救，增加抢救力量。

【030204006】专业地震救援队伍到达灾区现场后开展救援的步骤有哪些？

答案：（1）评估救援区域。评估区域内存在被困人员的可能性、结构稳定性与水电气设施状况，关闭水电气设施以确保安全。

（2）封控现场。划定警戒区域，转移现场内居民，疏散围观群众，劝阻盲目救助，派出警戒人员，封锁现场。

（3）搜索。通过询问、调查等方法了解现场基本情况；用人工搜索、搜索犬搜索、仪器搜索等方法搜寻并探察所有空隙和坍塌建筑物中的空穴，以发现可能的被困人员，确定被困人员的准确位置。

（4）营救。使用专用顶升、扩张、剪切、钻孔、挖掘器械或工具，移除建筑物残骸，开辟通道，抵达被困人员所在位置，施行营救。

（5）医疗救护。对被困人员进行心理安慰，实施包扎、固定，迅速转移。专业的地震救援过程中，讲究"静""轻""慢""稳"，将安全和医疗贯穿科学救援的全过程，以最大限度地解救受困人员，同时保证救援人员的安全。

【030204007】在地震现场救援过程中，如何划分救援现场识别区？

答案：（1）出入道路。必须保证人员、工具、装备及其他后勤需求顺利出入。另外，对出入口进行有效控制，以保证幸存者或受伤的救援人员迅速撤离。

（2）医疗援助区。医疗小组进行手术及提供其他医疗服务的地方。

（3）装备集散区。安全储存、维修及发放工具及装备的地方。

（4）人员集散区。暂时没有任务的救援人员可以休息、进食的地方。一旦前方需要，这里的预备人员可以马上轮换。

（5）紧急集合区域。救援人员紧急撤退时的集结地。

【030204008】地震等地质灾害对电网企业的危害有哪些？

答案：（1）政府部门、医疗救助、城市公共交通系统、铁路运输、民航系统、通信、供水、供气、煤矿、危化品等重要场所、重要客户的电力供应中断，影响其正常运转。

（2）大规模的输配电线路杆塔和基础变形破坏、倒塌断线，侵害电气设备绝缘，易引发人员触电等次生、衍生事件。

（3）变电（换流）站内建（构）筑物倒塌或损坏，造成人员伤亡或受困，变电（换流）站内设备设施大范围损毁，变电（换流）站停电，威胁电网安全运行。

（4）火灾、爆炸、传染病疫情、有毒物质泄漏、放射性污染等威胁人员生命安全和财产损失的次生、衍生灾害。

【030204009】什么是气象灾害？

答案：气象灾害是指台风、暴雨（雪）、寒潮、大风（沙尘暴）、低温、高温、干旱、雷电、冰雹、霜冻和大雾等所造成的灾害。根据《气象灾害防御条例》，气象灾害还包括水旱灾害、地质灾害、海洋灾害、森林草原火灾等因气象因素引发的衍生、次生灾害。

【030204010】气象灾害的特点有哪些？

答案：气象灾害的特点有种类多、范围广、频率高、持续时间长、群发性突出、连锁反应显著、灾情重。

【030204011】高温时应采取哪些措施避险？

答案：（1）饮食宜清淡，多喝凉白开水、冷盐水、白菊花水、绿豆汤等防暑降温饮品。

（2）保证足够的睡眠。

（3）准备一些常用的防暑降温药品，如清凉油、十滴水、人丹等。

（4）在高温条件下的作业人员，应采取防护措施或停止作业。

（5）如有人中暑，应立即把中暑者抬至阴凉通风处，并给其服用生理盐水或十滴水等防暑药品，如果病情严重，需送往医院进行专业救治。

【030204012】大风时应采取哪些措施避险？

答案：（1）大风天气在施工工地附近行走时应尽量远离工地并快速通过，不要在高大建筑物、广告牌或大树的下方停留。

（2）及时加固门窗、围档、棚架等易被风吹动的搭建物，妥善安置易受大风损坏的室外物品。

（3）立即停止高处室外作业，立即停止露天集体活动，并疏散现场人员。

（4）不要将电力抢修车辆停在高楼、大树下方，以免玻璃、树枝等被吹落造成车体损伤。

【030204013】雷雨天气时应采取哪些措施避险？

答案：（1）注意关闭门窗，远离门窗、水管、煤气管等金属物体。

（2）关闭家用电器，拔掉电源插头，防止雷电从电源线入侵。

（3）在室外时，要及时躲避雷雨，不要在空旷的野外停留。在空旷的野外无处躲避时，应尽量寻找低洼之处（如土坑）藏身，或者立即下蹲，降低身体的高度。

（4）远离孤立的大树、高塔、电杆、广告牌等。

（5）如多人共处室外，相互之间不要挤靠，以防被雷电击中后电流互相传导。

【030204014】气象灾害对电网企业的危害有哪些?

答案：（1）雷电。雷击对系统中绝缘最薄弱的设备威胁最大，引起线路过电压从而造成线路对地或相间闪络，损坏变压器及开关设备等，甚至危及人的生命安全。

（2）覆冰。输电线路覆冰易造成绝缘子闪络、导线舞动、倒塔断线等事故，覆冰事故分布区域广、事故危害严重，多发生在我国华中和西南地区。

（3）山火。山火的发生具有一定地域性、季节性和集中爆发性，可能引起附近的输电线路跳闸，造成局部电网结构的严重破坏。

（4）暴雨。暴雨引起的地面塌陷、山体崩塌、滑坡、泥石流等灾害可能导致线路杆塔倾倒，生产经营重要设施设备损坏，致使设备运行异常或故障。

（5）台风。台风灾害多发生在夏秋两季，具有突发性强、破坏力大的特点，是影响我国沿海地区及部分内陆地区的主要灾害性天气之一。台风带来的狂风、暴雨天气往往会引发大规模的输配电线路跳闸、杆塔倒塌、断线，侵害电气设备绝缘，易引发次生灾害。

（6）舞动。输电线路舞动易造成导线、金具损伤甚至杆塔倾倒，且抢修、恢复工作较为困难。每年冬季及初春，形成一条北起黑龙江、南至湖南的漫长易舞带，其中河南、湖北和辽宁省是传统的强舞动区。

【030204015】电网企业对突发气象灾害事件预测分析的主要内容有哪些?

答案：（1）事件的基本情况和可能涉及的因素，如发生的时间、地点、电网和供电影响情况及涉及范围。

（2）事件的危害程度，可能造成的人身伤亡、电网受损、财产损失，可能引发的次生事故灾害等。

（3）事件可能达到的等级，以及需要采取的应对措施。

（4）事件对经济发展和社会稳定造成的影响和危害，以及可能引发的舆情。

五、案例分析题

【030205001】某年 7 月 20 日下午，重庆开县紫金村突降暴雨。当晚 11 时多，60 多岁的村民黎××被屋外一阵"啪啪"声响惊醒，遂起床查看，在自家堂屋内，他意外发现土墙壁上有泥沙"唰唰"地直往下掉。黎××用手电筒一照，发现厨房墙壁裂口，院坝裂口，卧室地上横七竖八全是细缝。黎××根据经验判断，这是山体滑坡的前兆。随后，黎××赶紧向村支书范××汇报险情，并及时通知了村里的干部，此时已是凌晨 2 点。

随后，黎××拿着手电四处通知群众转移，不久，村支书范××、村主任周××、村会计张××纷纷赶到现场，组织村民抗灾自救，转移老弱病残的村民，帮助村民转移财产。在整个险情中，黎××通知了 21 户村民，成功转移 40 多人，其中大多数为老人和儿童，整个营救过程中，无一人伤亡。

请根据上述材料，回答以下问题：

（1）面对山体滑坡的自然灾害，村委会应履行什么义务？本案的村委会在此次事件中履行义务的情况如何？

（2）面对山体滑坡的自然灾害，村民应履行什么义务？黎××在此次事件中履行义务的情况如何？

参考答案

（1）《中华人民共和国突发事件应对法》规定，突发事件发生地的居民委员会、村民委员会和其他组织应当按照当地人民政府的决定、命令，进行宣传动员，组织群众开展自救和互救，协助维护社会秩序。在该山体滑坡事件中，村干部组织转移群众和带领村民抗灾自救完全符合法律的规定，起到了自治组织应有的作用。

（2）《中华人民共和国突发事件应对法》规定，突发事件发生地的公民应当服从人民政府、居民委员会、村民委员会或者所属单位的指挥和安排，配合人民政府采取的应急处置措施，积极参加应急救援工作，协助维护社会秩序。也就是说，在面对突发性事件时，公民一方面有服从政府及所属组织或单位的义务，另一方面有救援的义务。在该事件中，村民黎××积极履行救援义务，体现了公民互助的精神品质。

课题三

电网常见事故灾难事件应急处置与救援

一、单选题

【030301001】按照"统一调度、分级管理"的原则，各级电网调控中心应在（　　）的统一指挥下，开展大面积停电事件的应急处置工作。

（A）电网企业处置电网大面积停电应急领导小组；

（B）电网企业应急处置领导小组；

（C）安全应急办公室；

（D）政府处置大面积停电事件领导小组。

答案：A

【030301002】电网大面积停电事件应急处置应遵循"统一调度、保主网、保重点"的原则，将保证（　　）的安全放在首位，采取必要手段保证电网安全，防止事故范围进一步扩大，防止发生系统性崩溃和瓦解。

（A）主要发电厂；　　　　　　　（B）电网主网架；

（C）枢纽变电站；　　　　　　　（D）重要用户。

答案：B

【030301003】电网企业应加强大面停电事件监测与预警，（　　）根据预警阶段电网运行及电力供应趋势，预警行动效果，提出对预警级别调整的建议，报应急领导小组批准后发布。

（A）电网企业应急办；　　　　　　（B）有关职能部门；

（C）电网企业应急办或有关职能部门；　（D）事发单位。

答案：C

【030301004】电网企业处置电网设备设施损坏事件要坚持贯彻（　　）的思想，树立常备不懈的观念，防患于未然。

（A）安全第一；　　（B）预防为主；　　（C）以人为本；　　（D）综合治理。

答案：B

【030301005】电网企业要增强忧患意识，坚持（　　）与（　　）并重，（　　）与（　　）相结合，做好应对设备设施损坏事件的各项准备工作。

（A）预防，应急，常态，非常态；　（B）预防，应急，预防，救援；

（C）防范，治理，常态，非常态；　（D）预防，应急，运行，检修。

答案：A

【030301006】电网企业要与（　　）建立监测预报预警联动机制，做好高温、干旱等可能引发火灾导致生产设备设施损坏的灾害天气的监测，实现相关灾情、险情等信息的实时共享。

（A）政府部门；　　　　　　　　（B）安全监察部门；

（C）地理信息部门；　　　　　　（D）气象部门。

答案：D

【030301007】电网企业相关职能部门综合分析设备设施、电网运行风险，提出设备设施损坏预警建议，报应急领导小组批准，由（　　）发布。

（A）应急领导小组；　　　　　　（B）应急办公室；

（C）总经理；　　　　　　　　　（D）安全监察部。

答案：B

【030301008】以下说法正确的是（　　）。

（A）信息安全保障应贯穿于信息系统的整个生命周期；

（B）通过有效的安全技术手段和先进的安全管理办法可实现安全事件的零发生；

（C）目前信息安全主要是指网络安全和应用安全；

（D）风险评估过程中所发现的所有安全风险都必须通过有效的技术手段或管理手段进行彻底规避。

答案：A

【030301009】下面哪一种方法产生的密码最难猜解（　　）。

（A）用户的生日；　　　　　　　（B）用户的年薪；

（C）用户配偶的名字倒转或重拍；（D）某诗句的缩写。

答案：D

【030301010】（　　）行为易发生计算机病毒感染。

（A）安装防病毒软件，并定期更新病毒库；

（B）使用外来移动存储时首先进行病毒扫描；

（C）及时更新系统补丁；

（D）从互联网上下载别人破解的工具软件。

答案：D

【030301011】发现计算机终端感染病毒，应立即（　　），并通知信息运维部门处理。

（A）上网下载杀毒软件并杀毒；　　（B）把手头的事干完，稍后再处理；

（C）锁定屏幕；　　（D）关机、断开网络。

答案：D

【030301012】在信息系统安全中，风险由（　　）因素共同构成。

（A）攻击和脆弱性；　　（B）威胁和攻击；

（C）威胁和脆弱性；　　（D）威胁和破坏。

答案：C

【030301013】信息设备运行管理工作坚持"安全第一、预防为主"的原则，以（　　）作为工作核心，开展对运行设备日常维护工作。结合检修计划及应急演练，对具备条件的信息设备（系统）定期进行切换测试及相关试验。

（A）周期性维护；　　（B）主动性维护；

（C）预防性检修；　　（D）主动性试验。

答案：C

【030301014】信息设备检修工作必须坚持"统一管理、分级调度、逐级审批、规范操作"的原则，实行（　　）。

（A）闭环管理；　　（B）动态管理；

（C）集中管理；　　（D）全过程管理。

答案：A

【030301015】事故灾难是（　　）的一种，在研究和处置突发事件时必须对事故灾难予以足够的重视。

（A）风险；　　（B）人为事故；　　（C）事故；　　（D）突发事件。

答案：D

【030301016】下列物质发生的火灾不属于 A 类火灾的是（　　）。

（A）木材；　　（B）干草；　　（C）汽油；　　（D）煤炭。

答案：C

【030301017】下列物质发生的火灾不属于 B 类火灾的是（　　）。

（A）煤炭；　　（B）沥青；　　（C）汽油；　　（D）石蜡。

答案：A

【030301018】下列物质发生的火灾不属于 C 类火灾的是（　　　）。

（A）天然气；　　（B）塑料；　　（C）甲烷；　　（D）乙烷。

答案：B

【030301019】下列物质发生的火灾不属于 D 类火灾的是（　　　）。

（A）钾；　　（B）钠；　　（C）氢气；　　（D）镁。

答案：C

【030301020】烟蒂和点燃烟后未熄灭的火柴梗温度可达到（　　　）℃。

（A）500～600；　　（B）700～800；　　（C）800～900；　　（D）900～1000。

答案：B

【030301021】在一定条件下，将可燃物的温度降到（　　　）以下，燃烧即会停止。

（A）燃烧点；　　　　　　　　　　（B）可燃点；

（C）着火点；　　　　　　　　　　（D）引发化学反应的温度。

答案：C

【030301022】在夏季保证充分的睡眠和休息时间，对预防（　　　）具有重要意义。

（A）头晕；　　（B）灼伤；　　（C）中暑；　　（D）无力。

答案：C

【030301023】24h 内气温升至 40℃以上，将发布高温（　　　）预警。

（A）蓝色；　　（B）黄色；　　（C）橙色；　　（D）红色。

答案：D

【030301024】解决火险隐患要坚持"三定"，"三定"是指（　　　）。

（A）定专人、定时间、定整改措施；　　（B）定时间、定地点、定专人；

（C）定人、定岗、定编制；　　　　　　（D）定专人、定岗位、定地点。

答案：A

【030301025】在公共娱乐场所，手提式灭火器的最大保护距离是（　　　）m。

（A）20；　　（B）25；　　（C）30；　　（D）35。

答案：A

【030301026】用灭火器灭火时，灭火器的喷射口应该对准火焰的（　　　）。

（A）上部；　　（B）中部；　　（C）根部；　　（D）外围。

答案：C

【030301027】（　　　）火灾不能用水扑灭。

（A）棉布、家具；　　　　　　（B）金属钾、钠；

（C）木材、纸张；　　　　　　（D）衣物。

答案：B

【030301028】电脑着火，应（　　　）。

（A）迅速往电脑上泼水灭火；

（B）拔掉电源后用湿棉被盖住电脑；

（C）马上拨打火警电话，请消防队来灭火；

（D）使用泡沫灭火器实施灭火。

答案：B

【030301029】甲乙丙类液体储罐区和液化石油气储罐区的消火栓，应设在（　　　）。

（A）储罐区内；　（B）储罐下；　（C）防护堤外；　（D）防护堤内。

答案：C

【030301030】高层建筑发生火灾时，可通过（　　　）逃生。

（A）疏散楼梯；　（B）普通电梯；　（C）跳楼；　（D）货梯。

答案：A

【030301031】家庭装修未经（　　　）的同意，不能随意挪动燃气管线，以免引起燃气泄漏，发生火灾或爆炸。

（A）消防部门；　（B）物业部门；　（C）燃气部门；　（D）公安部门。

答案：C

【030301032】凡是在特级动火区域内的动火必须办理（　　　）。

（A）相关手续；　（B）许可证；　（C）特级动火证；　（D）动火证。

答案：C

【030301033】大型油罐应设置（　　　）自动灭火系统。

（A）泡沫；　（B）二氧化碳；　（C）卤代烷；　（D）喷淋

答案：A

【030301034】用灭火器进行灭火的最佳位置是（　　　）。

（A）下风位置；　　　　　　（B）上风或侧风位置；

（C）离起火点10m以上的位置；　（D）离起火点10m以下的位置。

答案：B

【030301035】发生火灾时，使用毛巾保护法时，毛巾叠8层，除烟率可达（　　　）。

（A）90%；　　（B）80%；　　（C）70%；　　（D）60%

答案：D

【030301036】发生火灾时，下列有关在家中被火围困时不正确的做法是（　　）。

（A）开门之时，先用手背碰一下门把；

（B）若门把不烫手，则可打开一道缝以观察可否出去；

（C）如门外或邻居起火，开门会鼓起阵风，助长火势，打开门窗则形同用扇扇火，应尽可能把全部门窗打开；

（D）如果居住在楼上但楼层离地不太高，落点又不是硬地，可抓住窗沿悬身窗外伸直双臂以缩短与地面之间的距离。

答案：C

【030301037】下列有关高层建筑火灾说法不正确的是（　　）。

（A）尽量利用建筑内部设施逃生；　　（B）根据火场广播逃生；

（C）自救、互救逃生；　　　　　　　（D）跳楼逃生。

答案：D

【030301038】下列有关商场（集贸市场）火灾说法不正确的是（　　）。

（A）熟悉所处环境；　　　　　　　　（B）利用疏散通道逃生；

（C）尽全力跟随人流奔跑；　　　　　（D）自制器材逃生。

答案：C

【030301039】当发生电气火灾时，若现场尚未停电，则首先应想办法（　　），这是防止扩大火灾范围和避免触电事故的重要措施。

（A）切断电源；　　（B）打开照明；　　（C）自救逃生；　　（D）找灭火器。

答案：A

【030301040】电气设备故障部位局部长时间发热，造成绝缘进一步下降；或因故障部位产生的电弧或电火花瞬间释放热量最终造成（　　），容易导致发生电气火灾。

（A）线路短路；　　（B）线路爆燃；　　（C）局部过流；　　（D）局部过热。

答案：A

【030301041】新中国第一部《消防法》诞生于（　　）年，于2019年4月进行了最新一次修订。

（A）1954；　　（B）1988；　　（C）1998；　　（D）2002。

答案：C

【030301042】我国消防工作贯彻预防为主、（　　）的方针。

（A）预防与应急；　　　　　　　（B）防消结合；

（C）安全第一；　　　　　　　　（D）居安思危。

答案：B

【030301043】《中华人民共和国消防法》规定，任何单位和个人都有维护消防安全、保护消防设施、预防火灾、（　　）的义务。

（A）报告火警；　　　　　　　　（B）消除隐患；

（C）保护公私财产；　　　　　　（D）扑救火灾。

答案：A

【030301044】单位各部门应按照（　　）的要求，在各自职责范围内做好本部门本专业的消防安全工作。

（A）管业务必须管安全；　　　　（B）三杜绝三防范；

（C）本质安全；　　　　　　　　（D）一岗双责。

答案：A

【030301045】GB 50229—2019《火力发电厂与变电站设计防火标准》规定，单台容量为125MVA及以上的油浸变压器、200Mvar及以上的油浸电抗器应设置（　　）或其他固定式灭火装置。其他带油电气设备宜配置干粉灭火器。

（A）水喷雾灭火系统；　　　　　（B）固定式灭火系统；

（C）排油注氮灭火系统；　　　　（D）以上都有。

答案：A

【030301046】凡坠落高度基准面在（　　），有坠落可能的高处进行的作业，均称为高处作业。

（A）2m以上；　　　　　　　　（B）2m及以上；

（C）1.5m及以上；　　　　　　（D）1.5m以上。

答案：B

【030301047】物体打击伤害是指由失控物体的（　　）造成的人身伤亡事故。

（A）电磁力；　　（B）惯性力；　　（C）冲坠力；　　（D）打击力。

答案：B

【030301048】有保护而发生高处坠落，坠落人员被安全绳以头上脚下的垂直姿势半吊在空中，不能动弹，这种情况称为（　　），产生悬吊创伤。

（A）垂直高处坠落；　　　　　　（B）悬吊高处坠落；

（C）失保护高处坠落；　　　　　（D）垂直悬吊。

答案：D

【030301049】安全带必须经过（　　）合格后方可使用。

（A）检验；　　（B）检查；　　（C）验收；　　（D）外观检查。

答案：A

【030301050】安全带要挂在上方牢固可靠处，高度不低于腰部，禁止（　　）。

（A）高挂低用；　　（B）高挂高用；　　（C）低挂高用；　　（D）低挂低用。

答案：C

【030301051】利用安全带进行悬挂作业时，不能将挂钩直接钩在安全带绳上，应钩在安全带绳的（　　）上。

（A）束紧扣；　　（B）连接钮；　　（C）腰扣；　　（D）挂环。

答案：D

【030301052】速差自控器使用时必须（　　）。

（A）高挂低用；　　（B）高挂高用；　　（C）低挂高用；　　（D）低挂低用。

答案：A

【030301053】速差自控器是利用物体的（　　）差来进行自控的。

（A）重力；　　（B）下坠速度；　　（C）冲坠力；　　（D）下坠高度。

答案：B

【030301054】使用单梯工作时，梯与地面的斜角度约为（　　）。

（A）50°；　　（B）30°；　　（C）60°；　　（D）45°。

答案：C

【030301055】遇6级及以上的大风及暴雨、打雷、冰雹、大雾、沙尘暴等恶劣天气，（　　）露天高处作业。

（A）可继续；　　（B）应继续；　　（C）应停止；　　（D）可停止。

答案：C

【030301056】在杆塔、导线、爬梯上转移作业位置过程中，（　　），严禁失去安全防护。

（A）安全带和后备保护绳配合交替使用；　　（B）安全带低挂使用；

（C）利用保护绳进行保护；　　　　　　　　（D）利用安全带进行保护。

答案：A

【030301057】爆炸品是指在外界作用下（如受热、摩擦、撞击等）能发生剧烈的化学反应，瞬间产生大量的（　　），使周围的压力急剧上升，发生爆炸，对周围环境、设备、人员造成破坏和伤害的物品。

（A）气体和火焰；　　　　　　　（B）气体和热量；

（C）火焰和热量；　　　　　　　（D）火焰和烟气。

答案：B

【030301058】下列属于腐蚀品的是（　　）。

（A）氰化物；　　（B）砷化物；　　（C）强酸强碱；　　（D）化学农药。

答案：C

【030301059】下列不属于易燃固体的是（　　）。

（A）金属钠；　　（B）硫磺；　　（C）保险粉；　　（D）砷化物。

答案：D

【030301060】因特殊情况需要进行电、气焊等明火作业，应办理（　　）。

（A）操作票；　　（B）动火操作票；　　（C）动火许可证；　　（D）工作票。

答案：C

【030301061】危化品泄漏对人体的危害主要是（　　）。

（A）烧伤；　　（B）窒息；　　（C）中毒；　　（D）灼伤。

答案：C

【030301062】由于大多数危化品在燃烧时会放出有毒气体或烟雾，因此危化品火灾事故中，人员伤亡的原因主要是（　　）。

（A）中毒和化学灼伤；　　　　　　（B）中毒和窒息；

（C）窒息和化学烧伤；　　　　　　（D）窒息和化学灼伤。

答案：B

【030301063】危化品火灾事故控制不当往往会发生（　　）事故，同时会造成人员的中毒、窒息或灼伤。

（A）爆炸；　　（B）化学灼伤；　　（C）泄漏；　　（D）中毒和窒息。

答案：A

【030301064】危化品事故的初始隔离区是指发生事故时公众生命可能受到威胁的区域，是以泄漏源为中心的一个（　　）区域。

（A）扇形；　　（B）圆周形；　　（C）正方形；　　（D）三角形。

答案：B

【030301065】初始隔离距离适用于危化品泄漏后最初 30min 内或（　　）的情况。

（A）污染物种类不明；　　　　　　（B）污染物浓度未检测；

（C）污染物浓度不明；　　　　　　（D）污染范围不明。

答案：D

【030301066】危化品事故的疏散区是指下风向有害气体、蒸汽、烟雾或粉尘可能影响的区域，是泄漏源下风方向的（　　）区域。

（A）正方形；　（B）圆形；　（C）三角形；　（D）扇形。

答案：A

【030301067】剧毒或强腐蚀性或强刺激性的气体发生陆地泄漏，污染范围不明的情况下，初始隔离至少（　　）m，下风向疏散至少 1500m。

（A）1500；　（B）400；　（C）500；　（D）600。

答案：C

【030301068】及时（　　）是危化品应急救援工作的首要任务。

（A）避免环境污染；　　　　　（B）抢救受害人员；

（C）控制危险源；　　　　　　（D）疏散周围群众。

答案：C

【030301069】有毒或具腐蚀性或具刺激性的气体发生陆地泄漏。污染范围不明的情况下，初始隔离至少 200m，下风向疏散至少（　　）m。

（A）1500；　（B）1000；　（C）200；　（D）600。

答案：B

【030301070】若危化品泄漏点位于阀门下游，则应迅速关闭泄漏处（　　）的阀门，如关掉一个阀门还不可靠时，可再关一个处于此阀上游的阀门。

（A）中游；　（B）上游；　（C）下游；　（D）前后。

答案：B

【030301071】若危化品泄漏点位于阀门上游，即属于阀前泄漏，这时应根据气象情况，从（　　）逼近泄漏点，实施带压堵漏。

（A）上风方向；　（B）下风方向；　（C）侧风方向；　（D）下方。

答案：A

【030301072】下列不属于腐蚀品的是（　　）。

（A）氢氧化钠；　（B）硫酸；　（C）汽油；　（D）苯酚钠。

答案：C

【030301073】危化品事故发生后，最有效的消除灾害影响的方法是（　　）。

（A）堵漏；　（B）混合；　（C）中和；　（D）洗消。

答案：D

【030301074】下列属于物理洗消法是（　　）。

（A）用水清洗法；　　（B）氧化还原法；　　（C）中和法；　　（D）催化法。

答案：A

【030301075】高温作业是指工作场所包括生产车间及露天作业工地遇到高温或存在生产性热源，工作地点的气温高于本地区夏季室外通风设计计算温度（　　）℃及以上的作业。

（A）1；　　（B）2；　　（C）3；　　（D）5。

答案：B

【030301076】下列属于高温、高湿作业的是（　　）。

（A）冶金工业的炼焦、炼铁、轧钢等车间；

（B）夏季的建筑作业、搬运作业、大型体育比赛；

（C）印染、缫丝、造纸等工业中液体加热或蒸煮车间；

（D）陶瓷、玻璃、砖瓦等工业的炉窑车间。

答案：C

【030301077】下列属于夏季露天作业的是（　　）。

（A）冶金工业夏季的炼焦、炼铁、轧钢等车间；

（B）夏季的建筑作业、搬运作业、大型体育比赛；

（C）夏季的印染、缫丝、造纸等工业中液体加热或蒸煮车间；

（D）夏季的陶瓷、玻璃、砖瓦等工业的炉窑车间。

答案：B

【030301078】如果长时间在夏季露天作业环境下劳动，则人体极易因过度蓄热而（　　）。

（A）烫伤；　　（B）中毒；　　（C）中暑；　　（D）灼伤。

答案：C

【030301079】人体的体温调节能力是有一定限度的，当身体获热与产热大于散热时，就会使得体内蓄热量不断增加，以致体温（　　）。

（A）明显升高；　　（B）明显降低；　　（C）不变；　　（D）无关。

答案：A

【030301080】高温环境下发生的一系列生理变化超过机体的正常调节功能，就会导致（　　）。

（A）头晕；　　（B）灼伤；　　（C）无力；　　（D）中暑。

答案：D

二、多选题

【030302001】我国电网发展已进入了大机组、高电压、高自动化、高智能化等高度互联阶段，随着（　　）的投入运行，给电网控制技术、应急救援和处置等工作带来更大压力。

（A）大容量；　　　　　　　　（B）特高压；

（C）交直流混合；　　　　　　（D）长距离输电工程。

答案：ABCD

【030302002】电网企业常常因自然因素、人为原因、设备原因等内外部环境影响，会面临许多严重事故灾难事件的冲击和考验，（　　）是摆在各级电网企业面前的重大课题。

（A）建立健全电网突发事件应急管理体系；

（B）完善高效的电网应急处置及救援机制；

（C）科学有序实施突发事件应急救援；

（D）最大限度降低事件影响和减少损失。

答案：ABCD

【030302003】所有企业都必须认真履行安全生产主体责任，做到（　　），确保安全生产。

（A）安全投入到位；　　　　　（B）安全培训到位；

（C）基础管理到位；　　　　　（D）应急救援到位。

答案：ABCD

【030302004】大面积停电事件是指由于自然灾害、电力安全事故和外力破坏等原因造成（　　）大量减供负荷，对国家安全、社会稳定及人民群众生产生活造成影响和威胁的停电事件。

（A）区域性电网；　　　　　　（B）省级电网；

（C）城市电网；　　　　　　　（D）重要客户。

答案：ABC

【030302005】电网企业设备设施损坏事件是指生产、基建、经营等领域中发生的重要设备设施损坏事件，以及因（　　）等因素造成的生产设备设施损坏事件。

（A）质量问题；　　（B）人为处置；　　（C）火灾；　　（D）外力。

答案：ABCD

【030302006】电网企业网络与信息系统突发事件，是指突然发生，使信息网

络和信息系统遭受（　　）等损害，造成或者可能造成严重影响业务应用正常运转，甚至影响社会正常秩序，需要采取应急处置措施予以解决的网络与信息系统事故或紧急事件。

（A）故障；　　（B）损坏；　　（C）破坏；　　（D）信息泄露。

答案：ABCD

【030302007】信息设备检修工作要提前落实组织、技术、安全措施并编制实施方案，提前做好对（　　）的影响范围和程度的评估。开展事故预想和风险分析，制订相应的应急预案及回退、恢复机制。

（A）事故风险；　　（B）关键用户；　　（C）重要系统；　　（D）重点设备。

答案：BC

【030302008】供电企业网络与信息系统应坚持（　　）的安全防护策略。

（A）可管可控；　　（B）精准防护；　　（C）可视可信；　　（D）智能防御。

答案：ABCD

【030302009】根据《国家突发公共事件总体应急预案》的规定，以下属于事故灾难的是（　　）。

（A）企业安全事故和交通运输事故；　　（B）环境污染和生态破坏事件；

（C）公共设施和设备事故；　　（D）恐怖袭击事件。

答案：ABC

【030302010】事故隐患泛指生产系统中可导致事故发生的（　　）。

（A）人的不安全行为；　　（B）物的不安全状态；

（C）自然灾害；　　（D）管理缺陷。

答案：ABD

【030302011】一切事故的发生原因，由（　　）要素引起。

（A）人的失误；　　（B）环境因素；　　（C）设备缺陷；　　（D）管理制度。

答案：ABCD

【030302012】以下属于突发事件的是（　　）。

（A）自然灾害；　　（B）事故灾难；

（C）公共卫生事件；　　（D）社会安全事件。

答案：ABCD

【030302013】事故灾难的主要特点包括（　　）。

（A）必然性；　　（B）随机性；　　（C）因果性；　　（D）潜伏性。

答案：ABCD

【030302014】泡沫灭火器不能扑救的火灾有（　　）。

（A）电器火灾；　　　　　　　　（B）忌水性物品火灾；

（C）贵重物品、仪表火灾；　　　（D）汽油火灾。

答案：ABC

【030302015】家庭火灾逃生应常备（　　）。

（A）应急逃生绳；　　　　　　　（B）简易防烟面具；

（C）灭火器；　　　　　　　　　（D）手电筒。

答案：ABCD

【030302016】灭火的基本方法有（　　）。

（A）冷却法；　　（B）隔离法；　　（C）窒息法；　　（D）抑制法。

答案：ABCD

【030302017】照明灯具引起火灾危险的原因有（　　）。

（A）灯泡表面温度高；　　　　　（B）灯泡破碎产生火花；

（C）镇流器过热；　　　　　　　（D）短路。

答案：ABCD

【030302018】火灾扑灭后，为隐瞒掩饰起火原因，推卸责任，故意破坏现场或者伪造现场，尚不构成犯罪的，处以（　　）。

（A）警告；　　（B）罚款；　　（C）训话；　　（D）十五日以下拘留。

答案：ABD

【030302019】建筑物内发生火灾，下列逃生做法正确的是（　　）。

（A）利用电梯脱离危险楼层逃生；

（B）身上着火，应就地打滚扑灭火苗；

（C）如果逃生路线被封锁，应立即退回室内、关闭门窗；

（D）浓烟中逃生，应用湿毛巾捂住口、鼻，弯腰或匍匐前行，寻找安全出口。

答案：BCD

【030302020】以下属于雷电导致的火灾原因有（　　）。

（A）雷电直接击在建筑物上发生热反应、机械效应作用；

（B）雷电产生静电感应作用和电磁感应作用；

（C）高电位雷电波沿着电气线路或者金属管道系统侵入建筑物内部；

（D）防雷保护设施的设置无法避免雷电导致的火灾。

答案：ABC

【030302021】按驱动灭火器的型式可分为（　　）。

（A）贮气式灭火器；　　　　（B）贮压式灭火器；
（C）贮液式灭火器；　　　　（D）化学反应式灭火器。
答案：ABD

【030302022】室内消火栓系统包括（　　）。
（A）消火栓箱；　（B）水带；　（C）水枪；　（D）灭火器。
答案：ABC

【030302023】室内消火栓使用方法包括（　　）。
（A）打开消火栓门，按下内部火警按钮（报警、启动消防泵）；
（B）一人接好枪头和水带奔向起火点；
（C）另一人接好水带和阀门口；
（D）逆时针打开阀门水喷出即可。
答案：ABCD

【030302024】根据介质的灭火机理，水主要依靠（　　）作用进行灭火。
（A）冷却；　（B）化学抑制；　（C）隔离；　（D）窒息。
答案：AC

【030302025】（　　）等主要依靠化学抑制作用进行灭火。
（A）泡沫灭火剂；　　　　（B）干粉灭火剂；
（C）二氧化碳；　　　　（D）卤代烷灭火剂。
答案：BD

【030302026】仓库库房内不准使用（　　）等。
（A）电炉；　（B）电烙铁；　（C）低温照明灯具；　（D）电视机。
答案：ABD

【030302027】预防生活火灾应做到（　　）。
（A）不乱扔烟头；
（B）不躺在床上吸烟；
（C）不在蚊帐内点蜡烛或使用低温照明灯具看书；
（D）台灯不要靠近枕头和被褥。
答案：ABCD

【030302028】下列有关公共场合防火措施描述正确的有（　　）。
（A）在公共场所使用电热设备时，要远离可燃物；
（B）使用的照明灯具要与可燃物质保持一定的安全距离；
（C）用完电熨斗、电吹风后，应及时将电源切断，并放置在不燃的基座上，灯余热散尽后，再收存起来；

（D）宾馆住宿尽可能不要使用电热杯和电褥子等电热用具。

答案：ABCD

【030302029】变压器等充油设备发生火灾，如果油箱没有破损，可以用（　　）灭火器等进行扑救。

（A）干粉；　　（B）1211；　　（C）二氧化碳；　　（D）泡沫。

答案：ABC

【030302030】如果变压器的油箱已经破裂，大量变压器油燃烧，火势凶猛时，切断电源后可用（　　）扑救。

（A）喷雾水；　　（B）沙子；　　（C）泡沫；　　（D）水。

答案：AC

【030302031】近年来，电网企业因各种原因造成的安全生产事故屡屡发生，其中，电气消防安全问题日益突出。主要表现在（　　）等方面。

（A）对电气火灾的技术认知不足；　　（B）标准建设滞后；

（C）消防管理薄弱；　　（D）火灾突发事件应急处置能力不足。

答案：ABCD

【030302032】消防检查分为（　　）等类型。

（A）防火巡查；　　（B）消防普查；　　（C）防火检查；　　（D）消防督查。

答案：ACD

【030302033】变电站主变压器固定式灭火系统（装置）包括（　　）等。

（A）水喷雾灭火系统；　　　　（B）泡沫喷雾灭火系统；

（C）气体灭火系统；　　　　　（D）排油注氮灭火装置。

答案：ABCD

【030302034】下列灭火方法属于窒息灭火法的有（　　）。

（A）密闭起火设备；

（B）用沙土覆盖燃烧物；

（C）用二氧化碳灌注发生火灾的容器；

（D）断绝燃烧气体的来源。

答案：ABC

【030302035】新建、扩建和改建工程或项目，需要设置消防设施的，消防设施与主体设备或项目应（　　）。

（A）同时设计；　　　　　　　（B）同时施工；

（C）同时投用；　　　　　　　　（D）同时通过消防验收。

答案：ABCD

【030302036】特高压变电站应完善由（　　）构成的消防应急组织体系。

（A）现场指挥部；　　　　　　　（B）现场处置小组；

（C）志愿消防队；　　　　　　　（D）安全保障小组。

答案：ABCD

【030302037】高处作业分为（　　）。

（A）临边高处作业；　　　　　　（B）一般高处作业；

（C）洞口高处作业；　　　　　　（D）特殊高处作业。

答案：BD

【030302038】（　　）为特殊高处作业。

（A）在作业基准面 30m 及以上的高处作业；

（B）在高温或低温、雨雪天气、夜间、接近或接触带电体、无立足点或无牢靠立足点、突发灾害抢救、有限空间内等环境进行的高处作业；

（C）在排放有毒、有害气体和粉尘超出允许浓度的场所进行的高处作业；

（D）在作业基准面 20m 以上的高处作业。

答案：ABC

【030302039】（　　）属于高处作业人员可能发生的人身伤害事故。

（A）物体打击；　（B）人体触电；　（C）机械伤害；　（D）高处坠落。

答案：AD

【030302040】根据高处作业者工作时所处的部位不同，高处作业坠落事故可分为（　　）、操作平台作业高处坠落事故和交叉作业高处坠落事故等。

（A）临边作业高处坠落事故；　（B）洞口作业高处坠落事故；

（C）攀登作业高处坠落事故；　（D）悬空作业高处坠落事故。

答案：ABCD

【030302041】安全帽使用前要检查（　　）是否齐全有效。

（A）帽壳；　（B）帽沿；　（C）帽带；　（D）帽衬。

答案：ACD

【030302042】当发生高处坠落和物体打击事故后，对于脊椎受伤者，下列方法正确的是（　　）。

（A）用消毒的纱布或清洁布等覆盖伤口，再用绷带或布条包扎；

（B）搬运时，将伤者平卧放在帆布担架或硬板上，以免受伤的脊椎移位、断裂造成截瘫，甚至死亡；

（C）要仰卧位，保持呼吸道畅通，解开衣领扣；

（D）搬运过程严禁只抬伤者的两肩与两腿或单肩背运。

答案： ABD

【030302043】在 5 级以上的大风及（　　）、大雾、沙尘暴等恶劣天气下，线路杆塔上有覆冰或积雪时，禁止安排输电线路高处作业，停止正在进行的高处作业。

（A）暴雨；　　（B）雷电；　　（C）冰雹；　　（D）阴天。

答案： ABC

【030302044】当发生高处坠落和物体打击事故后，应急救援的重点放在对伤者（　　）的处理上。

（A）休克；　　（B）悬吊创伤；　　（C）骨折；　　（D）出血。

答案： ACD

【030302045】当发生垂直悬吊事故后，应急救援的重点放在对伤者进行（　　）。

（A）包扎；　　（B）解救；　　（C）安抚；　　（D）解救后的处置。

答案： BCD

【030302046】危化品即危险化学品，是指具有（　　）和放射性等特性，在运输装卸和储存保管过程中易造成人员伤亡和财产损毁而需要特别保护的化学物品。

（A）易燃；　　（B）易爆；　　（C）有毒；　　（D）有害。

答案： ABCD

【030302047】下列属于毒害品的是（　　）。

（A）氰化物；　　（B）砷化物；　　（C）强酸强碱；　　（D）化学农药。

答案： ABD

【030302048】属于检修或施工现场的着火源的是（　　）、静电火花等。

（A）明火；　　（B）冲击摩擦；　　（C）自燃发热；　　（D）电火花。

答案： ABCD

【030302049】下列属于危化品事故种类的是（　　）。

（A）危化品泄漏事故；　　　　　（B）危化品爆炸事故；

（C）危化品车罐倾覆事故；　　　（D）危化品中毒和窒息事故。

答案： ABD

【030302050】下列属于危化品火灾事故的是（　　）。

（A）易燃液体火灾；　　　　　　　（B）易燃固体火灾；

（C）自燃物品火灾；　　　　　　　（D）遇湿易燃物品火灾。

答案：ABCD

【030302051】下列属于危化品爆炸事故的是（　　）。

（A）爆炸品的爆炸；

（B）易燃液体的火灾爆炸；

（C）易燃固体、自燃物品、遇湿易燃物品的火灾爆炸；

（D）易燃气体爆炸。

答案：ABCD

【030302052】下列属于毒害品的是（　　）。

（A）氰化物；　　（B）砷化物；　　（C）化学农药；　　（D）苯酚钠。

答案：ABC

【030302053】下列属于腐蚀品的是（　　）。

（A）氢氧化钠；　　（B）硫酸；　　（C）汽油；　　（D）苯酚钠。

答案：ABD

【030302054】危化品泄漏事故一旦失控，往往造成（　　）事故。

（A）重大火灾；　　（B）爆炸；　　（C）中毒；　　（D）灼伤。

答案：ABCD

【030302055】下列装备属于危化品救援防护装备的是（　　）。

（A）空气呼吸器；　　　　　　　　（B）消防防化服；

（C）安全带；　　　　　　　　　　（D）防毒面具。

答案：ABD

【030302056】消防防化服由（　　）组成。

（A）阻燃防化层；　　（B）防毒层；　　（C）防火隔热层；　　（D）舒适层。

答案：ACD

【030302057】除保护作业或救援人员自身免遭危化品或腐蚀性物质的侵害外，消防防化服具有（　　）等多种功能。

（A）应急呼叫；　　　　　　　　　（B）通信联络；

（C）保护眼睛；　　　　　　　　　（D）防止化学烧伤。

答案：AB

【030302058】危化品泄漏事故的堵漏抢险一定要在（　　）的掩护下进行，

堵漏人员要精而少，增加堵漏抢险的安全系数。

（A）干粉；　　（B）喷雾水枪；　　（C）泡沫；　　（D）消防沙。

答案：BC

【030302059】危化品事故后的洗消方法有（　　）。

（A）物理洗消法；　　　　　　（B）化学洗消法；

（C）中和洗消法；　　　　　　（D）催化洗消法。

答案：AB

【030302060】下列属于化学洗消法的是（　　）。

（A）直接焚烧法；　　（B）氧化还原法；　　（C）中和法；　　（D）催化法。

答案：BCD

【030302061】危化品事故的特点包括（　　）等。

（A）发生突然；　　　　　　　（B）扩散迅速；

（C）持续时间长；　　　　　　（D）人员伤亡严重。

答案：ABC

【030302062】危化品事故现场染毒人员和器材洗消的方式有（　　）。

（A）公众洗消帐篷；　　　　　（B）开设固定洗消站；

（C）实施机动洗消；　　　　　（D）个人洗消帐篷。

答案：BC

【030302063】下列属于高温、强热辐射作业的是（　　）。

（A）冶金工业的炼焦、炼铁、轧钢等车间；

（B）机械制造工业的铸造、锻造、热处理等车间；

（C）印染、缫丝、造纸等工业中液体加热或蒸煮车间；

（D）陶瓷、玻璃、砖瓦等工业的炉窑车间。

答案：AD

【030302064】高温、强热辐射作业的气象特点是（　　）、易形成干热环境。

（A）气温高；　　　　　　　　（B）热辐射强度大；

（C）相对湿度较高；　　　　　（D）相对湿度较低。

答案：ABD

【030302065】高温、高湿作业的气象特点是（　　）。

（A）气温高；　　（B）热辐射强度大；　　（C）湿度高；　　（D）湿度低。

答案：AC

【030302066】夏季露天作业的气象特点是除受（　　）作用外，还受被加热

的地面的周围物体放出的热辐射作用。

（A）高温；　　　（B）太阳的热辐射；　　　（C）高湿；　　　（D）低湿。

答案：AB

【030302067】（　　）属于高温作业人员因高温引起的不适。

（A）头晕；　　（B）发烧；　　（C）中暑；　　（D）无力。

答案：ACD

【030302068】高温作业的防护包括（　　）。

（A）提高高温作业人员的待遇；　　（B）改善工作条件；

（C）做好工作人员的卫生保健；　　（D）降低工作环境温度。

答案：BC

【030302069】在高温环境中工作时，能量和蛋白质的消耗都比较多，所以应进食（　　）的膳食。

（A）高热量；　　（B）高蛋白；　　（C）高维生素；　　（D）高纤维。

答案：ABC

【030302070】高温作业人员要及时补充（　　），具体的数量取决于出汗量和食物中含盐量。

（A）维生素；　　（B）水分；　　（C）食盐；　　（D）蛋白质。

答案：BC

三、判断题

【030303001】大面积停电事件在严重破坏正常生产经营秩序和社会形象的同时，对关系国计民生的重要基础设施造成巨大影响，可能导致交通、通信瘫痪，水、气、煤、油等供应中断，严重影响经济建设、人民生活，甚至对社会安定、国家安全造成极大威胁。　　　　　　　　　　　　　　　　　（　　）

答案：√

【030303002】大面积停电事件发生后，各级电网企业应立即按照职责分工和相应预案开展处置工作。　　　　　　　　　　　　　　　　　　　（　　）

答案：√

【030303003】电网企业大面积停电事件预警分为一级、二级、三级和四级，依次用红色、橙色、黄色和蓝色表示，四级为最高级别。　　　　　（　　）

答案：×

【030303004】大面积停电事件应急响应终止后，应按有关要求及时对事件处置工作进行评估，总结经验教训，分析查找问题，提出整改措施，形成处置评估

报告。　　　　　　　　　　　　　　　　　　　　　　　（　　　）

答案：√

【030303005】不得在内部信息网络私自架设各种网络设备，不在计算机连接内部网络的情况下利用 WIFI、无线上网卡、专线等方式违规建立互联网连接。
　　　　　　　　　　　　　　　　　　　　　　　　　　（　　　）

答案：√

【030303006】生产计算机和办公计算机终端报废时，都应按照保密要求组织对硬盘等数据存储介质进行统一销毁。　　　　　　　　（　　　）

答案：√

【030303007】特殊保电时期，不得安排监控信息接入及传动试验，避免干扰调控人员开展应急处置工作。　　　　　　　　　　　（　　　）

答案：√

【030303008】灭火器材设置点附近不能堆放物品，以免影响灭火器的取用。
　　　　　　　　　　　　　　　　　　　　　　　　　　（　　　）

答案：√

【030303009】装修房间时，把电气设备及线路敷设于装饰墙面和吊顶内，没有任何隔热防火措施，与可燃易燃材料直接接触，电气设备长时间工作很容易引发火灾事故。　　　　　　　　　　　　　　　　　　　　（　　　）

答案：√

【030303010】禁止在具有火灾、爆炸危险的场所使用明火；因特殊情况需要使用明火作业的，应当按照规定事先办理审批手续。　　　（　　　）

答案：√

【030303011】安装在爆炸危险场所的灯具不一定是防爆型的，但要符合亮度要求。　　　　　　　　　　　　　　　　　　　　　　（　　　）

答案：×

【030303012】用水直接喷射燃烧物进行灭火，属于窒息法灭火。（　　　）

答案：×

【030303013】使用过的油棉纱、油手套等沾油纤维物品以及可燃包装，应放在安全地点，且定期处理。　　　　　　　　　　　　　（　　　）

答案：√

【030303014】发现火灾时，单位或个人应该先自救，如果自救无效，火越着越大时，再拨打火警电话 119。　　　　　　　　　　　（　　　）

答案：×

【030303015】高层民用建筑内不能使用瓶装液化石油气。　　　（　　）

答案：√

【030303016】发生火灾后，为尽快恢复生产，减少损失，受灾单位或个人不必经任何部门同意，可以清理或变动火灾现场。　　　　　　　（　　）

答案：×

【030303017】电器产品、燃气用具的安装或者线路、管路的敷设不符合消防安全技术规定的，责令限期改正；逾期不改正的，责令停止使用。　（　　）

答案：√

【030303018】焊接管道和设备时，必须采取防火安全措施。　　（　　）

答案：√

【030303019】消防通道的宽度不应小于 3m。　　　　　　　（　　）

答案：×

【030303020】凡是能引起可燃物着火或爆炸的热源统称为点火源。

　　　　　　　　　　　　　　　　　　　　　　　　　　　　　（　　）

答案：√

【030303021】岗位消防安全"四知四会"中的"四会"是指会报警、会使用消防器材、会扑救初期火灾、会逃生自救。　　　　　　　　（　　）

答案：√

【030303022】二氧化碳灭火器可以扑救钾、钠、镁金属火灾。　（　　）

答案：×

【030303023】一氧化碳的爆炸极限是 12.5%～74.5%，也就是说，一氧化碳在空气中的浓度小于 12.5%时，遇明火时，这种混合物也不会爆炸。　（　　）

答案：√

【030303024】泡沫灭火机可以扑救贵重物品、仪表火灾。　　（　　）

答案：×

【030303025】公共娱乐场所在营业期间动火施工，动火部门和人员应按照单位的用火管理制度办理审批手续，落实现场监护人。　　　　　　（　　）

答案：×

【030303026】火场扑救原则是先人后物、先重点后一般、先控制后消灭。

　　　　　　　　　　　　　　　　　　　　　　　　　　　　　（　　）

答案：√

【030303027】当单位的安全出口上锁、遮挡，或者占用、堆放物品影响疏散通道畅通时，单位应当责令有关人员当场改正并督促落实。　　　　　（　　　）

答案：√

【030303028】电气设备发生火灾时，为了防止触电事故，一般都在切断电源后才进行扑救。　　　　　　（　　　）

答案：√

【030303029】发生电气火灾时，在危急情况下，如等待切断电源后再进行扑救，就会有使火势蔓延扩大的危险，或者断电后会严重影响生产。这时为了取得扑救的主动权，就需要在带电的情况下进行扑救，但要掌握方法，注意安全。

（　　　）

答案：√

【030303030】变电站水喷雾灭火系统水雾射流表面积大，冲击火焰的过程中快速吸热膨胀，蒸发成气态，并吸收大量的热能。同时，产生的水蒸气可以隔绝燃烧需要的氧气。　　　　　（　　　）

答案：√

【030303031】变电站水喷雾灭火系统能防止由变压器故障导致的内部电弧引起的油箱破裂火灾。　　　　　（　　　）

答案：×

【030303032】变压器排油充氮灭火装置采用冷却法和窒息法双管齐下消除两个燃烧要素。迅速释放变压器本体油箱压力，将储油柜与本体中的油隔开，并通过氮气搅拌降温快速灭火。　　　　　（　　　）

答案：√

【030303033】当变压器箱体开裂，火灾发生，油从箱体开裂处喷出，在变压器外部燃烧，排油注氮灭火装置将不能对其发挥作用。　　　　　（　　　）

答案：√

【030303034】排油注氮灭火装置与变压器油箱直接连接，一旦装置误动作，必然会完成排油注氮整个过程，势必会引起一台变压器的停产检修。（　　　）

答案：√

【030303035】细水雾灭火系统大部分雾滴在空中汽化，只有少量雾滴降落到设备表面，电气绝缘性好。　　　　　（　　　）

答案：√

【030303036】充油、储油设备必须杜绝渗、漏油。　　　　（　　）

答案：√

【030303037】生产场所的电话机近旁和灭火器箱、消防栓箱上应印有火警电话号码。　　　　（　　）

答案：√

【030303038】电气设备发生火灾，应立即切断有关设备电源，然后进行灭火。对可能带电的电气设备及发电机、电动机等，应使用干粉、二氧化碳、六氟丙烷等灭火器灭火；对油断路器、变压器在切断电源后可使用干粉、六氟丙烷等灭火器灭火，不能扑灭时再用泡沫灭火器灭火，不得已时可用干砂灭火；地面上的绝缘油着火，应用干砂灭火。　　　　（　　）

答案：√

【030303039】变压器排油注氮灭火系统应有防误动的措施，保证变压器不会因为排油注氮系统的误动而引起变压器气体继电器动作，变压器开关跳闸误动作。　　　　（　　）

答案：√

【030303040】变电站发生火灾时，值班人员采取有效措施扑灭室外设备初起火灾，防止火灾扩散，火灾蔓延无法控制时，启动固定式灭火装置进行灭火。　　　　（　　）

答案：×

【030303041】在高处作业中，如果未防护、防护不好或作业不当而发生的人从高处坠落的事故，称为高处坠落事故。　　　　（　　）

答案：√

【030303042】高处作业人员不用佩戴安全帽。　　　　（　　）

答案：×

【030303043】高处作业时，作业人员的安全帽应戴紧、戴正，帽带应系在颌下并系紧。　　　　（　　）

答案：√

【030303044】高处作业时，一条安全绳不能两人同时使用。　　　　（　　）

答案：√

【030303045】受到过严重冲击的安全带，只要外形未变就可继续使用。　　　　（　　）

答案：×

【030303046】高处作业时，可以使用麻绳来做安全绳。　　　（　　　）

答案：×

【030303047】高处作业时，可以使用安全带来传递重物。　　　（　　　）

答案：×

【030303048】高处作业时，若无法避免，可以将安全带挂在不牢固或带尖锐角的构件上。　　　（　　　）

答案：×

【030303049】为保证高处作业人员在移动过程中始终有安全保证，当进行特别危险作业时，要求在系好安全带的同时，也要系挂安全绳。　　　（　　　）

答案：√

【030303050】高处作业人员应一律使用工具袋。　　　（　　　）

答案：√

【030303051】梯子可以捆绑接续使用，但捆绑接续不能超过三次。（　　　）

答案：×

【030303052】人字梯应有限制开度的措施。　　　（　　　）

答案：√

【030303053】人在梯子上时，因作业需要可以自行移动梯子。　　　（　　　）

答案：×

【030303054】有高处作业平台时，需要移动车辆，人可以坐在平台上，但不能站立。　　　（　　　）

答案：×

【030303055】作业人员攀登杆塔、出线、上下爬梯过程中必须全程使用安全带。　　　（　　　）

答案：√

【030303056】作业人员不能拒绝上级领导的违章指挥及强令冒险作业。

（　　　）

答案：×

【030303057】危化品火灾事故是指燃烧物质主要是危化品的火灾事故。

（　　　）

答案：√

【030303058】易燃液体火灾往往容易发展到爆炸事故,造成重大的人员伤亡。 （　）

答案：√

【030303059】危化品爆炸事故是指危化品发生化学反应的爆炸事故或液化气体和压缩气体的物理爆炸事故。 （　）

答案：√

【030303060】消防化服有破损时,应及时修补后再使用。 （　）

答案：×

【030303061】危化品灼伤事故主要指人体吸入、食入或接触有毒、有害化学品或者化学品反应的产物,而导致的中毒和窒息事故。 （　）

答案：×

【030303062】危化品中毒和窒息事故主要指腐蚀性危化品意外与人体接触,在短时间内即在人体被接触表面发生化学反应,造成明显破坏的事故。

（　）

答案：×

【030303063】化学品灼伤比物理灼伤的危害小。 （　）

答案：×

【030303064】化学品灼伤是高温造成的伤害,使人体立即感到强烈的疼痛,人体肌肤会本能地立即避开。 （　）

答案：×

【030303065】危化品发生泄漏,无论是否发生爆炸或燃烧,都必须设法消除泄漏。 （　）

答案：√

【030303066】对液体泄漏毒物,必须在有毒物质泄漏得到控制后才可实施洗消。 （　）

答案：√

【030303067】如发生的是严重的危化品事故,仅靠普通清水无法达到实施洗消的效果时,可加入消毒剂进行洗消。 （　）

答案：√

【030303068】高温可使作业人员在生理功能上有一系列的改变,也可能因眩晕而跌倒造成摔伤、跌伤等伤害。 （　）

答案：√

【030303069】夏天高温环境专业人员一般每人每天至少应补充 3500mL 水分，补充食盐 6g 左右。　　　　　　　　　　　　　　　　　　　（　　）

答案：×

【030303070】炎热季节可根据情况调整劳动休息制度，尽可能缩短劳动持续时间。　　　　　　　　　　　　　　　　　　　　　　　　　　　　（　　）

答案：√

四、问答题

【030304001】试分析电网企业可导致发生大面积停电事件的风险因素有哪些？

答案：（1）我国电网企业经营区域覆盖范围广、跨度大、自然地理和气候条件差异大，地震、台风、雨雪冰冻、洪涝、滑坡、泥石流等各类自然灾害多有发生，可能造成电网设施设备大范围损毁，从而引发大面积停电事件。

（2）我国拥有世界上电压等级最高、规模最大、网架结构最为复杂的特大型交直流互联电网，交直流发展不平衡，新能源发电超常规大规模集中并网，跨国境、跨经营区域输电通道逐渐增多，电网安全控制难度大，重要发、输、变电设备、自动化系统故障，可能引发大面积停电事件。

（3）野蛮施工、非法侵入、火灾爆炸、恐怖袭击等外力破坏或重大社会安全事件可能造成电网设施损毁，电网工控系统和通信系统可能遭受网络攻击，都可能引发大面积停电事件。

（4）运行维护人员误操作或调控运行人员处置不当等可能引发大面积停电事件。

（5）因各种原因造成的发电企业发电出力大规模减少可能引发大面积停电事件。

（6）因其他原因可能引发大面积停电事件。

【030304002】电网企业大面积停电事件应急响应是如何分级的？

答案：根据大面积停电影响范围、严重程度和社会影响等因素综合分析，电网企业大面积停电事件应急响应分为Ⅰ、Ⅱ、Ⅲ、Ⅳ级。发生特别重大、重大、较大、一般大面积停电事件时，分别对应Ⅰ、Ⅱ、Ⅲ、Ⅳ级应急响应；大面积停电应急领导小组根据大面积停电影响范围、严重程度和社会影响确定相应级别。电网企业大面积停电事件应急响应分级标准见表 3-3-1。

（1）省会城市公司为四级应急响应，Ⅰ级响应对应特别重大、重大事件，Ⅱ、Ⅲ级响应分别对应较大、一般事件，Ⅳ级响应对应其他事件。

（2）地市级公司分为四级应急响应，Ⅰ、Ⅱ、Ⅲ级响应分别对应重大、较大、一般事件，Ⅳ级响应对应其他事件。

表 3－3－1　　　　　电网企业大面积停电事件应急响应分级标准

响应级别 事件分级	各层面相关单位应急响应等级					
	总部	分部	省级公司	省会城市公司	地市级公司	县级公司
特别重大	Ⅰ	Ⅰ	Ⅰ	Ⅰ	Ⅰ	Ⅰ
重大	Ⅱ	Ⅱ	Ⅱ	Ⅰ	Ⅰ	Ⅰ
较大	Ⅲ	Ⅲ	Ⅲ	Ⅱ	Ⅱ	Ⅰ
一般	Ⅳ	Ⅳ	Ⅳ	Ⅲ	Ⅲ	Ⅱ
小规模大影响	Ⅳ	Ⅳ	Ⅳ	Ⅳ	Ⅳ	Ⅲ

（3）县级公司分为三级应急响应，Ⅰ、Ⅱ级响应分别对应较大、一般事件，Ⅲ级响应对应其他事件。

（4）发生特别重大、重大事件，省级公司启动Ⅰ、Ⅱ级响应时，受到影响的省会城市公司、地市级公司和县级公司，均应启动Ⅰ级响应。

（5）大型供电企业参照省会城市供电公司。

【030304003】发生大面积停电事件会产生哪些危害？

答案： 大面积停电事件在严重破坏正常生产经营秩序和社会形象的同时，对关系国计民生的重要基础设施造成巨大影响，可能导致交通、通信瘫痪，水、气、煤、油等供应中断，严重影响经济建设、人民生活，甚至对社会安定、国家安全造成极大威胁。

（1）导致政府部门、军队、公安、消防等重要机构电力供应中断，影响其正常运转，不利于社会安定和国家安全。

（2）导致大型商场、广场、影剧院、住宅小区、医院、学校、大型写字楼、大型游乐场等高密度人口聚集点基础设施电力供应中断，引发群众恐慌，严重影响社会秩序。

（3）导致城市交通拥塞甚至瘫痪，电铁、机场电力供应中断，大批旅客滞留。

（4）导致化工、冶金、煤矿、非煤矿山等高危客户的电力供应中断，引发生产运营事故及次生、衍生灾害。

（5）大面积停电事件在当前新媒体时代极易成为社会舆论的热点，在公众不明真相的情况下，若有错误舆论，可能造成公众恐慌情绪，影响社会稳定。

【030304004】电网设备实施损坏事件会产生哪些危害？

答案：（1）产品质量问题、人为处置不当不仅可能导致设备设施大范围故障和财产损失，还可能造成电网大面积停电。

（2）外力破外造成变电（换流）站、输配电线路通道或电缆安全运行风险加大，导致电力供应中断。

（3）火灾及其他自然灾害容易诱发电网设备设施大范围损毁，严重破坏正常生产经营秩序。

（4）输电线路"三跨"（跨高铁、跨高速、跨重要输电线路）故障导致交通拥塞甚至瘫痪，大批旅客滞留，引发群众恐慌，严重影响社会秩序。

【030304005】发布设备设施损坏事件一、二级预警信息后，电网企业应采取哪些措施予以应对？

答案：（1）电网企业应急办公室和有关职能部门收集相关信息，密切关注事态发展，开展突发事件预测分析，及时向应急领导小组报告情况。

（2）做好成立设备设施损坏事件处置领导小组及办公室的准备工作。

（3）启动应急值班。

（4）有关职能部门根据职责分工，协调组织应急抢修队伍、应急物资、抢修备品备件、应急电源、交通运输等准备工作，合理调整电网运行方式、做好异常情况处置和应急信息发布准备。

（5）所属区域和省级电网企业做好成立设备设施损坏事件处置领导小组及指挥部的准备工作，启动应急值班，及时收集相关信息并报告应急办公室，做好应急信息发布准备，合理调整电网运行方式，加强设备设施巡视和监测，采取必要措施，加强对重要客户（场所）的供电保障工作，应急队伍和相关人员进入待命状态；调集所需应急电源和应急物资，做好异常情况处置准备工作，必要时做好人员撤离的准备及舆情监测工作。

【030304006】发生电网设备设施损坏事件后，电网企业应迅速组织进行哪些先期处置工作？

答案：发生电网设备设施损坏事件后，电网企业应密切关注事件情况及所属区域和省级电网企业先期处置的效果，责成各职能部门布置应急准备工作，防范、减少事故前期损失；组织、协调分部和省公司（直属单位）及时调整电网运行方式，隔离故障设备设施，防止事故扩大，确保保证大电网安全。立即启动应急指挥中心，设备设施损坏事件处置领导小组办公室进入24h应急值守状态，及时收集汇总事件信息；组织应急救援队伍营救受困员工和其他人员，撤离、安置受威胁的人员；做好政府部门、医疗救助、交通系统等重要场所、重要用户的应急供电工作和"三跨"故障应急处置工作；主动与政府有关部门及铁路公司联系沟通，通报有关信息、完成相关工作；初步收集受损情况，及时汇总并上报，并组织开展抢修工作。对于设备质量故障，应立即对故障设备进行隔离，避免事故扩大，迅速开展电网设备抢修工作；对外力、人力破坏事件，应迅速控制事件发展态势，向公安部门汇报相关信息，寻求支援；对"三跨"故障事件，应主动与交通部门、铁路公司进行沟通协调，在设备抢修恢复中给予支援。

【030304007】电网企业网络与信息安全事件的危险源有哪些类型？

答案：（1）内部危险源。网络与信息系统相关软硬件自身缺陷、网络与信息系统机房基础设施故障、网络与信息系统相关信息设备老化或超负荷运行、员工安全意识薄弱、员工违规操作（或误操作）、员工恶意破坏、内网 U 盘病毒侵入等导致发生网络与信息系统突发事件。

（2）外部危险源。外部人员利用计算机病毒、蠕虫、木马、僵尸网络、网页内嵌恶意代码等有害程序破坏系统可用性；外部人员通过技术手段进行拒绝服务攻击、后门攻击、漏洞攻击等网络攻击导致网络故障或业务应用系统数据遭到泄漏和篡改；人为破坏网络线路，造成服务器对外服务不可用；各类自然灾害及社会安全事件造成网络与信息系统、系统数据或基础设施遭到破坏导致发生网络与信息系统突发事件。

【030304008】什么是应急避难场所？应急避难场所应有哪些配套设施？

答案：应急避难场所是指为应对突发性自然灾害和事故灾难，用于临灾时、灾时、灾后人员疏散和避难生活，具有应急避难生活服务设施的、具有一定规模的场地和按应急避难防灾要求新建或加固的建筑或场所。这种场所平时可供居民休闲、娱乐、健身之用，灾时用于紧急避难使用。

应急避难场所选址时应注意：要有宽阔的空地，以方便集合周围的人；要避开地质灾害多发地段；应优先选择易于搭建临时帐篷和易于进行救灾活动的安全区域。如公园、绿地、广场、体育场、停车场以及学校操场或其他空地等，都是应急避难的良好场所。

应急避难场所应能提供临时用水、排污、消防、供电照明等设施，以及临时厕所等应急设备，有条件的可设置避难人员的栖身场所、生活必需品与应急药品储备库、应急通信设施与应急广播、应急医疗设施等。

应急避难场所按功能级别、避难规模和开放时间，可分为紧急避难场所、固定避难场所和中心避难场所三类。紧急避难场所一般会配置应急休息区、应急厕所、交通标志、照明设备、垃圾收集点、应急广播等设备设施；固定避难场所除基本设施还会设置避难宿住区、应急通信、公共服务、应急医疗卫生救护、应急供水等设备设施；中心避难场所除以上设施外还会设置应急指挥区、应急停车区、应急直升机停机坪等设备设施。应急避难场所的设置应采取就近原则，一般在居民区、办公区、商业区等人群集中的区域及周围，最好步行能在 5～10min 即可到达的地方。

【030304009】灾难发生时，如何及时找到并正确使用应急避难场所？

答案：（1）应熟悉居住地周围的环境，平时注意了解、熟悉所在地地理位置、应急疏散路线图、避难场所出入口位置、应急避难指示标识以及避难场所使用注意事项等。

（2）应急疏散时，采取就近原则，迅速到达最近的应急避难场所。减少对外部紧急救援的依赖，缩短依赖外部救援的时间。

（3）可以通过相关政府网站或者公众号查询和地图软件搜索应急避难场所的相关信息。

（4）赶往应急避难场所时最好带上应急物品，应急避险时如有广播，应仔细倾听，遵循广播指引的疏散路线和注意事项。

（5）居民平时应积极参与应急避险培训和演练，提高自救互救意识和技能等。

（6）除正规建设和标识的应急避难场所外，在紧急情况下，学校、开阔地、小公园、小广场等地方也能作为临时避难场所使用。

【030304010】什么是火灾？火灾分为哪些类型？

答案：火灾是指在时间或空间上失去控制的灾害性燃烧现象。在各种灾害中，火灾是最经常、最普遍威胁公众安全和社会发展的主要灾害之一。

GB/T 4968—2008《火灾分类》将火灾按可燃物的类型和燃烧特性分为 A、B、C、D、E、F 六大类。

（1）A 类火灾。A 类火灾是指固体物质火灾，固体物质通常具有有机物质性质，一般在燃烧时能产生灼热的余烬，如木材、干草、煤炭、棉、毛、麻、纸张等火灾。

（2）B 类火灾。B 类火灾是指液体或可熔化的固体物质火灾，如煤油、柴油、原油、甲醇、乙醇、沥青、石蜡、塑料等火灾。

（3）C 类火灾。C 类火灾是指气体火灾，如煤气、天然气、甲烷、乙烷、丙烷、氢气等火灾。

（4）D类火灾。D类火灾是指金属火灾，如钾、钠、镁、钛、锆、锂、铝镁合金等火灾。

（5）E类火灾。E类火灾是指带电物体的火灾，如变压器、开关、隔离开关等电气设备的火灾，发电机房、变压器室、配电间、计算机房等在燃烧时不能及时或不宜断电的电气设备带电燃烧的火灾等。

（6）F类火灾。F类火灾是指烹饪器具内的烹饪物（如动植物油脂）火灾。

【030304011】常见的灭火方法有几种？

答案：（1）隔离灭火法。隔离灭火法是将火源处或其周围的可燃物质隔离或移开，燃烧会因缺少可燃物而停止。如将火源附近的可燃、易燃、易爆和助燃物品搬走；设法阻拦流散的易燃、可燃液体；拆除与火源毗连的易燃建筑物，形成防治火势蔓延的空间地带；关闭可燃气体或液体管路的阀门，以减少和阻止可燃物质进入燃烧区，同时打开可燃气体或液体通向安全区域的阀门，使已经燃烧或即将燃烧或受到火势威胁的容器中的可燃液体、可燃气体转移；自动喷水—泡沫联用系统在喷水的同时喷出泡沫，泡沫覆盖于燃烧液体或固体的表面，在发挥冷却作用的同时，将可燃物与空气隔开，从而可以灭火。

（2）窒息灭火法。窒息灭火法是阻止空气流入燃烧区或用不燃物质冲淡空气，使燃烧物质得不到足够的氧气而熄灭。可燃物的燃烧是氧化作用，需要在最低氧浓度以上才能进行，低于最低氧浓度燃烧不能进行，火灾即被扑灭。一般氧浓度低于15%时，就不能维持燃烧。

（3）冷却灭火法。冷却灭火法是将灭火剂直接喷射到燃烧物上，以增加散热量，降低燃烧物的温度于燃点以下，使燃烧停止；或者将灭火剂喷洒在火源附近的物体上，使其不受火焰辐射热的威胁，避免形成火势蔓延扩散。可燃物的温度一旦达到着火点，就会发生燃烧。在一定条件下，将可燃物的温度降到着火点以下，燃烧即会停止。

（4）抑制灭火法。抑制灭火法即化学灭火法，就是使灭火剂参与到燃烧反应过程中去，使燃烧过程中产生的游离基消失，形成稳定分子或低活性的游离基，使燃烧反应因缺少游离基而停止。抑制灭火法常见的灭火剂有干粉灭火剂和七氟丙烷灭火剂。抑制灭火法速度快，使用得当可有效扑灭初期火灾，减少人员伤亡和财产损失。抑制灭火法对于有焰燃烧火灾效果好，而对深位火灾由于渗透性较差，灭火效果不理想。在条件许可的情况下，采用抑制灭火法的灭火剂与水、泡沫等灭火剂联用会取得明显效果。

【030304012】常见的灭火类消防器材有哪些？

答案：（1）灭火器具。灭火器具包括七氟丙烷灭火装置、二氧化碳灭火器、1211 灭火器、干粉灭火器、酸碱泡沫灭火器、四氯化碳灭火器、灭火器挂具、机械泡沫灭火器、水型灭火器、其他灭火器具等。

（2）消火栓。消火栓又称为消防栓，是一种固定式消防设施，主要作用是控制可燃物、隔绝助燃物、消除着火源。

（3）破拆工具类。破拆工具类包括消防斧、切割工具等。

（4）消防系统。消防系统包括火灾自动报警系统、自动喷水灭火系统、防排烟系统、防火分隔系统、消防广播系统、气体灭火系统、应急疏散系统等。

（5）消防车。消防车又称为救火车，是指根据需要设计制造成适宜消防队员乘用、装备各类消防器材或灭火剂，用于灭火、辅助灭火或消防救援的车辆。包括中国在内的大部分国家消防部门也会将其用于其他紧急抢救用途。消防车可以运送消防员抵达灾害现场，并为其执行救灾任务提供多种工具。

现代消防车通常会配备钢梯、水枪、便携式灭火器、自持式呼吸器、防护服、破拆工具、急救工具等装备，部分还会搭载水箱、水泵、泡沫灭火装置等大型灭火设备。多数地区的消防车外观为红色，也有部分地区消防车外观为黄色，部分特种消防车亦是如此，消防车顶部通常设有警钟警笛、警灯和爆闪灯。常见的消防车种类包括水罐消防车、泡沫消防车、泵浦消防车、登高平台消防车、云梯消防车等。

【030304013】火灾时，在家中被火围困该如何逃生？

答案：当家中失火或者楼层邻近家起火，被浓烟和高温围困在家中时，应尽一切可能逃到屋外，远离火场，保全自己。

（1）开门之时，先用手背碰一下门把。如果门把烫手，或门缝有烟冒进来，切勿开门。用手背先碰是因金属门把传热比门框快，手背一感到热就会马上缩开。

（2）若门把不烫手，则可打开一道缝以观察可否出去。用脚抵住门下方，防止热气流把门冲开。

（3）如门外或邻居家中起火，开门会鼓起阵风，助长火势，打开门窗则形同用扇扇火，应尽可能把全部门窗关上。

（4）浓烟从上往下扩散，在近地面 0.9m 处，浓烟稀薄，呼吸较容易，视野也较清晰，因此，逃生过程中要弯腰前行或匍匐爬行。如果家门的出口被烟火堵塞，则要试着打开窗子或走到阳台上，走进阳台时随手将阳台门关好。

（5）如果居住楼层离地不太高，落点又不是硬地，在确实无其他办法时，才可从高处跳下。可抓住窗沿悬身窗外伸直双臂以缩短与地面之间的距离。在跳下前，先松开一只手，用这只手及双脚撑一撑离开墙面跳下。这样做虽然可能造成肢体的扭伤或骨折，但毕竟是主动求生。

（6）如果要破窗逃生，可用顺手抓到的较硬之物砸碎玻璃，把窗口碎玻璃片弄干净，然后顺窗口逃生。如无计可施则关上房门，打开窗户，大声呼救。如果在阳台求救，应先关好进入阳台的门窗。如没有阳台，则一面等候援救，一面用湿布堵住门窗缝隙或向门窗上泼水，以阻止浓烟或火焰进入房间，阻止火势蔓延。

（7）邻居家中起火，不要贸然开门，应从窗户、阳台转移出去。如贸然开门，热气浓烟可乘虚而入，使人窒息。

（8）睡眠中突然发现起火，不要惊慌，应趴在地上匍匐前进，因为靠近地面处会有残留的新鲜空气，不要大口喘气，呼吸要细小。

（9）失火时，如携婴儿撤离，可用湿布蒙住婴儿的脸，用手挟着，快跑或爬行而出。

【030304014】高层建筑火灾，被困人员自救逃生的方法有哪些？

答案：（1）尽量利用建筑内部设施逃生。利用消防电梯、防烟楼梯、普通楼梯、封闭楼梯、观景楼梯进行逃生；利用阳台、通廊、避难层及室内设置的缓降器、救生袋、安全绳等进行逃生；利用墙边落水管进行逃生；将房间内的床单或窗帘等物品连接起来进行逃生。

（2）根据火场广播逃生。高层建筑一般装有火场广播系统，当某一楼层或楼层某一部位起火且火势已经蔓延时，不可惊慌失措盲目行动，应注意听火场广播和救援人员的疏导信号，选择合适的疏散路线和方法。

（3）自救、互救逃生。利用各楼层存放的消防器材扑救初起火灾；充分运用身边物品自救逃生（如床单、窗帘等）；对老、弱、病残、孕妇、儿童及不熟悉环境的人要引导疏散，共同逃生。

【030304015】公共场合的防火措施有哪些？

答案：（1）在公共场所使用电热设备时，要远离可燃物。如红外线取暖器，因其表面温度很高，若靠近易燃物质，很容易引起火灾。

（2）使用的照明灯具要与可燃物质保持一定的安全距离，否则，若照明灯具紧贴在木板或其他可燃物上，危险性很大。

（3）使用电熨斗熨烫服装或使用电吹风修整发型时，用完后应及时将电源切断，并放置在不燃的基座上，待灯余热散尽后再收存起来。

（4）在公共场所维修电器设备使用的电烙铁，用完后应先拔掉电源插头，然后放在不燃的基座或水泥地上，千万不要放在地板上和书桌上，以防温度过高引起地板和书桌等可燃物起火。

（5）住宿宾馆、酒店时，尽可能不要使用电热杯和电褥子等电热用具。

（6）在收听收看完收音机、电视机节目后，要及时关闭电源。当离开房间时，要将电源插头拔掉。

（7）在参加公共场所活动时，尽可能不要吸烟。

（8）住宿宾馆、酒店时，不要躺在床上吸烟，特别是酒后卧床吸烟，以防入睡后烟头掉在被褥上引起火灾。年纪大的老人和病人卧床吸烟时，应有人照看。

（9）剧场、俱乐部因剧目需要演员吸烟时，要有专门人管理，以防将烟头扔到幕布或布景上引起火灾。

（10）当参加公共场所活动时，禁止带入易燃易爆物品，因为易燃易爆物品一旦遇到明火即可起火爆炸。如在剧场、俱乐部演出时，使用的发令枪纸、鞭炮、烟火等易燃易爆物品，应有专人监护，并远离可燃物。

【030304016】什么是电气火灾？有何成因与特点？

答案：电气火灾一般是指由于电气线路、用电设备、器具及供配电设备出现故障性释放的热能（如高温、电弧、电火花等）和非故障性释放的能量（如电热器具的炽热表面），在具备燃烧条件下引燃本体或其他可燃物而造成的火灾，也包括由雷电和静电引起的火灾。

电气火灾的成因主要有：①　故障部位局部长时间发热，造成绝缘进一步下降，最终造成线路短路，导致火灾；②　故障部位产生的电弧或电火花瞬间释放热量造成线路短路，导致火灾。

电气火灾具有季节性和时间性特点：

（1）电气火灾的季节性特点。电气火灾多发生在夏、冬季。夏季风雨多，当风雨侵袭，架空线路发生断线、短路、倒杆等事故，引起火灾；露天安装的电气设备（如电动机、闸刀开关、电灯等）淋雨进水，使绝缘受损，在运行中发生短路起火；夏季气温较高，对电气设备发热有很大影响，一些电气设备，如变压器、电动机、电容器、导线及接头等在运行中发热温度升高就会引起火灾。冬季天气寒冷，如架空线受风力影响，发生导线相碰放电起火，大雪、大风造成倒杆、断线等事故；使用电炉或大灯泡取暖，使用不当，烤燃可燃物引起火灾；冬季空气干燥，易产生静电而引起火灾。

（2）电气火灾的时间性特点。许多火灾往往发生在节日、假日或夜间，由于有的电气操作人员思想不集中，疏忽大意，在节、假日或下班之前，对电气设备及电源不进行妥善处理，便仓促离去；也有因临时停电不切断电源，待供电正常后引起失火。

【030304017】发生电气火灾时，切断电源进行灭火有哪些注意事项？

答案：（1）电气设备发生火灾后，要立即切断电源，如果要切断着火设备的电源时，可在变电站、配电室断开主开关。在主开关没有断前，不能随便拉隔离开关，以免产生电弧发生危险。

（2）发生火灾后，用隔离开关切断电源时，由于隔离开关在发生火灾时受潮或烟熏，其绝缘强度会降低，切断电源时，最好用绝缘工具操作。

（3）切断用磁力起动器控制的电动机时，应先用控制按钮停电，然后再断开隔离开关，防止带负荷操作产生电弧伤人。

（4）在动力配电盘上，只用作隔离电源而不用作切断负荷电流的隔离开关或瓷插式熔断器，称为总开关或电源开关。切断电源时，应先用电动机的控制开关切断电动机回路的负荷电流，停止各个电动机的运转，然后再用总开关切断配电盘的总电源。

（5）当进入建筑物内，用各种电气开关切断电源已经比较困难，或者已经不可能时，可以在上一级变电站切断电源。或采取剪断电气线路的方法来切断电源。如需剪断对地电压在 250V 以下的线路时，可穿戴绝缘靴和绝缘手套，用断电剪将电线剪断。切断电源的地点要选择适当，剪断的位置应在电源方面即来电方向的支持物附近，防止导线剪断后掉落在地上造成接地短路触电伤人。对三相线路的非同相电线应在不同部位剪断。在剪断扭缠在一起的合股线时，要防止两股以上合剪，否则造成短路事故。

（6）城市生活居住区的杆上变电台上的变压器和农村小型变压器的高压侧，多用跌落式熔断器保护。如果需要切断变压器的电源时，可以用电工专用的绝缘杆捅跌落式熔断器的鸭咀，熔丝管就会跌落下来，达到断电的目的。

（7）电容器或电缆在切断电源后，仍可能有残余电压，因此，即使可以确定电容器或电缆已经切断电源，为了安全起见，仍不能直接接触或搬动电容器或电缆，以防发生触电事故。

【030304018】带电进行电气火灾扑救时怎样处置？

答案：（1）必须在确保安全的前提下进行，应用不导电的灭火剂如二氧化碳、干粉等进行灭火。不能直接用导电的灭火剂如直射水流、泡沫等进行喷射，否则会造成触电事故。

（2）使用小型二氧化碳、干粉灭火器灭火时，由于其射程较近，要注意保持一定的安全距离。

（3）在救援人员穿戴绝缘手套和绝缘靴、水枪喷嘴安装接地线情况下，可以采用喷雾水灭火。

（4）如遇带电导线落于地面，则要防止跨步电压触电，救援人员需要进入灭火时，必须穿上绝缘鞋。

（5）有油的电气设备，如变压器油开关着火时，可用干燥的黄砂盖住火焰，使火熄灭。

【030304019】变电站存在哪些火灾危险性？

答案：随着电力需求的日益增大，电网迅速发展，使得电力设备利用率越来越高，有的运行寿命过长或长期处于超负荷运行；变电站中存在大量高电压、大电流、高储能和易燃易爆设备，如变压器、电容器、电力电缆等，这些设备一旦发生起火事件，不仅仅会造成电力传输与使用的中断，影响电力供应能力，同时会造成巨大的经济损失。

火灾风险较大的部位主要有油浸式变压器、电缆夹层（电缆竖井、电缆沟）、开关柜、电容器、电抗器等。其中油浸式变压器、电缆夹层、电缆竖井、电缆沟等发生火灾的概率较小，但可燃物较多，一旦发生火灾，会对整个变电站造成致命伤害，甚至危及附近居民人身安全。

【030304020】变压器火灾发生的原因及特点是什么？

答案：（1）变压器起火的原因主要有套管故障、绕组短路、铁芯局部过热、分接开关故障、接头故障、油箱故障、变压器油劣化、雷击过电压等。变压器火灾的主要表现形式如主变压器套管爆裂、主变压器油箱本体局部爆裂、主变压器油箱本体全部爆裂等。

（2）变压器内部故障时，变压器油的温度在短时间内快速上升，产生过量的气体来不及被变压器油溶解。一旦变压器的器身有薄弱部位将成破裂口，使变压器油及产生的可燃气体的混合物与空气摩擦接触后，产生火焰或爆炸。变压器火灾的主要特点有流淌火、喷射火、油盘火相结合，变压器油热值高、易复燃。

【030304021】变电站火灾应急处置的一般流程是怎样的？

答案：（1）运维班当班人员、接调控中心人员火警信息后，应通过变电站视频监视系统、变电站综合自动化等辅助手段进行综合研判，并向有关领导进行火情信息初汇报。

（2）携带正压式呼吸器及个人防护用品赶赴火灾事发现场。

（3）通知消防技术服务机构、物业人员等相关外协单位携带必要的器具赶往火灾事发现场协助处置。

（4）运维人员到达现场后，应按照"火灾报警主机—查明着火点—固定灭火装置启动情况（主变压器起火）—汇报相关人员及报警—隔离操作—组织灭火"的流程开展消防应急处置工作。

（5）向当值调度、有关领导做详细汇报，并拨打 119 火灾报警电话。

（6）报警时应详细准确提供火灾地点、火势情况、着火的设备类型、燃烧物和大约数量和范围、消防车类型及补水车等需求，以及报警人姓名和电话号码等详细信息。

（7）按照当值调度员指令停电隔离着火设备及受威胁的相邻设备，必要时可先停电隔离后再汇报。

（8）使用消防沙、灭火器等灭火器开展初起火灾扑救。

（9）根据现场火情，通知相关单位携增援装备赴现场。

（10）设立安全围栏（网），明确实施灭火行动的区域。

（11）若火势无法控制，现场负责人应组织人员撤至安全区域，防止设备爆炸、建筑倒塌等次生灾害。

（12）现场运维人员引导政府消防队进入现场，并协助其开展灭火工作。

（13）消防维保人员、物业人员在现场运维人员的指挥下设立警戒线，划定管制区，阻止无关人员进入。

（14）配置有变压器固定自动灭火系统的变电站，系统应设置自动运行状态。

【030304022】对高处作业人员的要求有哪些?

答案：（1）凡参加高处作业的人员，应每年进行一次体检。高处作业人员必须身体健康，患有精神病、癫痫病及经医师鉴定患有高血压、心脏病等不宜从事高处作业病症的人员，不准参与高处作业。

（2）凡发现工作人员有饮酒、精神不振时，禁止高处作业。

（3）高处作业人员必须注意力集中，作业过程中不准吸烟、开玩笑、嬉闹。

【030304023】高处作业对工作环境的要求有哪些?

答案：（1）高处作业前，必须对周围的安全设施进行检查。周围如有孔洞、沟道等，应铺设盖板、安全网围栏并有固定其位置的措施。同时，应设置明显的安全标志，夜间还应设红灯示警。

（2）高处作业的平台、走道、斜道等应装设 1050～1200mm 高的硬质防护栏杆，并在栏杆内侧设 180mm 高的侧板，以防坠物伤人。

（3）在夜间或光线不足的地方进行高处作业，必须安装足够的照明。

（4）壁、陡坡的场地或人行道上的冰雪、碎石、泥土应经常清理，靠外面一侧应设 1050～1200mm 高的栏杆。在栏杆内侧设 180mm 高的侧板，以防坠物伤人。

（5）当临时高处行走区域不能装设防护栏杆时，应设置 1050mm 高的安全水平扶绳，且每隔 2m 应设一个固定支撑点。

（6）需要上、下层同时进行工作时，中间必须搭设严密牢固的防护隔板、罩棚或其他隔离设施。

【030304024】高处作业对气象条件的要求有哪些？

答案：（1）低温或高温环境下作业，应采取保暖或防暑降温措施，且作业时间不宜过长。当气温低于−5℃进行露天高处作业时，施工场所应设置取暖休息室。当气温高于 35℃进行露天高处作业时，施工场所应设置凉棚并配置防暑降温设施。

（2）遇 6 级及以上的大风及暴雨、打雷、冰雹、大雾、沙尘暴等恶劣天气，应停止露天高处作业。

【030304025】高处作业人身伤害事故紧急救护的注意事项有哪些？

答案：（1）突发高处作业人身伤害事故时，现场作业负责人要保持冷静，要积极组织抢救，排除险情，防止事故扩大，保护好事故现场，并且以最快的通信方式向本单位突发事件应急抢险指挥部报告。

（2）高处坠落人员有时虽无外伤，但可能伤及头部或内脏，物体打击头部、挤伤胸腹部、伤及眼部可能无严重外伤出血，但有可能伤及内部。因此，无论高处坠落人员和受物体打击人员落地后伤势如何，即便落地后能立即站起来行走也不能掉以轻心，要立即送医院做进一步检查。

（3）现场作业负责人应立即组织发生高处坠落和物体打击事故区域内的施工人员及其他人员全部撤离事故现场，安排现场保卫人员保护现场，以供事后分析原因，确定责任人。

（4）要迅速查清发生高处坠落地点、物体打击发生点和人员被击伤时的位置，并画出坐标或拍照，现场取证封存致人伤害的坠落物、击伤物。

【030304026】危化品事故的类型有哪些？

答案：① 危化品火灾事故；② 危化品爆炸事故；③ 危化品中毒和窒息事故；④ 危化品灼伤事故；⑤ 危化品泄漏事故；⑥ 其他危化品事故。

【030304027】预防危化品火灾与爆炸事故的基本措施有哪些？

答案：（1）控制可燃物。存放有火灾、爆炸危险物质的库房，采用耐火建筑，阻止火焰蔓延；降低可燃气体、蒸汽和粉尘在库区内的浓度，使之不超过最高允许浓度；凡是性质能相互作用的物品，分开存放。

（2）隔绝空气。隔绝空气储存一些化学易燃物品，如钠存于煤油中，磷存于水中，二硫化碳用水封闭存放等。

（3）清除着火源。采取隔离火源、控温、接地、避雷、安装防爆灯、遮挡阳光等，防止可燃物遇明火或温度增高而起火。

【030304028】消防防化服的使用方法是什么？

答案：（1）先撑开服装的颈口、胸襟，两脚伸进裤子内，将裤子提至腰部，再将两臂伸进两袖，并将内袖口环套在拇指上。

（2）将上衣护胸布折叠后，拉过胸襟布盖严，然后将前胸白扣扣牢。

（3）将腰带收紧后扣牢。

（4）戴好消防面具后再将头罩罩在头上，并将颈扣带扣好。

（5）戴上手套，将内袖压入手套里。

【030304029】消防防化服的使用注意事项有哪些？

答案：（1）消防防化服不得与火焰及熔化物直接接触。

（2）使用消防防化服前必须认真检查服装有无破损，如有破损，严禁使用。

（3）使用时，必须注意头罩与面具的面罩紧密配合，颈扣带、胸部的大白扣必须扣紧，以保证颈部、胸部气密。腰带必须收紧，以减少运动时的"风箱效应"。

（4）每次使用后，根据脏污情况用肥皂水或 0.5%～1% 的碳酸钠水溶液洗涤，然后用清水冲洗，放在阴凉通风处，晾干后包装。

（5）折叠消防防化服时，将头罩开口向上铺于地面。折回头罩、颈扣带及两袖，再将服装纵折，左右重合，两靴尖朝外一侧，将手套放在中部，靴底相对卷成以卷，横向放入防化服包装袋内。

（6）消防防化服在保存期间严禁受热及阳光照射，不许接触活性化学物质及各种油类。

【030304030】危化品事故应急救援的基本原则是什么？

答案：（1）控制危险源。及时控制造成事故的危险源是应急救援工作的首要任务。只有及时控制住危险源，防止事故的继续扩展，才能及时、有效地进行救援。

（2）抢救受害人员。抢救受害人员是应急救援的重要任务。在应急救援行动中，及时、有序、有效地实施现场急救与安全转送伤员是降低伤亡率、减少事故损失的关键。

（3）撤离。由于危化品事故发生突然、扩散迅速、涉及面广、危害大，应及时指导和协助群众采取各种措施进行自身防护，并向上风向迅速撤离出危险区或可能受到危害的区域。在撤离过程中应积极听从指挥，协助组织群众开展自救和互救工作。做好现场清理，消除危害后果。对事故外溢的有害物质和可能对人体和环境继续造成危害的物质，应及时和有关人员一起予以清除，消除其危害，防止对人体的继续危害和对环境的污染。

【030304031】危化品火灾的救火要求是什么？

答案：（1）针对危化品火灾的火势发展蔓延快和燃烧面积大的特点，积极采取统一指挥、以快制快，堵截火势、防止蔓延，重点突破、排除险情，分割包围、速战速决的灭火战术，先控制、后消灭。

（2）扑救人员应站在上风或侧风位置灭火。

（3）进行火情侦察、火灾扑救、火场疏散人员应有针对性地采取自我防护措施，如佩戴防护面具、穿戴专用防护服等。

（4）火灾扑灭后，仍然要派人监护现场，消灭余火。对于可燃气体没有完全清除的火灾，应在上、中、下不同层面保留火种，直到介质完全烧尽。

（5）火灾单位应当保护现场，接受事故调查，协助公安部门调查火灾原因，核定火灾损失，查明火灾责任，未经公安消防部门许可，不得擅自清理火灾现场。

【030304032】危化品火灾爆炸事故应急救援的一般要求有哪些？

答案：（1）应迅速查明燃烧范围、燃烧物品及其周围物品的品名和主要危险特性、火势蔓延的主要途径，燃烧的危化品及燃烧产物是否有毒。

（2）正确选择最适合的灭火剂和灭火方法。火势较大时，应先堵截火势蔓延，控制燃烧范围，然后逐步扑灭火势。

（3）对有可能发生爆炸、爆裂、喷溅等特别危险需紧急撤退的情况，应按照统一的撤退信号和撤退方法及时撤退。撤退信号应格外醒目，能使现场所有人员都看到或听到，并应经常演练。

【030304033】危化品泄漏事故应急救援的一般要求有哪些？

答案：（1）进入现场救援人员必须配备必要的个人防护器具。

（2）如果泄漏物是易燃易爆介质，事故中心区域应严禁火种、切断电源，禁止车辆进入，立即在边界设置警戒线。根据事故情况和事态发展，确定事故波及区人员的撤离。

（3）如果泄漏物是有毒介质，应使用专用防护服和隔离式空气呼吸器。为了在现场能正确使用和适应，平时应进行严格的适应性训练。根据不同介质和泄漏量确定夜间和日间疏散距离，立即在事故中心区边界设置警戒线。根据事故情况和事态发展，确定事故波及区人员的撤离。

（4）应急处理时严禁单独行动，严格按专家组制定的方案执行。

【030304034】危化品泄漏物应如何处理？

答案：（1）筑堤堵截。筑堤堵截泄漏的液体或者将泄漏的液体引流到安全地点。若贮罐区发生液体泄漏时，要及时关闭堤内和堤外雨水阀，防止物料沿阴沟外溢。

（2）稀释与覆盖。向有害物蒸气喷射雾状水或能抑制物性的中和介质，加速气体溶解稀释和沉降落地；对于可燃物，可采用断链和覆盖窒息的方法，以破坏燃烧条件；对于液体泄漏，为降低物料向大气中的蒸发速度，根据物料的相对密度及饱和蒸气压力大小确定用干粉中止链式反应、泡沫（或抗溶性泡沫）或其他覆盖物品覆盖外泄的物料，在其表面形成覆盖层，抑制其蒸发。

（3）收容（集）。对于大型容器和管道泄漏，可选择用隔膜泵将泄漏出的物料抽入容器内或槽车内的方法；当泄漏量小时，可用沙子、吸附材料、中和材料等吸收中和。

（4）废弃。将收集的泄漏物运至废物处理场所处置；用消防水冲洗剩下的少量物料，冲洗水排入污水系统处理。

【030304035】常用的物理洗消法有哪些？

答案：利用风吹、日晒、雨淋等自然条件，使危化品自行蒸发散失及被水解，使危化品逐渐降低毒性或被逐渐破坏而失去毒性，也可用水浸泡蒸煮沸或直接用大量的水冲洗染毒物体。还可利用棉纱、纱布等浸以汽油、煤油和酒精等溶剂，将染毒物体表面的危化品溶解擦洗掉。对液体及固体污染源采用封闭掩埋或将危化品移走的方法，但掩埋必须添加大量的漂白粉。

【030304036】危化品事故洗消的范围是什么？

答案：危化品事故洗消的范围包括在救援行动情况许可时，对受污染对象进行全面洗消，对所有从污染区出来的被救人员进行全面洗消，对所有从污染区出来的参战人员进行全面洗消，对所有从污染区出来的车辆和器材装备进行全面洗消，对整个事故区域进行全面洗消，还须对参战人员的防化服和战斗服和使用的防毒设施、检测仪器、设备进行洗消。

【030304037】什么是危化品事故化学洗消法？化学洗消法有哪几种？

答案：化学洗消法是利用洗消剂与毒源或染毒体发生化学反应，生成无毒或毒性很小的产物。它具有消毒彻底、对环境保护较好的特点，但要注意洗消剂与危化品的化学反应是否产生新的有毒物质，防止再次发生反应。化学洗消法主要有中和法、氧化还原法、催化法等。

【030304038】高温作业主要有哪几种类型？

答案：高温作业主要有高温、强热辐射作业，高温、高湿作业，夏季露天作业 3 种类型。

【030304039】如何做好高温作业人员的卫生保健工作？

答案：合理的卫生保健措施，可以改善高温作业人员的身体状况，提高工作效率，预防中暑和其他事故的发生，并减少高温对身体的远期影响。应对高温作业人员加强健康监护、加强个人防护、调整作息制度、合理供应保健饮料、加强营养。

【030304040】高温对人体的影响有哪些？

答案：（1）体温调节障碍。体温调节主要受气象条件和劳动强度两个因素的影响。在血液循环、汗液分泌和神经系统的作用下，体温一般可控制和保持在很小的波动范围内。不过，人体的体温调节能力是有一定限度的，当身体获热与产热大于散热时，就会使得体内蓄热量不断增加，以致体温明显升高。

（2）大量水盐丧失，可引起水盐代谢平衡紊乱，导致体内酸碱平衡和渗透压失调。

（3）心律脉搏加快，皮肤血管扩张及血管紧张度增加，加重心脏负担，血压下降。重体力劳动时，血压也可能增加。

（4）消化道血流量减少，唾液、胃液分泌减少，胃液酸度减低，淀粉酶活性下降，胃肠蠕动减弱，造成消化不良和其他胃肠道疾病增加。口渴引起饮水中枢兴奋也会抑制食欲。

（5）高温条件下人体的水分主要经汗腺排出，肾血流量和肾小球过滤率下降，排尿量显著减少，如不及时补充水分，可使尿液浓缩，肾脏负担加重，甚至可导致肾功能不全，尿中出现蛋白、红细胞等。

（6）神经系统可出现中枢神经系统抑制，注意力和肌肉的工作能力、动作的准确性和协调性及反应速度降低，容易发生工伤事故。

【030304041】如何改善高温作业人员的工作条件？

答案：（1）改革工艺过程，控制高温、热辐射的产生和影响，减轻劳动强度。

（2）合理布置和疏散热源。

（3）隔热。可以使用隔热材料、水和空气作为隔热层。

（4）通风降温。除自然通风外，机械通风可选择风扇、喷雾风扇、集中式全面或局部冷却送风系统等。

五、案例分析题

【030305001】2016年11月24日7时左右，江西省丰城市某电厂在建冷却塔施工平台发生倒塌事故。11月24日7时，事故幸存者王××等10多位工友就到达冷却塔内，进行零班与早班的交接。在他们头顶上方70多米的高处，搭建有施工平台，那里还有几十名工人。大概5min后，他们突然听到头顶上方有人大声喊叫，接着就看见上面的脚手架往下坠落，砸塌水塔和安全通道。在地面层工作的工人迅速往冷却塔外跑。短短十几分钟的时间内，整个施工平台完全坍塌下来。

江西省公安消防总队接到警情后，立即启动跨区域应急救援增援预案，一次性调集宜春、南昌、新余、吉安四个消防支队及总队全勤指挥部共277名消防指战员、43辆消防执勤车、10条消防搜救犬、12台生命探测仪、2架消防无人机参加现场救援。救援力量到场后，按照总指挥部统一部署，主要采取了4项措施展开救援行动：

（1）侦查了解，掌握灾情。迅速利用消防搜救犬、无人机、生命探测仪等装备设备对现场展开全面侦察探测，第一时间掌握了解灾情和被埋压人员情况，为救援行动提供决策依据。

（2）确定重点，全力搜救。对倒塌现场可能埋压人员的部位进行重点搜救，按照由浅入深、由易到难、先重点后一般、先重伤后轻伤的原则，采取搜救犬搜寻和仪器侦测、人工挖掘和工程设备相结合的方法，全力搜救被埋压人员。

（3）安全监护，严防次生灾害。对灾害现场进行科学评估，对隐患部位进行醒目标示，设置安全观察哨、规定紧急撤离信号和路线，确保救援人员的绝对安全，切实防止二次事故的发生。

（4）划分区域，分组作业。将救援现场划分为7个区域，每个区域配置两个救援组开展轮换救援作业，对已经搜救的区域及时标示，防止重复搜救，最大限度提高救援效率。

事故发生后，经国务院调查组查明，冷却塔施工单位施工现场管理混乱，未按要求制定拆模作业管理控制措施，对拆模工序管理失控。事发当日，在7号冷却塔第50节筒壁混凝土强度不足的情况下，违规拆除模板，致使筒壁混凝土失去模板支护，不足以承受上部荷载，造成第50节及以上筒壁混凝土和模架体系连续倾塌坠落。

调查组认定，工程总承包单位对施工方案审查不严，对分包施工单位缺乏有效管控，未发现和制止施工单位项目部违规拆模等行为。其上级公司未有效督促其认真执行安全生产法规标准。监理单位未按照规定要求细化监理措施，对拆模工序等风险控制点失管失控，未纠正施工单位违规拆模行为。其上级公司对其安全质量工作中存在的问题督促检查不力。建设单位及其上级公司未按规定组织对工期调整的安全影响进行论证和评估；项目建设组织管理混乱。违规使用建设单位人员组建工程质量监督项目站，未能及时发现和纠正压缩合理工期等问题。电力安全监管机构履行电力工程质量安全监督职责存在薄弱环节，对电力工程质量监督总站的问题失察。地方政府及其相关职能部门违规同意及批复设立混凝土搅拌站，对违法建设、生产和销售预拌混凝土的行为失察。

根据上述案例，结合高处作业安全事故的特点，请回答以下问答：

（1）冷却塔施工平台作业属于哪一类高处作业？

（2）本次事故造成大量人员伤亡的类型主要是什么？

（3）按损失程度分类，本次事故等级属于哪一类？

（4）高处作业人身伤害事故紧急救护注意事项有哪些？

参考答案

（1）符合以下情况的高处作业为特殊高处作业：① 在作业基准面30m（含30m）以上的高处作业；② 高温或低温、雨雪天气、夜间、接近或接触带电体、无立足点或无牢靠立足点、突发灾害抢救、有限空间内等环境进行的高处作业；③ 在排放有毒、有害气体和粉尘超出允许浓度的场所进行的高处作业。因此，冷却塔施工平台作业属于特殊高处作业。

（2）本次事故的主要原因是，在7号冷却塔第50节筒壁混凝土强度不足的情况下，违规拆除模板，致使筒壁混凝土失去模板支护，不足以承受上部荷载，造成第50节及以上筒壁混凝土和模架体系连续倾塌坠落。因此，造成人员伤亡的主要是人员高处坠落和物体打击。

（3）根据《生产安全事故报告和调查处理条例》（国务院493号令）规定，按损失程度将事故分为四个等级，其中，特别重大事故是指造成30人以上死亡，或者100人以上重伤（包括急性工业中毒），或者1亿元以上直接经济损失的事故。因此，本次事故属于特别重大事故。

（4）高处作业人身伤害事故紧急救护注意事项有：

1）突发高处坠落和物体打击事故时，现场应急突发事故抢险组织负责人要保持冷静，切不可慌乱，要积极组织抢救，排除险情防止事故扩大，保护好事故现场，并且以最快的通信方法由对外联络组向公司突发事件应急抢险指挥部报告。

2）对坠落的人员要认真对待，物体打击头部及挤伤胸腹部、眼部有时可能无严重外伤出血，但有可能伤其内部，所以对高处坠落和物体打击受伤人员，不论当时伤势如何，即便落地后能立即起来行走也不能掉以轻心，要立即送医院做进一步检查。

3）现场突发事件应急抢险组织负责人立即组织将发生坠落和物体打击事故区域内施工的人员全部撤离事故现场，安排现场保卫组保护现场，以供事后分析原因，确定责任人。

4）善后处理组迅速查清发生人员坠落地点以及物体打击发生点和人员击伤时的位置，并划出标或照相，对致人伤害的坠落物、击伤物现场取证封存。

【030305002】某年 8 月 26 日 6 时 45 分，位于广西宜州市城西开发区的广西维尼纶集团有限责任公司有机车间由于乙炔气体泄漏发生爆炸事故（广西"8.26"广维集团爆炸事故），现场 5 个工段全都爆炸起火，爆炸中约 1200t 化工原料（甲醇、醋酸、醋酸乙烯酯）被燃烧或随消防水通过排污口进入环境。厂区排污口距离龙江河约 1km，距离河池与柳州两市河流交接断面约 30km。事故发生后，主要采取了以下应急处置措施：

（1）及时启动突发环境事件应急预案，决策科学果断。根据事故情况，河池市市委、市政府立即组织市消防、安监、环保及西乡塘区政府等有关部门在第一时间赶到现场，开展处置工作。同时立即启动应急预案，成立了市委书记、市长担任总指挥长的救援指挥部，统一协调指挥、组织开展消除事故现场污染隐患、处置水污染物，下设现场救援组、医疗救护组、环境监测组等 10 个工作组，全面迅速展开救援工作。当地环保部门启动突发环境事件预案，组成了由河池市纪委书记任组长的环境应急监测组。环境监测中心站领导及应急人员赶赴现场，调度监测力量开展监测工作，并迅速通知了相邻近的柳州、桂林两市监测站做好应急准备，随时支援。

（2）迅速疏散现场群众，确保下游居民饮水安全。现场指挥部于当日上午 8 时 40 分发出了关于疏散广西维尼纶集团公司 5km 范围内人员的第 1 号通告，确保了广西维尼纶集团公司周边居民及内部员工的生命安全。上午 11 时 10 分，工作组发出第 2 号通告，禁止饮用龙江河下游广西维尼纶集团公司以下龙江河水，并通知龙江河段内的各网箱养鱼户搬迁至安全河段，同时与柳州市柳城县环保局联系，告知事故严重情况，通知做好下游群众的饮水安全等保护工作。由于通报及时，龙江河下游沿岸居民已停止饮用龙江水，另外调用其他（非龙江水源）饮用水解决居民饮水问题。

（3）对受污染水体和大气开展应急监测与处置。

1）对受污染水体和大气开展应急监测。爆炸发生后，当地消防部门大量用水灭火，而广西维尼纶集团公司有机分厂应急池因故障未能正常运行，且未修建应急日堰，致使部分化工原料随消防用水通过该厂总排污口进入龙江河。现场指挥部立即要求环境应急监测组在总排污口和龙江河沿河下游设置了5个固定点位和1个游动监测小组开展水质应急监测，随时跟踪监测空气质量，为现场指挥部决策提供了有力支持。

2）设置吸附拦截坝减轻泄漏污染物对水体的污染。广维集团有机分厂在事故发生后第一时间切断了生产、生活水源，减轻了向龙江河的排污量。为了避免消防用水引起的二次污染，将废水直接抽到新建未投入使用的污水处理池存放；在排污沟下游用角钢、木料打桩，先后修筑四道坝，投放 14.1t 活性炭吸附废水中污染物。

（4）做好善后事宜，确保不留隐患。事故发生后，现场指挥部安排了100多名防化专业人员，清点核查厂区内易爆有毒物品，并有序组织此类物品的安全转移工作，防止新的爆炸事件发生，其中危害性较大的液氯被及时转移至南宁化工厂，有效避免了事故的恶化。针对消防部门灭火需要大量用水，而现场应急池出现故障且无应急围堰的情况。华南环保督查中心工作组现场提出对爆炸灭火应少用水，多用泡沫灭火的措施，以减轻对下游龙江河的影响。至 8 月 27 日，火灾已被扑灭，但由于厂区内储罐温度较高，存在燃烧隐患，需要冲水降温。针对此情况，现场指挥部一方面决定在确保安全部的情况下尽可能减少用水，一方面抓紧时间修建应急围堰，恢复应急池正常使用以暂时贮存消防废水，避免污染物直接进入龙江。经过当地环保部门连日监测，龙江河水质未出现异常。

上述案例是一个成功的危化品爆炸事故应急救援案例，根据该案例的描述，请回答以下问题：

（1）甲醇的主要物理性质有哪些？它对人体有哪些危害？

（2）甲醇等毒性液体泄漏应如何处置？

（3）画图说明危化品事故的初始隔离区与疏散区。

参考答案

（1）甲醇是一种无色、透明、易燃、易挥发的有毒液体，略有酒精气味。遇热、明火或氧化剂易燃烧。甲醇有较强的毒性，对人体的神经系统和血液系统影响最大，它经消化道、呼吸道或皮肤摄入都会产生毒性反应，甲醇蒸气能损害人的呼吸道黏膜和视力。

（2）对甲醇等毒性液体的泄漏处置需要采取的措施为迅速撤离泄漏区人员至上风处，禁止无关人员进入污染区，切断火源，在确保安全的情况下堵漏。喷水雾以减少甲醇蒸发，用沙土、干燥石灰混合，然后使用无火花工具收集运至废物处理场所；也可以用大量水冲洗，经稀释的洗水放入废水系统。大量泄漏应建围堤收容，然后收集、转移、回收或无害处理后废弃。

（3）危化品事故的初始隔离区是指发生事故时公众生命可能受到威胁的区域，是以泄漏源为中心的一个圆周区域，如图 3-3-1 所示。圆周的半径即为初始隔离距离。该区只允许少数消防特勤官兵和抢险队伍进入。初始隔离距离适用于泄漏后最初 30min 内或污染范围不明的情况。

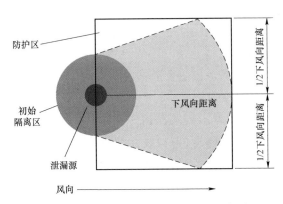

图 3-3-1　初始隔离区与疏散区示意图

疏散区是指下风向有害气体、蒸气、烟雾或粉尘可能影响的区域，是泄漏源下风方向的正方形区域，正方形的边长即为下风向疏散距离。该区域内如果不进行防护，则可能使人致残或产生严重的或不可逆的健康危害，应疏散公众，禁止未防护人员进入或停留。如果就地保护比疏散更安全，可考虑采取就地保护措施。

【030305003】兴安煤矿重大火灾事故。

某年 2 月 2 日，河南省渑池县天池镇兴安煤矿井下发生特大火灾事故，造成 24 人死亡，1 人受伤。事故发生后，该矿蓄意隐瞒事故，只上报死亡 7 人。经调查分析，有关方面认定这是一起责任事故。兴安煤矿原矿长、生产矿长、安全矿长 3 人在兴安煤矿发生重大火灾安全事故后，不报、谎报事故情况，贻误抢救时机，造成了严重后果。同时，他们在未取得采矿许可证的情况下，擅自开采，被责令停止开采后拒不停止，破坏矿产资源价值 100 余万元。据此，司法机关以涉嫌重大劳动安全事故罪，不报、谎报安全事故罪等罪名，对 5 人依法追究刑事责任；有关行政机关做出吊销其矿长资格证和矿长安全资格证的行政处罚，同时对实际控制人原矿长和生产矿长各罚款 20 万元，对安全矿长、技术矿长、机电矿长各罚款 5 万元。

根据《中华人民共和国突发事件应对法》的规定，请回答下列问题：

（1）发生突发性安全事故后，不报、谎报事故情况应承担什么责任？

（2）该事故中对相关人员的责任追究有无法律依据？

参考答案

（1）《中华人民共和国突发事件应对法》规定，迟报、谎报、瞒报、漏报有关突发事件的信息，或者通报、报送、公布虚假信息造成后果的，根据情节对直接负责的主管人员和其他直接责任人员依法给予处分。在该事故中，不报、谎报行为造成严重后果，情节恶劣，还应根据国务院的《生产安全事故报告和调查处理条例》追究行政和刑事责任。

（2）有法律依据。《中华人民共和国突发事件应对法》规定，未及时消除已发现的可能引发突发事件的隐患，导致发生严重突发事件的，可以给予停产停业，暂扣或者吊销许可证或者营业执照，并处五万元以上二十万元以下的罚款；构成违反治安管理行为的，由公安机关依法给予处罚；给他人人身、财产造成损害的，应当依法承担民事责任；构成犯罪的，依法追究刑事责任。另外，《中华人民共和国矿山安全法》《中华人民共和国煤炭法》《生产安全事故报告和调查处理条例》等法律法规也规定了相应的行政、民事和刑事责任。

【030305004】某博物馆占地面积 8.0hm²，地上 4 层，地下 1 层，建筑高度 28.30m，属于大型多层建筑。该博物馆为钢筋混凝土框架结构，耐火等级为一级。地下一层主要功能为文物出入区及博物馆辅助用房、会议室等，其中地下一层有

一个防火分区与首层中庭景观水池连通，火灾时利用防火卷帘与其他分区分隔；地上一层主要功能为门厅、共享中庭、临时展厅、文博书店、茶座、贵宾接待厅等；地上二层为常设展厅；地上三层为网络机房、多媒体教育、图书资料等；地上四层为文物修复、考古标本库、办公区等。

该博物馆设有室内外消火栓给水系统、自动喷水灭火系统、超细干粉灭火系统、气体灭火系统、防烟排烟系统、火灾自动报警系统、消防应急照明和消防疏散指示标志及建筑灭火器等消防设施。

根据以上材料，回答下列问题：

（1）建筑灭火器的设置应遵循哪些规定？

（2）消防应急照明灯具的安装要求包括哪些？

（3）消防应急标志灯具和消防应急照明灯具的调试应满足的要求有哪些？

（4）简述干粉灭火系统的适用范围。

（5）消防控制室的设备布置要求包括哪些？

参考答案

（1）建筑灭火器的设置应遵循以下规定：

1）灭火器不应设置在不易被发现和黑暗的地点，且不得影响安全疏散。

2）对有视线障碍的灭火器设置点，应设置指示其位置的发光标志。

3）灭火器的摆放应稳固，其铭牌应朝外。手提式灭火器宜设置在灭火器箱内或挂钩、托架上，其顶部离地面高度不应大于1.50m；底部离地面高度不宜小于0.08m。灭火器箱不应上锁。

4）灭火器不应设置在潮湿或强腐蚀性的地点，当必须设置时，应有相应的保护措施。当灭火器设置在室外时，应有相应的保护措施。

5）灭火器不得设置在超出其使用温度范围的地点。

（2）消防应急照明灯具的安装要求包括：

1）消防应急照明灯具应均匀布置。

2）在侧面墙上顶部安装时，其底部距地面距离不得低于2m，在距地面1m以下侧面墙上安装时，应采用嵌入式安装。

（3）消防应急标志灯具和消防应急照明灯具的调试应满足的要求有：

1）采用目测的方法检查消防应急标志灯具安装位置和标志信息上的箭头指示方向是否与实际疏散方向相符。

2）在黑暗条件下，使照明灯具转入应急状态，用照度计测量地面的最低水平照度，该照度值应符合设计要求。

3）操作试验按钮或其他试验装置，消防应急灯具应转入应急工作状态。

4）断开连续充电 24h 的消防应急灯具电源，使消防应急灯具转入应急工作状态，同时用秒表开始计时；消防应急灯具主电指示灯应处于非点亮状态，应急工作时间应不小于本身标称的应急工作时间。

5）使顺序闪亮形成导向光流的标志灯具转入应急工作状态，目测其光流导向应与设计的疏散方向相同。

6）使有语音指示的标志灯具转入应急工作状态，其语音应与设计相符。

7）逐个切断各区域应急照明配电箱或应急照明集中电源的分配电装置，该配电箱或分配电装置供电的消防应急灯具应在 5s 内转入应急工作状态。

8）受火灾自动报警系统控制的消防应急照明和疏散指示系统，输入联动控制信号，系统内的消防应急灯具应在 5s 内转入与联动控制信号相对应的工作状态，并应发出联动反馈信号；对于设计有手动控制功能的系统，操作手动控制机构，使系统转入应急工作状态，相应的消防应急灯具应在 5s 内转入应急工作状态。

（4）干粉灭火系统的适用范围包括：① 灭火前可切断气源的气体火灾；② 易燃、可燃液体和可熔化固体火灾；③ 可燃固体表面火灾；④ 带电设备火灾。

（5）消防控制室的设备布置要求包括：

1）消防控制室内设备面盘前的操作距离，单列布置时不应小于 1.5m。

2）双列布置时不应小于 2m。

3）在值班人员经常工作的一面，设备面盘至墙的距离不应小于 3m。

4）设备面盘后的维修距离不宜小于 1m。

5）设备面盘的排列长度大于 4m 时，其两端应设置宽度不小于 1m 的通道。

6）在与建筑其他弱电系统合用的消防控制室内，消防设备应集中设置，并应与其他设备之间有明显的间隔。

课 题 四

电网常见社会安全事件与公共卫生
事件应急处置与救援

一、单选题

【030401001】(　　　)是指对经济建设、人民生活、社会稳定产生重大影响的电力服务事件（如涉及重要电力客户的停电事件、新闻媒体曝光并产生重要影响的停电事件或供电服务质量事件、客户对供电服务集体投诉事件和其他严重损害电网企业形象的服务事件等），以及因能源供应紧张造成的发电能力下降从而导致电网出现电力短缺的事件等。

（A）电力服务事件；　　　　　（B）涉外突发事件；

（C）突发公共卫生事件；　　　　（D）重要电力保障工作。

答案：A

【030401002】电网企业电力服务事件处置领导小组或相关领导（未成立电力服务事件处置领导小组时）根据事件危害程度和社会影响等综合因素，按照事件分级条件，决定是否调整应急(　　　)。

（A）处置级别；　　（B）预警级别；　　（C）响应级别；　　（D）行动级别。

答案：C

【030401003】(　　　)是电网企业针对用电客户在举办重大活动或事项时所提供的专项供电可靠性工作，以确保用电客户在重要活动或事项中能够获得稳定、可靠的电力供应。

（A）电力服务事件；　　　　　（B）涉外突发事件；

（C）突发公共卫生事件；　　　　（D）重要电力保障工作。

答案：D

【030401004】电网企业电力服务事件应急处置的首要任务是(　　　)。

（A）确保安全稳定的电力供应；

（B）减小电网企业的经济损失；

（C）保障高危及重要电力客户的安全用电；

（D）保障人民群众的生命财产安全。

答案：D

【030401005】电网企业重要保电事件（客户侧）应急处置的首要任务是（　　）。

（A）保障重要电力客户的可靠用电；　（B）保障客户可靠用电；

（C）减小电网企业的经济损失；　　　（D）保障人民群众的生命财产安全。

答案：B

【030401006】电网企业电力服务事件得预警信息内容不包括（　　）。

（A）预警期；　（B）信息来源；　（C）地点；　（D）时间。

答案：A

【030401007】电网企业重要保电事件（客户侧）风险预警信息内容不包括（　　）。

（A）预警期；　（B）预警级别；　（C）警示事项；　（D）信息来源。

答案：D

【030401008】下列不属于电网企业重要保电事件（客户侧）应急响应行动的是（　　）。

（A）响应单位成立应急处置领导小组和客户侧应急处置指挥部，按照本单位预案规定开展应急救援、抢修恢复工作；

（B）启用应急指挥中心，开展应急值班、信息汇总和报送工作，及时向上级应急办和专业职能部门汇报，做好信息披露工作；

（C）各部门按照处置原则和部门职责开展应急处置工作；

（D）应急处置办公室协调各部门开展客户侧应急处置工作。

答案：C

【030401009】电网企业涉外突发事件应急工作的出发点和落脚点是（　　）。

（A）严格遵守国家保密规定和外事纪律，保守商业秘密；

（B）切实维护人员的生命和财产安全；

（C）预防与应急、常态与非常态相结合；

（D）保障客户可靠用电。

答案：B

【030401010】下列不属于电网企业涉外突发事件应急响应行动的是（　　）。

（A）涉外应急办与政府有关部门联系沟通，报送事件信息；

（B）涉外应急办协助开展相关信息对外披露工作；

（C）各部门按照处置原则和部门职责开展应急处置工作；

（D）立即组织对伤病人员进行救治，联系相关医院及时转诊。

答案：D

【030401011】对于电网企业内部突发卫生事件，要做到（　　　）。

（A）早发现、早报告、早预防、早处置；

（B）早发现、早报告、早控制、早处置；

（C）早发现、早报告、早治疗、早处置；

（D）早发现、早预防、早控制、早处置。

答案：B

【030401012】电网企业要按照（　　　）的要求，开展突发卫生事件的预防和处置工作。

（A）分级负责、属地管理、综合协调；

（B）分级负责、统一领导、综合治理；

（C）分级负责、属地管理、协同应对；

（D）各负其责、属地管理、综合治理。

答案：A

【030401013】电网企业突发公共卫生事件应急处置的首要任务是（　　　）。

（A）保障客户可靠用电；

（B）保障人民群众和员工的生命财产安全；

（C）减小电网企业的经济损失；

（D）严格遵守国家保密规定和外事纪律，保守商业秘密。

答案：B

【030401014】下列不属于电网企业内部突发卫生事件的应急响应行动措施的是（　　　）。

（A）控制员工到疫区出差，直至禁止，员工外出返回后进行必要的隔离和检查；

（B）立即组织对伤病人员进行救治，联系相关医院及时转诊；

（C）对可能感染员工进行必要的检查，发现异常情况及时诊治和上报；

（D）对事件危险源进行隔离，防止事件扩大。

答案：A

【030401015】下列不属于电网企业外部突发卫生事件的应急响应行动措施的

是（　　）。

（A）配备必要的防治药品，提高员工免疫能力；

（B）控制事发区域车辆、人员出入，并采取必要的检测、消毒措施；

（C）控制员工到疫区出差，直至禁止，员工外出返回后进行必要的隔离和检查；

（D）控制集体活动的次数、规模，直至禁止。

答案：B

二、多选题

【030402001】下列属于电网企业电力服务事件应急处置基本原则的是（　　）。

（A）以人为本，减少危害；　　（B）居安思危、预防为主；

（C）快速反应、协同应对；　　（D）统一领导、分级负责。

答案：ABCD

【030402002】下列属于电网企业电力服务事件预警行动的是（　　）。

（A）做好成立服务事件专项处置领导小组及指挥部的准备工作；

（B）及时了解事件发展状态，采取有效措施防止事件扩大；

（C）及时收集相关信息并报告上级应急办公室，做好应急新闻披露准备；

（D）有关职能管理部门主动与政府有关部门联系沟通，通报信息、开展相关工作。

答案：ABC

【030402003】下列属于电网企业重要保电事件（客户侧）应急处置基本原则的是（　　）。

（A）以人为本，减少危害；　　（B）居安思危、预防为主；

（C）快速反应、协同应对；　　（D）统一领导、分级负责。

答案：BCD

【030402004】下列属于电网企业重要保电事件（客户侧）风险监测的方法和信息收集渠道的是（　　）。

（A）电网企业应密切注意政府发布的重要活动、特殊时期或突发事件等信息，掌握重要保电事件（客户侧）风险有关信息，及时上报上级相关职能部门及应急办；

（B）电网企业利用技术监测手段或其他手段，对重要保电事件（客户侧）风险进行预测分析，及时上报上级相关职能部门及应急办；

（C）电网企业应急办、职能部门及下属各单位应与政府有关部门建立相应的重要保电事件（客户侧）风险监测预报预警联动机制，实现相关信息的实时共享；

（D）95598、营业厅等服务渠道发现的异常情况。

答案：ABC

【030402005】下列属于电网企业重要保电事件（客户侧）预警行动的是（　　）。

（A）及时了解事件发展状态，采取有效措施防止事件扩大；

（B）做好成立重要保电事件（客户侧）应急处置领导小组和客户侧应急处置指挥部的准备工作；

（C）启动应急值班，及时收集相关信息并报告上级应急办，做好信息披露准备；

（D）组织协调应急队伍、应急电源和应急物资，做好异常情况处置准备工作。

答案：BCD

【030402006】下列属于电网企业重要保电事件（客户侧）先期处理的措施是（　　）。

（A）各职能部门布置重要保电事件（客户侧）应急处置各项前期准备工作；

（B）有关职能部门组织、指挥、调度相关应急力量，保证客户用电可靠；

（C）有关职能部门主动与政府有关部门联系沟通，通报信息，完成相关工作；

（D）启用应急指挥中心，开展应急值班、信息汇总和报送工作，及时向上级应急办和专业职能部门汇报，做好信息披露工作。

答案：ABC

【030402007】与电网企业相关的涉外突发事件包括（　　）。

（A）境外涉我事件；　　　　　　（B）商业秘密泄露事件；

（C）境内涉外事件；　　　　　　（D）恐怖主义袭击事件。

答案：AC

【030402008】当满足下列（　　）条件下之一时，终止电网企业涉外突发事件应急响应。

（A）电网企业职责范围内的各项事宜全部处理完毕；

（B）威胁因素消除；

（C）涉外机构和人员已被成功救援并处于安全状态；

（D）事态已平息，或者事件从应急转为常态。

答案：ABCD

【030402009】电网企业公共卫生事件按照事件发现源头分为（　　　）。

（A）电网企业内部卫生事件；　　　（B）电网企业外部卫生事件；

（C）传染病疫情事件；　　　　　　（D）食物中毒事件。

答案： AB

【030402010】下列属于电网企业内部卫生事件的危险源的是（　　　）。

（A）食物、水源等受到污染；　　　（B）生活、办公环境受到污染；

（C）电网企业外部传染性疾病输入；（D）社会发生的重大传染病疫情。

答案： ABC

【030402011】电网企业公共卫生事件预警信息内容包括公共卫生事件的（　　　）等。

（A）预警期；　　　　　　　　　　（B）警示事项；

（C）应采取的措施；　　　　　　　（D）预警级别。

答案： ABCD

【030402012】下列属于电网企业内部公共卫生事件的先期处置措施的是（　　　）。

（A）对内部公共卫生事件，事发单位在做好信息报告的同时，要启动响应措施，立即组织本单位应急救援队伍和工作人员营救受伤害人员，疏散、撤离、安置受到威胁的人员；

（B）根据卫生行政部门的要求，按照响应级别进行预防、预控工作；

（C）控制危险源，标明危险区域，封锁危险场所，采取其他防止危害扩大的必要措施；

（D）向所在地人民政府和卫生行政部门报告。

答案： ACD

【030402013】下列属于电网企业外部公共卫生事件的应急响应行动措施的是（　　　）。

（A）及时启动预警响应并进行必要的宣传、教育，提高员工的自我防护意识和防护能力；

（B）配备必要的防治药品，提高员工免疫能力；

（C）控制外来人员、物品、车辆进入，直至禁止，对外来人员、物品、车辆采取必要的检测、消毒措施；

（D）控制员工到疫区出差，直至禁止，员工外出返回后进行必要的隔离和检查。

答案：ABCD

三、判断题

【030403001】根据公共卫生事件的性质、发展趋势和防范效果，按照卫生行政部门通知或经卫生领导小组评估，电网企业公共卫生事件应急处置领导小组应及时调整响应级别。　　　　　　　　　　　　　　　　　（　　）

答案：√

【030403002】发生电网企业外部公共卫生事件时，应控制集体活动的次数、规模，直至禁止。　　　　　　　　　　　　　　　　　　　　　（　　）

答案：√

【030403003】发生电网企业内部公共卫生事件时，应保护好现场，积极开展内部事故调查。　　　　　　　　　　　　　　　　　　　　　　　（　　）

答案：×

【030403004】电网企业公共卫生事件预警的最高级别是橙色。　　　（　　）

答案：×

【030403005】电网企业涉外突发事件处置领导小组领导协调涉外突发事件的应急处置工作，必要时向事件发生地派出协调工作组。　　　　　　（　　）

答案：√

【030403006】电网企业对于境内涉外事件，应迅速向我驻当地使（领）馆、事发单位应急机构或外事部门报告，配合做好对外协调与联络、信息发布和媒体应对等相关工作。　　　　　　　　　　　　　　　　　　（　　）

答案：×

【030403007】发布涉外突发事件预警信息后，电网企业应急领导小组成员迅速到位，及时汇总和掌握涉外突发事件信息，研究部署处置工作。　　（　　）

答案：√

【030403008】电网企业涉外应急工作坚持统一领导、综合协调、分级负责、属地管理，开展突发事件预防和处置工作。　　　　　　　　　　　（　　）

答案：×

【030403009】境外涉我事件是指应电网企业邀请来华工作、学习、访问的外籍人员在华发生的突发事件。　　　　　　　　　　　　　　　　（　　）

答案：×

【030403010】增强忧患意识，坚持预防与应急相结合，常态与非常态相结合，做好应对电力服务事件的各项准备工作。　　　　　　　　　　　（　　）

答案：√

【030403011】建立健全"上下联动、区域协作"快速响应机制，加强与政府的沟通协作，整合内外部应急资源，共同开展电力服务事件处置工作。（　　）

答案：√

四、问答题

【030404001】电网企业电力服务事件有哪些危害？

答案：由于用电客户群体复杂多样、电力人员服务水平不齐等多方面的原因，任何电力服务问题都有可能转变为具有广泛影响的服务事件，在破坏电网企业正常生产经营秩序和社会形象的同时，对关系国计民生的重要基础设施以及经济建设、人民生活，甚至社会稳定和国家安全等方面都将造成严重影响。

【030404002】电网企业电力服务事件的危险源有哪些？

答案：电网企业是关系国家能源安全和国民经济命脉的国有重要骨干企业，经营区域覆盖面广，供电人口多，用工总量大，电力服务体系庞大、人员众多、情况复杂，存在发生各种服务事件的可能性和不确定因素。

【030404003】发布服务事件预警信息后，各级相关电网企业应采取的措施有哪些？

答案：（1）做好成立服务事件专项处置领导小组及指挥部的准备工作。

（2）及时了解事件发展状态，采取有效措施防止事件扩大。

（3）及时收集相关信息并报告上级应急办公室，做好应急新闻披露准备。

（4）按本单位预案规定，合理安排电网调度运行方式，统筹调配应急队伍、应急电源，加强事件监测，做好异常情况处置准备等相关工作。

【030404004】电网企业涉外突发事件的危害程度有哪些？

答案：从全球范围看，境外安全形势日益严峻，中亚、南亚、东南亚、中东、非洲、东欧和拉美等地区均存在不同程度的不安全因素。诱发安全突发事件的因素较多，其中，恐怖主义袭击，政治局势不稳定，社会治安严峻，合同劳资纠纷，生活环境恶劣，自然灾害，生产或交通等安全事故，重大疾病或传染病疫情，食品安全和职业危害，商业秘密泄露或知识产权纠纷等经济安全事件，拘留、逮捕等人身自由受到限制的事件等，会造成不同程度的人员伤亡、财产损失乃至电网企业形象和国家声誉受到影响。

【030404005】电网企业涉外突发事件的先期处置措施有哪些？

答案：（1）境内涉外事件发生后，现场当事人或有关人员立即向当地警察、医疗、抢险等有关部门报警求助，开展救助，在确保人身安全的前提下组织必要的自救，尽量减少安全威胁和财产损失。

（2）对于境外涉我事件，应迅速向我驻当地使（领）馆、事发单位应急机构或外事部门报告，配合做好对外协调与联络、信息发布和媒体应对等相关工作。如在未建交国家和地区发生境外安全事件，应向代管驻外机构汇报有关情况，征求处置指导意见。对于境内涉外事件，应迅速向事发单位应急机构或外事部门报告。

（3）事发单位迅速了解事件详情，向上级应急办公室和涉外应急办书面报告情况（紧急时，可先口头报告）。

（4）事发单位采取稳妥措施设法营救被困人员，救助受伤人员，避免事态扩大；同时采取措施保护其他涉外机构和在外人员生命财产的安全。

（5）各有关职能部门、应急办密切关注事件发展态势，掌握各单位先期处置效果；相关职能部门督促事发各单位按照国家有关规定向当地县级以上人民政府有关管理部门；或根据所在国家、地区规定向当地有关管理部门报告。

【030404006】电网企业公共卫生事件的危险源有哪些？

答案：通过对不安全因素进行辨识和评价，电网企业内部公共卫生事件的危险源主要有：① 食物、水源等受到污染；② 生活、办公环境受到污染；③ 电网企业外部传染性疾病输入；④ 其他突发性因素。

电网企业外部突发卫生事件的危险源主要是社会发生的重大疫情、传染性疾病和群体性不明原因疾病。

【030404007】电网企业内部公共卫生事件响应行动措施有哪些？

答案：（1）事发电网企业成立公共卫生事件处置指挥机构，开展信息汇总和报送工作，按照本单位预案规定开展应急救援、伤员救治、人员安抚工作；保护好现场，配合事故调查；做好舆论引导和信息披露工作。

（2）事发电网企业实行24h值班制度。应急处置信息及时报告卫生行政部门和上级应急办公室和值班室。

（3）立即组织对伤病人员进行救治，联系相关医院及时转诊。对可能感染员工进行必要的检查，发现异常情况及时诊治和上报。

（4）对事件危险源进行隔离，防止事件扩大。封闭相关现场，封存相关样品。积极配合卫生等部门进行调查，并按其要求如实提供有关材料和样品。

（5）组织做好稳定工作，开展针对性的健康教育、心理疏导，印发宣传资料，提高员工的自我防护意识和防护能力，外出和进入公共场所要采取必要的防护措施。

（6）控制事发区域车辆、人员出入，并采取必要的检测、消毒措施。

（7）分析事件原因，采取进一步防范措施。如为传染病疫情，对可能感染人群进行控制，对相关场所、设备、设施进行消毒处理，控制集体活动的规模和数量。如为食物中毒，对食物购置、存放、加工环节进行分析，对相关场所进行消毒、对相关食物按规定进行销毁。

【030404008】电网企业外部公共卫生事件响应行动措施有哪些?

答案：电网企业应急办公室、相关职能部门和相关单位与卫生行政部门及时沟通，密切掌握外部公共卫生事件的性质、危害程度和发展趋势，落实卫生行政部门的要求，结合实际采取以下部分或全部措施：

（1）及时启动预警响应并进行必要的宣传、教育，提高员工的自我防护意识和防护能力。

（2）配备必要的防治药品，提高员工免疫能力。

（3）控制外来人员、物品、车辆进入，直至禁止；对外来人员、物品、车辆采取必要的检测、消毒措施。

（4）控制员工到疫区出差，直至禁止；员工外出返回后进行必要的隔离和检查。

（5）控制集体活动的次数、规模，直至禁止。

（6）其他卫生行政部门要求的措施。

五、案例分析题

【030405001】某年 7 月 28 日晚 19 时，南方某县级市一塑料化工厂生产车间发生爆炸事故，造成城区配电网 1 条 110kV、2 条 10kV 线路停运；部分低压线路、杆塔受损，2 台配电变压器及 3 座用户配电房受损严重，约 20000 户居民和 27 户高压专供户停电，城区减供负荷达 42%。当地供电公司应急救援基干分队奉命赶赴受灾现场开展应急救援工作。

根据上述案例，请回答以下问题：

（1）供电公司应急救援队伍到达现场后应进行哪些先期处置工作?

（2）救援工作中应注意哪些危险因素?

（3）本次电网停电事件属于哪一级别事件?

参考答案

（1）迅速集结人员和应急装备进入灾害现场，迅速开展灾害信息收集、灾情研判与信息反馈，第一时间搜救和转运伤员，为现场提供应急电源和照明，快速恢复临时供电，为抢险救灾创造条件，迅速搭建救援营地，提供后勤保障。

（2）救援工作中的危险因素有夜间复杂路况、火灾、次生爆炸、危险气体中毒窒息、触电、高处坠落、机械伤害等。

（3）根据《电力安全事故应急处置和调查处理条例》的规定，电力安全事故等级划分标准"县级市减供负荷40%以上"为电力安全一般事故。

【030405002】某重大活动举行期间，供电公司承担主会场重要负荷应急保电工作。为保证敏感重要负荷供电万无一失，拟采用飞轮储能 UPS 电源车+柴油发电机组＋快速静态切换开关等技术综合运用，保障重要负荷在发生任何电网故障情况下都能实现不间断持续供电，做到重大活动期间应急供电无闪动、零感知。试分析供电保障方案。

参考答案

重大活动电力安全保障工作分为准备、实施、总结三个阶段。准备阶段主要包括保障工作组织机构建立、保障工作方案制定、安全评估和隐患治理、网络安全保障、电力设施安全保卫和反恐怖防范、配套电力工程建设和用电设施改造、合理调整电力设备检修计划、应急准备，以及检查、督查等工作；实施阶段主要包括落实保障工作方案、人员到岗到位、重要电力设施及用电设施、关键信息基础设施的巡视检查和现场保障、突发事件应急处置、信息报告、值班值守等工作；总结阶段主要包括保障工作评估总结、经验交流、表彰奖励等工作。

（1）保障工作方案制定。明确保障工作范围、任务级别、保障时间、保障措施及标准、保障责任单位等。

1）成立指挥部及若干工作组（运行维护组、设备管理组、供电服务组、基建安全工作组、信息通信工作组、安全应急组、维稳保密组、新闻宣传组、技术保障组、后勤保障组等），明确保电工作职责。

2）明确供电保障工作阶段划分及工作重点（筹备阶段、试运行阶段、实施阶段）。筹备阶段主要工作包括梳理重要用户及重点站线范围、重点输变电设备评估及检修试验工作、专项隐患排查、重点用户用电安全评估与状态检测、重要保护装置核查、制定保电技术方案并组织落实、后勤保障筹备等；试运行阶段主要工作包括组建保障队伍、结合压力测试进行大负荷测试电网及传动工作、应急演练工作、明确保障工作重点及重点设施巡视标准等。

3）编制保障工作应急预案及重点岗位现场处置方案（应急发电车、UPS 车、ATS 自投装置、快速静态切换开关等）。

（2）明确保电技术方案并组织实施。保电技术方案示意图如图 3-4-1 所示，采用飞轮储能 UPS 电源车 + 柴油发电机组 + 快速静态切换开关等技术，综合实现重点用户供电无间断。飞轮储能 UPS 电源车电气接线原理图如图 3-4-2 所示。电源车采用三路电源（工作电源 1、工作电源 2、柴油发电车）多重冗余供电方式，最大程度保证供电可靠性。工作电源 1、2 正常时，一方面通过市电转换器和飞轮转换器为飞轮装置充电，另一方面利用内部滤波电抗器和市电转换器构成

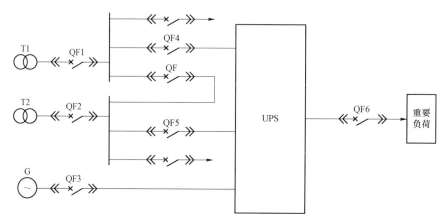

图 3-4-1　保电技术方案示意图

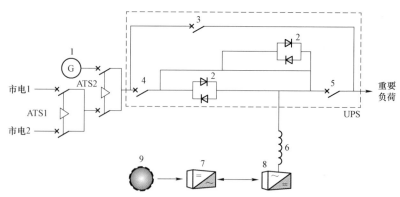

图 3-4-2　飞轮储能 UPS 电源车电气接线原理图

1—柴油发电机；2—静态切换开关；3—旁路开关；4—输入开关；

5—输出开关；6—滤波电抗器；7—飞轮转换器；8—市电转换器；9—飞轮

的有源动态滤波器对市电进行稳压和滤波，改善电能质量，确保向负载提供优质电能供应。当工作电源故障时，首先由飞轮转换器和市电转换器将储存在飞轮装置内的机械能转换为电能，不间断供应给重要负载，同时，柴油发电机通过 ATS（自动切换开关）检测到工作电源故障的信号后，立即在 6～8s 时间内启动并迅速带负荷运行，与储能装置共同配合，实现对重要负荷的不间断持续供电。